普通高等教育软件工程
"十三五"规划教材

Java EE 开发技术与案例教程 第2版

Spring+Spring MVC+MyBatis 微课版

刘彦君 主编

人 民 邮 电 出 版 社

北 京

图书在版编目（CIP）数据

Java EE开发技术与案例教程 : Spring+Spring MVC+MyBatis : 微课版 / 刘彦君主编. -- 2版. -- 北京 : 人民邮电出版社, 2020.11（2021.5 重印）
普通高等教育软件工程“十三五”规划教材
ISBN 978-7-115-53864-2

Ⅰ. ①J… Ⅱ. ①刘… Ⅲ. ①JAVA语言－程序设计－高等学校－教材 Ⅳ. ①TP312.8

中国版本图书馆CIP数据核字(2020)第226966号

内 容 提 要

本书是在第 1 版的基础上经结构调整和内容优化而成，主要内容包括 4 个模块：Java EE 技术基础模块（第 1 章）、Java EE 技术规范模块（第 2 章~第 6 章）、Java EE 轻型框架模块（第 7 章~第 9 章）、Java EE 框架整合模块（第 10 章）。本书详细介绍了 13 种技术规范，以及 3 种常用轻型框架的原理、组成和应用开发方法，并通过一个实战案例，使读者全面掌握应用 Java EE 开发技术解决复杂工程问题的方法，快速提高项目开发的能力。

本书可作为计算机科学与技术专业或软件工程专业课程的教材，也可作为利用 Java 进行企业级应用开发的程序员的参考书。

◆ 主　　编　刘彦君
责任编辑　许金霞
责任印制　王　郁　陈　犇
◆ 人民邮电出版社出版发行　　北京市丰台区成寿寺路 11 号
邮编　100164　　电子邮件　315@ptpress.com.cn
网址　https://www.ptpress.com.cn
山东华立印务有限公司印刷

◆ 开本：787×1092　1/16
印张：17.25　　2020 年 11 月第 2 版
字数：475 千字　　2021 年 5 月山东第 2 次印刷

定价：56.00 元

读者服务热线：(010) 81055256　印装质量热线：(010) 81055316
反盗版热线：(010) 81055315
广告经营许可证：京东市监广登字 20170147 号

第 2 版前言

Java 技术的发展日新月异，课程内容也应该与之保持同步。本书在第 1 版的基础上，做了如下改动，力图符合新形势下的新需求。

内容修订

1. 增补新内容

增补新的内容：本书第 1 章 Java EE 概述的大部分内容、第 2 章 Java EE 技术规范、第 5 章 Web Service 技术、第 7 章 MyBatis 框架和第 9 章 Spring MVC 框架等。另外在各章中也增加了一些新的内容，以节或更小的单位编入，例如第 3 章 XML 技术中第 3.4 节 JDOM 应用、第 4 章 Java Web 编程中第 4.1.6 节 Servlet 注解的使用等。

增补的内容还包括了不同学科对不同技术进行综合运用的相关内容和案例，有利于培养读者解决复杂工程问题的能力。例如，将 XML 解析、反射机制、设计模式的有关内容整合在一个案例中，既能加深读者对各学科知识的理解，又能提高读者解决问题的实践能力。

2. 删去陈旧、重复或相关性不强的内容

删去了第 1 版中 Struts 框架和 Hibernate 框架两章，这是基于开发者需求的变化而确定的。也有一些较小的单元模块被删去了，如第 1 版第 1 章中涉及 JDK 安装的内容，它是学习 Java 语言的必备内容，但属于重复内容，因此删去。类似的情况在其他章节中也存在。如删去了第 1 版中第 11 章，即软件测试，这是基于避免内容重复的考虑，因为软件测试内容在很多学校要么在“软件工程”课程中讲解，要么作为单独一门课程开设。

3. 优化结构，构建内容模块

将本书构建为 4 个清晰的模块。

模块 1：Java EE 技术基础（第 1 章 Java EE 概述）。主要讲解了 Java EE 技术基础知识，包括 Java EE 简介、Java EE 技术组成、Java EE 应用分层架构、Java EE 开发环境等。

模块 2：Java EE 技术规范（第 2 章~第 6 章）。本模块分为两部分，第 1 部分为第 2 章，集中介绍了部分 Java EE 技术规范，包括 JDBC、JNDI、RMI、JMS、JTA、JTS 等；第 2 部分为后续 4 章，按内容蕴含和应用独立性，介绍了 XML、Servlet、JSP、Web Service、EJB 等内容。事实上，这些内容亦多以专门著作面世，可见其重要性和内容的丰富性。本书的内容固然不能面面俱到，但是从技术应用角度，做到了理论知识简明、概念明确，典型案例引领入门，技术全局擘画的程度。

模块 3：Java EE 轻型框架（第 7 章~第 9 章）。本模块介绍了 3 种框架的原理、组成和开发方法，包括 MyBatis 框架、Spring 框架和 Spring MVC 框架。

模块 4：SSM 框架整合（第 10 章）。本模块通过一个项目开发案例，将 Spring、Spring MVC 和 My Batis 3 个框架进行了整合，包括 SSM 整合的环境搭建、基本方法、具体步骤等内容。

本书特色

近年来新工科培养方案对工程教育和学生实践动手能力培养有了更高的要求。为了达到知识传授和能力培养并重的课程目标，本书做了一些专门的设计。

1. 问题驱动

无论是前导部分还是正文，都是按照一个清晰的思路组织内容。即先提出问题，引导读者探究。对于每一方面的技术，都提出类似“是什么”“有什么用”和“怎样用”的问题，从寻找这些问题的答案入手，进而使读者全面掌握 Java EE 技术。

2. 面向实践方向

通过大量的例题、思考题、实践题等，将不同学科的知识融入实战案例，为“做中学”提供素材，从而体现面向实践，突出实践的重要性，以提高读者解决复杂工程问题的能力。

3. 支持在线学习

为了更充分地调动读者学习的积极性，我们挑选了典型案例、重点难点内容录制了微课视频，读者可以扫描书中的二维码进行自主学习。

编写成员

本书由刘彦君（负责第 1 章、第 5 章、第 9 章）、李岩（负责第 2 章、第 6 章、第 10 章）、金飞虎（负责第 4 章）、于林森（负责第 3 章、第 7 章）、张仁伟（负责第 8 章）合作完成。全书由刘彦君负责统稿。

编　者

2020 年 8 月

目　录

第 1 章　Java EE 概述......................1

1.1　Java EE 简介......1
1.1.1　什么是 Java EE......1
1.1.2　Java EE 的新特性......2
1.2　Java EE 技术组成......3
1.2.1　容器......3
1.2.2　核心语言 Java SE......5
1.2.3　Java EE 核心技术规范......19
1.2.4　轻型框架......21
1.2.5　框架与规范的关系......23
1.3　Java EE 应用分层架构......23
1.3.1　分层架构概述......24
1.3.2　Java EE 应用的分层架构......24
1.4　Java EE 开发环境......24
1.4.1　JDK 的下载和安装......25
1.4.2　集成开发环境的安装和使用......26
1.4.3　Tomcat 的安装和配置......26
1.4.4　MySQL 数据库的安装和使用......26
1.5　小　结......28
1.6　习　题......29

第 2 章　Java EE 技术规范...........30

2.1　JDBC......30
2.1.1　基本概念......30
2.1.2　JDBC 常用 API......32
2.1.3　JDBC 应用......37
2.2　JNDI......54
2.2.1　基本概念......54
2.2.2　JNDI 常用 API......56
2.2.3　JNDI 应用......56
2.3　RMI......58
2.3.1　基本概念......58
2.3.2　RMI 工作原理......58
2.3.3　RMI 应用......59
2.4　JMS......61
2.4.1　基本概念......61
2.4.2　JMS 常用 API......63
2.4.3　JMS 应用......64
2.5　事务......71
2.5.1　基本概念......71
2.5.2　JTA 与 JTS......72
2.6　JavaMail 与 JAF......73
2.6.1　基本概念......73
2.6.2　JavaMail 与 JAF 的应用......74
2.7　小　结......75
2.8　习　题......75

第 3 章　XML 技术.........................77

3.1　XML 简介......77
3.1.1　XML 与 HTML 的比较......77
3.1.2　XML 的应用......78
3.1.3　XML 语法概要......78
3.1.4　DTD......81
3.1.5　XML Schema......84
3.1.6　XML 技术全景图......86
3.2　XML 解析......87
3.2.1　使用 DOM......87
3.2.2　使用 SAX......94
3.3　XPath 概述......96
3.3.1　XPath 简介......96
3.3.2　XPath 路径表达式......96
3.4　JDOM 应用......100
3.4.1　JDOM APIs......100
3.4.2　JDOM 应用......100
3.5　小　结......102
3.6　习　题......102

第 4 章　Java Web 编程..............104

4.1　Servlet 概述......104
4.1.1　Servlet 简介......104

4.1.2 Servlet 编程入门 105
4.1.3 Servlet 的生命周期 108
4.1.4 Servlet API 109
4.1.5 Servlet 的应用举例 116
4.1.6 Servlet 注解的使用 118
4.2 JSP 概述 120
4.2.1 JSP 简介 120
4.2.2 JSP 基本语法 122
4.2.3 JSP 中的隐含对象 132
4.2.4 EL 表达式语言 141
4.2.5 JSTL 标签库 143
4.2.6 自定义标签 152
4.3 小　结 154
4.4 习　题 154

第 5 章 Web Service 技术 156

5.1 Web Service 概述 156
5.1.1 服务相关的概念 156
5.1.2 Web Service 相关协议 157
5.2 Web Service 应用开发 159
5.2.1 Axis 2 的下载和安装 159
5.2.2 Web Service 简单应用 160
5.2.3 服务发布与调用问题 161
5.2.4 利用 Eclipse 和 Axis 2 开发 Web Service 162
5.3 小　结 164
5.4 习　题 165

第 6 章 EJB 概述 166

6.1 EJB 简介 166
6.1.1 什么是 EJB 166
6.1.2 EJB 组件类型 167
6.1.3 EJB 3 的构成 168
6.2 会话 Bean 168
6.2.1 创建无状态会话 Bean 168
6.2.2 访问无状态会话 Bean 170
6.2.3 有状态会话 Bean 170
6.3 Java 消息服务和消息驱动 Bean 171
6.3.1 什么是 Java 消息服务和消息驱动 Bean 171
6.3.2 消息驱动 Bean 的应用 171
6.4 EJB 生命周期 173
6.5 小　结 174
6.6 习　题 174

第 7 章 MyBatis 框架 175

7.1 MyBatis 概述 175
7.1.1 MyBatis 简介 175
7.1.2 MyBatis 环境构建 176
7.1.3 MyBatis 基本原理 176
7.1.4 MyBatis 示例 179
7.2 映射器 182
7.2.1 XML 映射器 182
7.2.2 接口映射器 183
7.2.3 映射器主要元素 184
7.3 动态 SQL 187
7.4 小　结 192
7.5 习　题 192

第 8 章 Spring 框架 194

8.1 Spring 概述 194
8.1.1 Spring 的特征 194
8.1.2 Spring 的优点 195
8.1.3 Spring 框架结构 196
8.2 Spring 快速入门 197
8.2.1 手动搭建 Spring 开发环境 197
8.2.2 应用 MyEclipse 工具搭建 Spring 开发环境 198
8.3 IoC 的基本概念 198
8.3.1 什么是 IoC 198
8.3.2 依赖注入 205
8.4 依赖注入的形式 205
8.4.1 setter 方法注入 205
8.4.2 构造方法注入 205
8.4.3 3 种依赖注入方式的对比 206
8.5 IoC 的装载机制 207
8.5.1 IoC 容器 207
8.5.2 Spring 的配置文件 208
8.5.3 Bean 的自动装配 209
8.5.4 IoC 中使用注解 210

8.6 AOP 概述 213
8.6.1 AOP 简介 213
8.6.2 AOP 中的术语 214
8.7 AOP 实现原理 215
8.7.1 静态代理 215
8.7.2 JDK 动态代理 217
8.7.3 CGLib 代理 218
8.8 AOP 框架 220
8.8.1 Advice 220
8.8.2 Pointcut、Advisor 222
8.8.3 Introduction 223
8.9 Spring 中的 AOP 226
8.9.1 基于 XML Schema 的设置 226
8.9.2 基于 Annotation 的支持 229
8.10 小　结 231
8.11 习　题 231

第 9 章　Spring MVC 框架 233

9.1 Spring MVC 概述 233
9.1.1 Spring MVC 简介 233
9.1.2 Spring MVC 工作原理 233
9.1.3 第一个 Spring MVC 应用 235
9.2 Spring MVC 控制器 237
9.2.1 控制器中常用的注解 237
9.2.2 参数类型和返回类型 239
9.2.3 重定向与转发 240
9.3 数据绑定与数据转换 240
9.3.1 数据绑定 241
9.3.2 数据转换 242
9.3.3 JSON 数据交互 250
9.4 拦截器 252
9.4.1 概述 252
9.4.2 拦截器执行过程 253
9.5 文件上传与下载 254
9.5.1 文件上传 254
9.5.2 文件下载 256
9.6 小　结 257
9.7 习　题 257

第 10 章　SSM 框架整合 258

10.1 SSM 整合环境搭建 258
10.2 MyBatis 与 Spring 整合 259
10.2.1 MyBatis 与 Spring 整合的 4 种方法 259
10.2.2 在 Spring 中配置 MyBatis 工厂 259
10.2.3 整合代码示例 260
10.3 MyBatis 与 Spring MVC 整合 262
10.4 小　结 266
10.5 习　题 266

参考文献 267

第 1 章 Java EE 概述

本章内容

- Java EE 简介
- Java EE 技术组成
- Java EE 应用分层架构
- Java EE 开发环境

Java EE（Java Enterprise Edition）是建立在 Java 平台上的企业级应用解决方案。本章对 Java EE 技术做了总体阐述，包括 Java EE 的特性、技术组成、应用的分层架构模型和开发环境等，使读者了解 Java EE 技术规范及各种规范的功能，理解轻型框架对于项目开发的作用和意义。

1.1 Java EE 简介

Java EE 基于 Java SE（Java Standard Edition）平台，提供了一组应用程序编程接口（Application Programming Interface，API），用于开发和运行可移植的、健壮的、可伸缩的、安全可靠的服务器端应用程序。

1.1.1 什么是 Java EE

Java EE 的全称是 Java 2 Platform Enterprise Edition，Sun 公司于 1998 年推出 JDK 1.2 版的时候使用的名称是 Java 2 Platform，即 Java 2 平台。后来修改为 Java 2 Platform Software Developing Kit，即 J2SDK，包括标准版（Java 2 Standard Edition，J2SE）、企业版（Java 2 Enterprise Edition，J2EE）和微型版（Java 2 Micro Edition，J2ME）。2006 年 5 月，这三个 Java 版本更改为现在的名称，J2SE、J2EE 和 J2ME 分别改称为 Java SE、Java EE 和 Java ME。Java EE 是由 Sun 公司领导大厂商共同制订的被业界广泛认可的工业标准，JCP（Java Community Process）等开放性组织对其发展也做出了非常大的贡献。

Java EE 是一套技术架构，是基于 Java 平台的企业级应用的解决方案。Java EE 的核心是一组技术规范与指南，它使开发人员能够开发具有可移植性、安全性和可复用的企业级应用。Java EE 的体系结构保证了开发人员更多地将注意力集中于架构设计和业务逻辑上。

Java EE 技术具有 Java SE 技术的所有功能，同时还提供对 EJB、Servlet、JSP、XML 等技术的支持，它已发展成一个支持企业级开发的体系结构，可以简化企业应用的开发、部署和管理等问题。目前，它已成为企业级开发的工业标准和首选平台。Java EE 是一个规范，各个平台开发商可按照 Java EE 规范开发 B/S 模式的 Java EE 应用服务器，克服了传统的 C/S 模式的弊端。需要说明的是：Java EE 不是 Java SE 的替代品，二者的关系为 Java SE 是 Java EE 的核心，它为 Java EE

提供了基本的语言框架，是 Java EE 所有组件的基础。Java 开发人员学习了 Java SE，在 Java EE 中将会学习更多的组件和 API，并可利用所学的编程知识进行不同应用的开发。

1.1.2 Java EE 的新特性

Java EE 每个新版本的发布总会给业界带来很多令人惊喜的技术上的改变，所有改变的目标集中于为开发人员提供功能更强大的 API 库，使系统架构更适合快速开发和部署的要求，带来更高的软件性能，降低开发难度，等等。

Java EE 8 的新特性主要有以下 6 点。

1. 新的安全 API

全新的安全 API 包含了 3 个新功能：身份储存的抽象层、新的安全上下文、一个注解驱动型的认证机制。这使得 web.xml 文件不是唯一的选择了。

2. JAX-RS 2.1

JAX-RS（Java API for RESTful Web Services）是 Java EE 6 引入的一个新技术。JAX-RS 是一个 Java 编程语言的应用程序接口，支持按照表述性状态转移（Representational State Transfer，REST）架构风格创建 Web 服务。JAX-RS 使用了 Java SE 5 引入的 Java 注解来简化 Web 服务的客户端和服务端的开发和部署。

JAX-RS 2.1 中新的响应式客户端，融合了响应式编程风格，允许组合端点结果。响应式编（Reactive Programming，RP）是一种面向数据流和变化传播的编程范式。它使编程语言可以方便地表达静态或动态的数据流，而相关的计算模型会自动将变化的值通过数据流进行传播。

Excel 就是响应式编程一个很好的例子。Excel 单元格可以包含字面值或类似“=B1+C1”的公式，而包含公式的单元格的值会随公式中包含的其他单元格的值的变化而变化。

在 MVC 软件架构中，响应式编程使相关联模型的变化能够自动反映到视图上。

3. 新的 JSON 绑定 API

新的 JSON 绑定 API，为 JSON 的序列化和反序列化提供了一个 Java EE 解决方案。

JS 对象标记法（JavaScript Object Notation，JSON）是一种轻量级的数据交换格式。它基于 ECMAScript（欧洲计算机协会制订的 JS 规范）的一个子集，采用完全独立于编程语言的文本格式来存储和表示数据。简洁和清晰的层次结构使 JSON 成为理想的数据交换语言。JSON 易于读写，同时也易于进行机器解析和生成，能提高网络传输效率。

4. CDI 2.0

上下文依赖注入（Contexts and Dependency Injection，CDI）的开发模式来自 Jboss seam，它是为了解决 EJB 和 JavaBean 被 Web 层组件引用困难的问题而设计的，更深远的目标是提供一种 Java Web 开发更通用快捷的方式。

5. Servlet 4.0 服务器推送

Servlet 4.0 中的服务器推送功能使 Servlet 规范和 HTTP 2.0 保持一致。所谓服务器推送是 HTTP 2.0 协议中的新功能之一，旨在通过预测客户端资源需求，将这些资源推送到浏览器的缓存中，客户端发送网页请求并接收服务器的响应时，它需要的资源已经在缓存中。这项功能可有效提高网页加载速度。

6. Web Service 支持

Java EE 所提供的 Web Service 支持更简单，内容更广泛。其中包括以下内容。

（1）Java API for XML-based Web Services（JAX-WS 2.0，JSR 224）。

（2）Java Architecture for XML Binding（JAXB 2.0，JSR 222）。

（3）Web Services Metadata（JSR 181）。

（4）SOAP with Attachments API for Java（SAAJ 1.3）。

什么是 Web Service？众所周知，如果所有人都使用 Java 来开发应用程序，处理客户端和服务器的通信问题，那问题就简单了。而实际情况是，很多商用程序仍然继续由 C、C++、Visual Basic 和其他各种各样的语言编写。现在，除了少数简单程序外，很多应用程序都需要与运行在其他异构平台上的应用程序集成并进行数据交换。这样的任务通常由一些特殊的方法，如文件传输和分析、消息队列，还有某些专用的 API 来完成。现在，使用 Web Service、客户端和服务器就能自由地利用 HTTP 进行通信，而不需要考虑两个应用程序的平台和编程语言是什么。

1.2　Java EE 技术组成

Java EE 作为一个分布式企业应用开发平台，通过一系列企业应用开发技术来实现。其技术框架可分为 3 个部分：组件技术、服务技术和通信技术。其中，组件技术是构成 Java EE 应用的基本单元，组件包括：客户端组件、Web 组件和 EJB 组件等。服务技术是指方便编程的各种基础服务技术，如命名服务、事务处理、安全服务、数据库连接等。而通信技术则是提供客户和服务器之间，以及服务器上不同组件之间的通信机制等，相关支持技术包括 RMI、消息技术等。

Java EE 技术组成如图 1-1 所示。

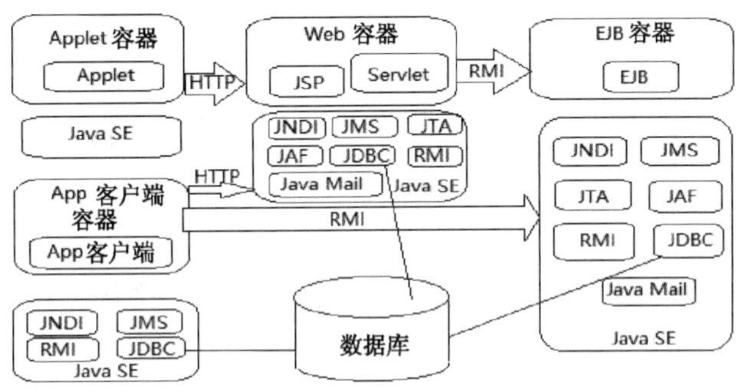

图 1-1　Java EE 技术组成

1.2.1　容器

1．什么是容器

容器（Container）并不是 Java EE 的一个新术语，事实上，在 Java SE 中已有容器的使用。

Java 内部的容器指的是，如果有一个类专门用来存放其他类的对象，这个类就叫作容器，或者叫作集合，集合就是将若干性质相同或相近的类对象组合在一起而形成的一个整体 。

Java 容器类包含 List、ArrayList、Vector、Map、HashTable、HashMap 等。

相较于 Java SE 中的容器，Java EE 对容器在功能上做了扩展。容器可以管理对象的生命周期、对象与对象之间的依赖关系，可以使用一个配置文件（通常是 XML 格式的文件），在其中定义好对象的名称、产生过程、哪个对象产生之后必须设定为某个对象的属性等。在启动容器之后，所有的对象都可以直接取用，在用户程序中不用编写任何一行程序代码就可以直接创建对象，或是建立对象与对象之间的依赖关系。

在图 1-1 中，我们已经看到了 Applet 容器、Web 容器、EJB 容器等。

轻型框架中的容器，在机制上又有了进一步的扩展。例如 Spring 的容器，引入了 AOP 机制和 IOC 机制，可以支持多种设计模式和设计理念。

2. 容器的功能

不同的容器各有其功能，不能一概而论。在学习和使用某种容器时，自然可以理解了它的功能。这里，我们以 Web 容器为例说明其功能。Web 应用开发的内容详见第 4 章的讲解。本节涉及的概念和操作都是熟悉网络应用的人习以为常、耳熟能详的。

Web 容器基本功能如下。

- 通信支持：利用容器提供的方法，可以简单地实现 Servlet 与 Web 服务器的对话。否则就要自己建立 Server 套接口（Socket）、监听端口、创建新的流等，进行一系列复杂的操作。而容器的存在就是帮我们封装这一系列复杂的操作，使我们能够专注于 Servlet 中业务逻辑的实现。
- 生命周期管理：容器负责 Servlet 的整个生命周期，包括：加载类，实例化和初始化 Servlet，调用 Servlet 方法，使 Servlet 实例能够自动进行垃圾回收，而不必我们自己动手做这些资源管理垃圾回收之类的事情。
- 多线程支持：容器会自动为接收的每个 Servlet 请求创建一个新的 Java 线程（thread），Servlet 运行之后，容器会自动结束这个线程。
- 声明式实现安全：利用容器，可以使用 XML 部署描述文件来配置安全性，而不必将其编码到 Servlet 中。
- JSP 支持：容器将 JSP 文件翻译成 Java 的类文件。

图 1-2 所示为 Web 容器的功能示意图。

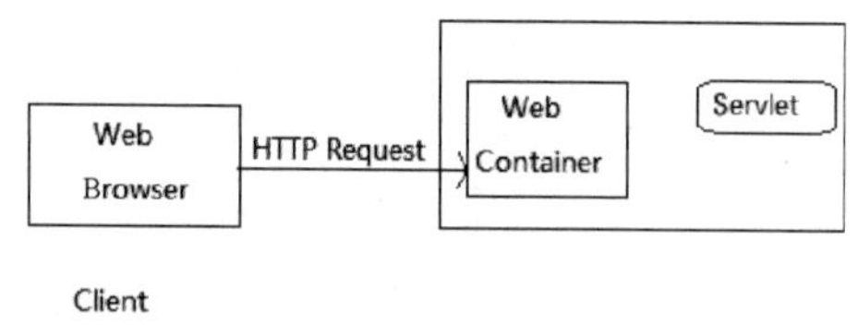

（a）Client 向服务器提出请求

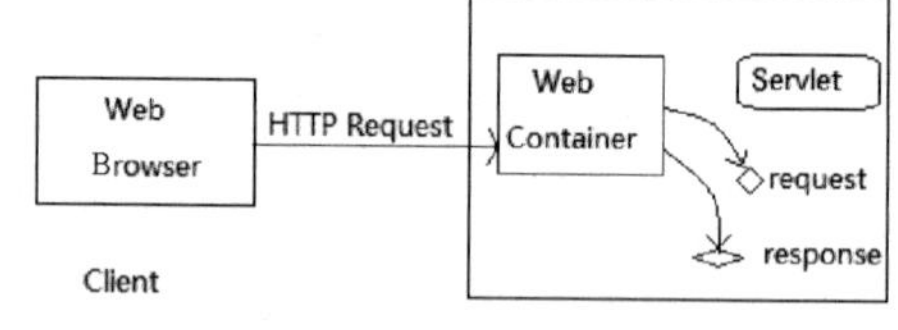

（b）容器创建 request 和 response 对象

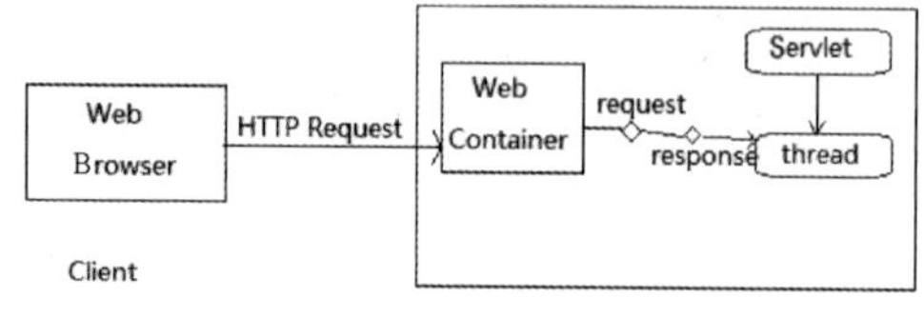

（c）容器将 request 和 response 传给 Servlet 线程

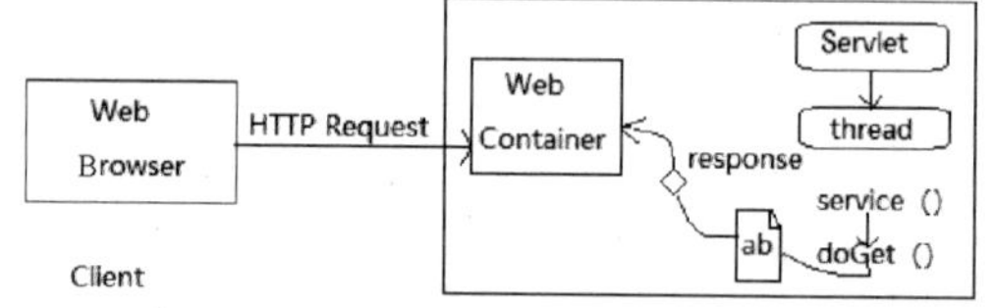

（d）线程返回 response 到容器

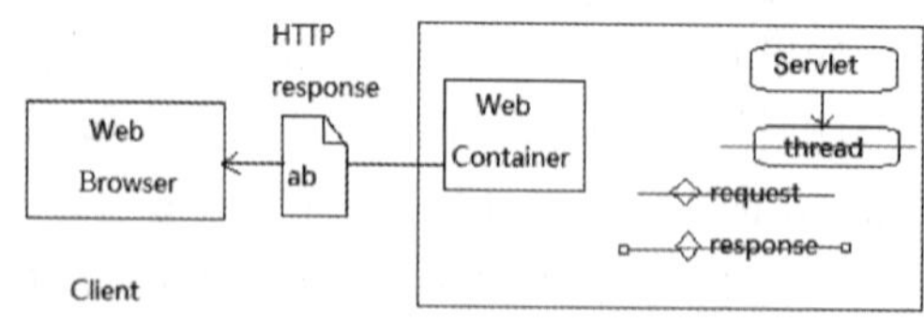

（e）容器将 response 发给客户，且进行垃圾回收

图 1-2　Web 容器的功能示意图

1.2.2　核心语言 Java SE

从图 1-2 可以看出，Java EE 和 Java SE 不是 Java 语言两个孤立的版本，二者在 Java EE 技术组成的体系结构中是一个有机的整体。在这个体系中，Java SE 是核心语言，在其基础上，经过功能扩展，形成了 Java EE 的技术体系。这个情况与自然语言的应用类似。譬如说某个专业的文献或专业实践中总是使用专业语言，专业语言总是有核心语言，基于核心语言，定义了专业术语、专业规范以及一些技术原理，专业工作离不开专业语言，当然，专业语言也离不开核心语言。

在 Java EE 应用中，可能会用到 Java SE 的所有语言语法和所有的类。其中，常用的内容包括注解、反射机制、集合与泛型程序设计，以及 Lambda 表达式等知识点。对于这些内容，我们作为预备知识，或者为了强调其重要性，在这里进行概要说明。

1. 注解

注解（Annotation）是 Java EE 5 引入的一个新特性。注解是一种元数据，按照其作用可以分为 3 类：编写文档、代码分析和编译检查。用于编写文档的注解通过代码里的注解元数据生成文档（如@Documented），用于定制 Javadoc 不支持的文档属性并在开发中使用。用于代码分析的注解是通过代码里标识的元数据对代码进行分析（如@Deprecated），这是个不建议使用的方法。用于编译检查的注解是通过代码里标识的元数据使编译器能够实现基本的编译检查，如@Override 注解能实现编译时的检查，编译器需要进行语义处理，在一定的上下文（Context）检查某个符号或其他语法单位（如方法）是否符合语义规则。在某方法前加编译检查注解的作用是声明该方法用于覆盖父类中的方法。如果该方法未覆盖父类方法，例如，该名字的方法不是父类中定义了的方法，或虽有此方法名但其参数不符合子类覆盖父类方法的语法规则，则编译会报错。

注解在 Java EE 技术规范和轻型框架中都有广泛的应用，为容器提供了所需的信息。

引入注解可以实现以下多种功能的简化。

（1）定义和使用 Web Service。

（2）开发 EJB 组件。

（3）映射 Java 类到 XML 文档。

（4）映射 Java 类到数据库。

（5）依赖注入。

（6）指定部署信息。

有了注解，XML 部署描述符就不再是必需的了。在 Web 应用开发中直接在代码中使用注解就可以告知 Java EE 服务器如何部署及运行，而不必再编辑 WEB-INF/web.xml 文件了。

对比注解与注释，我们可以发现其都不是执行语句，而是提供某些关于标识符、表达式、语句、方法、类甚至整个程序的描述说明信息。

2. 反射机制

反射机制是什么？有什么用处？这是我们最为关注的两个问题。

（1）反射机制的定义。

在运行时，对于任意一个类，都能够知道这个类的所有属性和方法；对于任意一个对象，都能够调用它的任意一个方法和属性，这种动态获取信息以及动态调用对象方法的功能称为 Java 语言的反射机制。

理解反射的定义，需要把握 2 个关键词：一个是运行时（Running Time）而非编译时（Compiling

Time）；另一个是对于任意一个类，而非预先设定的一个类。这就带来两个必然的结果，一是 Java 的动态性，二是反射机制，反射本质上就是在程序中通过字符串的名字，取得与之对应的类，再取得类的属性和方法并进行处理。Java 的动态性还有其他体现，例如字节码操作和代理等。

人与人打交道，总在利用反射机制。听到、看到一个人的名字，头脑的反射机制使大脑中立即浮现了这个人的方方面面。根据这些反射所得的方面，决定与这个人的关系，要么远离，要么深度合作。名字就是个字符串，但是，用它获取了类和对象，以及属性、方法。

反射机制的目的是动态性，即运行时行为。那么，动态性有何必要呢？这一点很容易理解。正如有的函数参数需要在 running time 交互输入一样，有时程序中所用到的某个对象也不是在编程阶段就可以预知的，因此，不能把 new 当作一把万能钥匙到处用。

（2）反射机制的应用举例。

【例 1.1】如何改变类中只读属性。

```
package ch1;
import java.lang.reflect.*;
class ReadOnlyClass {
   private String name = "hello";
public String getName(){
   return name;
}
}

public class ReadOnlyClassByReflection {
   public static void main(String[] args)throws Exception {
      ReadOnlyClass  pt = new ReadOnlyClass();
      Class<?> clazz = ReadOnlyClass.class;
      Field field = clazz.getDeclaredField("name");
      field.setAccessible(true);
      field.set(pt, "Hello, world");
      System.out.println(pt.getName());
   }
}
```

【例 1.2】反射机制在 Java 动态代理中的应用。出租房者和售房者一方，无法直接联系求租者和购房者，故需求助于房屋中介代理出租和卖房业务。求租者和买房者亦然。这类问题对应的软件设计一般分为静态代理和动态代理。本例介绍的是动态代理的实现方法，从中可以观察 Java 反射机制所起的作用。

（1）创建租房接口 Rent.java。

```
package ch1;
 public interface Rent
 {
    public void rent();
 }
```

（2）创建售房接口 Sale.java。

```
package ch1;
public interface Sale
{
   public void sale();
}
```

（3）创建真实角色（房主类）HouseHolder.java。

```
package ch1;
```

```
public class HouseHolder implements Rent
{
    @Override
    public void rent()
    {
        System.out.println("房主：吉屋招租!");
    }
}
```

（4）创建真实对象（商人类）BusinessMan.java，真实对象与代理对象相对应。

```
package ch1;
public class BusinessMan implements Sale
{
    @Override
    public void sale()
    {
        System.out.println("地产商：有房待售!");
    }
}
```

（5）创建动态代理类 DynamicProxy.java，实现运行时对不同真实对象的动态代理。

```
package ch1;
import java.lang.reflect.InvocationHandler;
import java.lang.reflect.Method;
public class DynamicProxy implements InvocationHandler
{
    private Object realSubject;
    public DynamicProxy(Object realSubject)
    {
        this.realSubject = realSubject;
    }

    public void setRealSubject(Object realSubject)
    {
        this.realSubject = realSubject;
    }

    @Override
    // 实现 InvocationHandler 接口的 invoke()方法,当代理类调用真实对象的方法时,
    // 将直接寻找执行 invoke()方法
    public Object invoke(Object proxy, Method method, Object[] args)
            throws Throwable
    {
        this.preRent(); // 执行代理自己添加的行为操作
        // 以反射(reflection)的形式引用真实对象的方法
        method.invoke(realSubject, args);
        this.postRent(); // 执行代理自己添加的行为操作
        return null;
    }

    // 代理类添加的行为
    public void preRent()
    {
        System.out.println("需交纳看房手续费 20 元!");
```

```
    }

    // 代理类添加的行为
    public void postRent()
    {
        System.out.println("需交佣金,房款的 1%!");
    }
}
```

（6）客户类 Client.java，通过改变被代理的真实对象，直接实现被代理对象的更换，不必为 BusinessMan 类创建一个新的代理类。BusinessMan 类和 HouseHolder 类共用一个 DynamicProxy 动态代理类。做代理时，动态生成两个不同的代理实例（Proxy Instance），这就是所谓的动态代理。Java 的反射机制是实现动态代理的基础。

```
package ch1;
import java.lang.reflect.Proxy;
public class Client
{
    public static void main(String[] args)
    {
     HouseHolder houseHolder = new HouseHolder();
     // 生成 HouseHolder 的代理
     DynamicProxy handler = new DynamicProxy(houseHolder);
     // 动态生成代理实例（HouseHold 代理实例）
     Rent rent = (Rent)Proxy.newProxyInstance(HouseHolder.class.getClassLoader(), HouseHolder.class.getInterfaces(), handler);
      rent.rent();
// 执行客户需要的操作,动态生成的代理实例直接调用指定 handler 的 invoke()方法
       System.out.println("-----------------------------------");
       BusinessMan businessMan = new BusinessMan();
       handler.setRealSubject(businessMan);
//为代理更换引用的真实对象（原来代理的 HouseHolder 更换为 BusinessMan）
// 动态生成代理实例（BusinessMan 代理实例）,代理实例是在代码执行过程中动态执行的
       Sale sale = (Sale)Proxy.newProxyInstance(BusinessMan.class.getClassLoader(), BusinessMan.class.getInterfaces(), handler);
        sale.sale();
    }
}
```

（7）运行结果如图 1-3 所示。

```
需交纳看房手续费20元!
房主：吉屋招租!
需交佣金，房款的1%!
--------------------------
需交纳看房手续费20元!
地产商：有房待售!
需交佣金，房款的1%!
```

图 1-3 【例 1.2】运行结果

3. 集合与泛型程序设计

几乎所有应用系统中都涉及大量对象数据处理任务，程序中需要用到集合类完成这些任务，而数据又总是处于类层次体系中，如商品大类分成一些小的类型，这就要用到泛型来处理。集合类优于数组之处在于，集合类中有许多方法可以用于对数据进行常见的处理任务，如插入、删除等。还有一些帮助类提供更高级的功能，使处理集合类中的元素时更方便快捷，如迭代器类 Iterator、Comparable 接口、Comparator 接口等。下面我们用一个例子说明集合和泛型知识的综合运用。

【例 1.3】设计一个购物车，使之能用集合类和泛型模拟表示购物行为，体会集合类和泛型的实际应用场景。

（1）商品类 Product.java 代码如下。

```java
public class Product {
    private int productId;          // 商品编号
    private String productName;     // 商品名称
    private String category;        // 商品分类
    private double price;           // 单价

    public Product() {
        super();
    }

    public Product(int productId, String productName, String category,double price) {
        super();
        this.productId = productId;
        this.productName = productName;
        this.category = category;
        this.price = price;
    }

    public String toString() {
        return "Product [productId=" + productId + ", productName="
                + productName + ", category=" + category + ", price=" + price
                + "]";
    }

    public int getProductId() {
        return productId;
    }

    public void setProductId(int productId) {
        this.productId = productId;
    }

    public String getProductName() {
        return productName;
    }

    public void setProductName(String productName) {
        this.productName = productName;
    }

    public String getCategory() {
        return category;
    }

    public void setCategory(String category) {
        this.category = category;
    }

    public double getPrice() {
        return price;
    }

    public void setPrice(double price) {
        this.price = price;
    }
```

```
}
```

（2）订单类 Order.java 代码如下。

```
public class Order {
    private Product product;                  //购买的商品
    private int count;                        //商品数量
    public double totalMoney(){
        double price=product.getPrice();      //获取商品单价
        return price*count;
    }

    public Order() {
        super();
    }

    public Order(Product product, int count) {
        super();
        this.product = product;
        this.count = count;
    }

    public Product getProduct() {
        return product;
    }
    public void setProduct(Product product) {
        this.product = product;
    }
    public int getCount() {
        return count;
    }
    public void setCount(int count) {
        this.count = count;
    }
}
```

（3）购物车类 ShoppingCart.java 代码如下。

```
import java.util.Collection;
import java.util.Iterator;
import java.util.LinkedHashMap;
import java.util.Map;
public class ShoppingCart {
    //键-值对表示商品编号和商品订单
    private Map<Integer,Order> map=new LinkedHashMap<Integer,Order>();

    public void addProduct(Product p){//添加商品
        int productId=p.getProductId();
        if(map.containsKey(productId)){
            Order Order=map.get(productId);
            Order.setCount(Order.getCount()+1);
        }else{
            map.put(productId, new Order(p,1));
        }
    }
    public void showAll(){//查看全部订单
```

```
        Collection<Order> Orders = map.values();
        Iterator<Order> iterator = Orders.iterator();
        while(iterator.hasNext()){
            Order Order = iterator.next();
            Product product = Order.getProduct();
            System.out.println("商品编号: "+product.getProductId()+",商品名称: "
            +product.getProductName()+", 单 价 : "+product.getPrice()+", 数 量 : "+Order.getCount()
            +",小计: "+Order.totalMoney());
        }
    }
    public boolean deleteProduct(int productId){//删除商品
        if(map.containsKey(productId)){
            map.remove(productId);
            return true;
        }
        return false;
    }
    public boolean modifyProduct(int productId,int count){//修改商品
        if(map.containsKey(productId)){
            if(count>=1){
                Order Order = map.get(productId);
                Order.setCount(count);
                return true;
            }else if(count==0){//删除该商品
                deleteProduct(productId);
                return true;
            }
        }
        return false;
    }

    public void clearCart(){//清空购物车
        map.clear();
    }

    public double totalAllMoney(){//商品总值
        double total=0;
        Collection<Order> Orders = map.values();
        Iterator<Order> iterator = Orders.iterator();
        while(iterator.hasNext()){
            Order Order = iterator.next();
            double money=Order.totalMoney();
            total+=money;
        }
        return total;
    }
}
```

（4）测试类代码如下。

```
public class ShoppingCartTest {

    public static void main(String[] args) {
        ShoppingCart cart=new ShoppingCart();
```

```
        Product p1=new Product(101,"笔记本","文具",5);
        Product p2=new Product(102,"鸭梨","水果",2.5);
        Product p3=new Product(103,"冰箱","家电",2799);
        Product p4=new Product(104,"T 恤","服装",118);
        Product p5=new Product(105,"荣耀 v10","手机",1998);
        Product p6=new Product(101,"笔记本","文具",5);//测试买两件商品的情况
        cart.addProduct(p1);
        cart.addProduct(p2);
        cart.addProduct(p3);
        cart.addProduct(p4);
        cart.addProduct(p5);
        cart.addProduct(p6);
        cart.showAll();
        System.out.println("############");
        boolean flag=cart.deleteProduct(p2.getProductId());
        if(flag){
            System.out.println("商品编号为："+p2.getProductId()+"的商品删除成功！");
        }else{
            System.out.println("删除失败");
        }
        cart.showAll();
        System.out.println("############");
        boolean flag2=cart.modifyProduct(p3.getProductId(), 2);
        if(flag2){
            System.out.println("商品编号为："+p3.getProductId()+"的商品修改成功！");
        }else{
            System.out.println("修改失败");
        }
        cart.showAll();

        //cart.clearCart();
        //cart.showAll();
        System.out.println("商品总价钱为："+cart.totalAllMoney());

    }

}
```

（5）运行结果如图 1-4 所示。

```
商品编号：101,商品名称：笔记本,单价：5.0,数量：2,小计：10.0
商品编号：102,商品名称：鸭梨,单价：2.5,数量：1,小计：2.5
商品编号：103,商品名称：冰箱,单价：2799.0,数量：1,小计：2799.0
商品编号：104,商品名称：T恤,单价：118.0,数量：1,小计：118.0
商品编号：105,商品名称：荣耀v10,单价：1998.0,数量：1,小计：1998.0
############################################################
商品编号为：102的商品删除成功！
商品编号：101,商品名称：笔记本,单价：5.0,数量：2,小计：10.0
商品编号：103,商品名称：冰箱,单价：2799.0,数量：1,小计：2799.0
商品编号：104,商品名称：T恤,单价：118.0,数量：1,小计：118.0
商品编号：105,商品名称：荣耀v10,单价：1998.0,数量：1,小计：1998.0
############################################################
商品编号为：103的商品修改成功！
商品编号：101,商品名称：笔记本,单价：5.0,数量：2,小计：10.0
商品编号：103,商品名称：冰箱,单价：2799.0,数量：2,小计：5598.0
商品编号：104,商品名称：T恤,单价：118.0,数量：1,小计：118.0
商品编号：105,商品名称：荣耀v10,单价：1998.0,数量：1,小计：1998.0
商品总价钱为：7724.0
```

图 1-4 【例 1.3】程序运行结果

（6）说明：本例中集合类和泛型用于保存和处理商品及订单信息，配合使用 Iterator 可以方便地进行浏览操作。

4. Lambda 表达式

Lambda 表达式是 Java 1.8 中新增的一种特性。使用 Lambda 表达式可以用更少的代码实现同样的功能，代码更简洁紧凑，而且支持大集合的并行操作，能充分发挥多 CPU 的性能优势。

Java 1.8 中还新增了 java.util.stream 和 java.util.function 两个包用于扩展集合的操作。Lambda 表达式配合这两个包的应用，大大增强了对集合的处理能力。

java.util.stream 可以在集合上建立一个管道流，进入流的集合元素可以进行一些中间操作，如对元素进行条件过滤，条件的给定就要使用 java.util.function 包中的类完成；最后可以对符合条件的元素进行相关处理，如字符转换、数据计算等。

在学习 Lambda 表达式之前，首先需要了解一个概念：函数接口。所谓函数接口就是内部有且只有一个待实现方法的接口，通常在接口定义之前加上@FunctionalInterface 注释。而 Lambda 表达式只需很简单的代码就可以快速进行接口方法的实现。

（1）Lambda 表达式语法。

Lambda 表达式语法格式：

```
(parameters)->expression
```

或者

```
(parameters)->{statements;}
```

Lambda 表达式由以下 3 个部分组成。

① parameters：形参列表，参数类型可以明确地声明，也可不声明而由 JVM 自动推断，当只有一个推断类型时可以省略圆括号。

② -> ：表示“被用于”。

③ 方法体：可以是表达式也可以是代码块，实现函数接口中的方法。这个方法体可以有返回值也可以没有返回值。

下面举几个简单示例。

- ()->1：没有参数，直接返回 1。
- (int x,int y)-> x+y：有两个 int 类型的参数，返回这两个参数的和。
- (x,y)->x+y：有两个参数，JVM 根据上下文推断参数的类型，返回两个参数的和。
- (String name,String number)->{System.out.println(name);System.out.println(number)}：有两个 String 类型的参数，分别输出，没有返回值。
- x->2*x：有一个参数，返回它本身的 2 倍。

这几个简单示例，给出了 Lambda 表达式的常见格式和使用方法。其通常配合其他应用，以提高访问效率。

（2）Stream。

Stream 表示数据流，流本身并不存储元素，在流中的操作也不会改变源数据，而是生成新 Stream。作为一种操作数据的接口，Stream 提供了过滤、排序、映射等多种操作方法。

在数据流中，可以对数据做多次处理和操作，每次操作结束仍返回数据流的称为中间方法，最后产生一个结果的称为结束方法。结束方法返回一个某种类型的值，而中间方法则返回新的 Stream。

中间操作可以理解为建立了一个链式管道，数据元素通过每一个管道进行一个中间处理。结束方法则产生一个最终的结果。

Stream 不但具有强大的数据操作能力，更重要的是 Stream 既支持串行也支持并行，并行使得 Stream 在多核处理器上有着更好的性能。

java.util.stream 是一个包，里面提供了多个与集合数据流有关的接口和类，其中主要的就是 Stream 接口。

Stream 接口定义了数据流的一系列中间方法和结束方法。通过这些方法，我们可以将原先的多个操作变为在一个数据流链路上依次处理，最后直接得出结果。

Stream 接口中的常用方法如表 1.1 所示。

表 1.1 Stream 接口的常用方法

返回类型	方法名	方法功能
static Stream	concat(Stream a, Stream b)	创建一个流，其元素是 a 与连接 b 组成的所有元素
long	count()	返回此流中的元素数
Stream	distinct()	返回由该流的不同元素组成的流
static Stream	empty()	返回一个空的顺序流
Stream	filter(Predicate p)	返回一个符合匹配条件的流
void	forEach(Consumer action)	对流的每个元素执行操作
Stream	limit(long maxSize)	返回长度不超过 maxSize 的子流
Stream	map(Function mapper)	返回该流元素执行函数后的结果组成的流
Stream	skip(long n)	跳过流内的 *n* 个元素，返回该流跳过 *n* 个元素后组成的流
Stream	sorted()	返回一个按自然顺序排序的结果流
Object[]	toArray()	返回一个包含此流的元素的数组

【例 1.4】用匿名内部类实现显示字符串“Hello World”。

```
package ch1;

interface ILambdaTest2{
    void print(String s);
}
public class LambdaTest2 {
    public static void main(String[] args) {
        //传统内部类的实现
        LambdaUse(new ILambdaTest2() {
            @Override
            public void print(String s) {
                System.out.println(s);
            }
        }, "Hello World");
    }
    public static void LambdaUse(ILambdaTest2 lambda,String string){
        lambda.print(string);
    }
}
```

【例 1.5】用 Lambda 表达式实现显示字符串“Hello World”。

```
package ch1;

interface ILambdaTest1{
    void print(String s);
```

```
}
public class LambdaTest1 {
    public static void main(String[] args) {
        //Lambda 表达式实现
        LambdaUse(s->System.out.println(s),"Hello world.");
    }
    public static void LambdaUse(ILambdaTest1 lambda,String string){
        lambda.print(string);
    }
}
```

【例 1.6】将集合中所有长度不小于 4 的字符串转换成大写字符后输出。

```
package ch1;
import java.util.*;
import java.util.stream.Collectors;

public class Example1_6 {

    public static void main(String[] args) {
        //创建一个字符串集合
        List<String> str =Arrays.asList("Hello","Mr","zhang","How","are","you","Today");
        //调用 filter()方法过滤掉长度小于 4 的字符串,调用 toUpper()方法进行字符串大写处理
        List<String> result =toUpper(filter(str));
        System.out.println("一般方法运行结果：");
        for (String s:result){//遍历输出处理好的字符串
            System.out.println(s);
        }
        System.out.println("使用 Lambda 表达式运行结果：");
        //利用 Lambda 表达式,完成相关处理并输出结果
        str.stream().filter(s->s.length()>=4).map(m->m.toUpperCase()).forEach(System.out::println);
    }
public static List<String> filter(List<String> str){
        //过滤方法,返回长度大于等于 4 的字符串集合
        List<String> list=new ArrayList<String>();
        for(String s:str){
            if (s.length()>=4){
                list.add(s);
            }
        }
        return list;
    }
public static List<String> toUpper(List<String> str){
        //字符串处理方法,将集合中所有字符串转换成大写字符
        ArrayList<String> ulist=new ArrayList<String>();
        for(String s :str){
            ulist.add(s.toUpperCase());
        }
        return ulist;
    }
}
```

运行结果如图 1-5 所示。

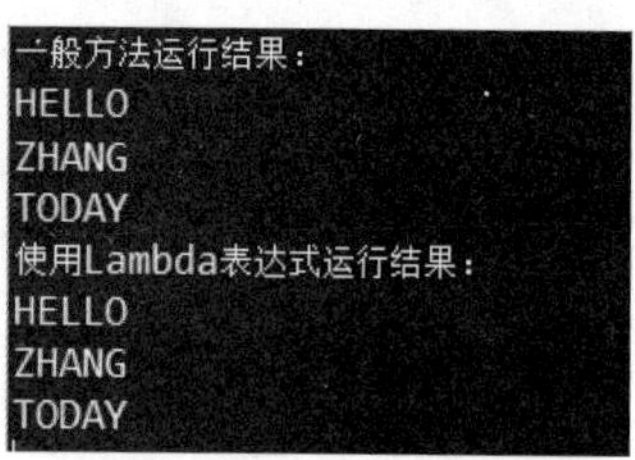

图 1-5 【例 1.6】运行结果

程序说明：本程序分别采用一般方法和 Lambda 表达式的形式完成字符串集合的处理。其中 Lambda 表达式只用一条语句就实现了所有功能：

```
str.stream().filter(s->s.length()>=4).map(m->m.toUpperCase()).forEach(System.out::println);
```

该语句说明：

首先，调用 stream()方法创建了一个字符串集合流。

然后，使用流的 filter()方法进行流过滤：字符串对象 s 的长度不小于 4，这里的 s 并没有指定类型，JVM 会根据上下文进行自动判别。过滤后的子数据流中只有符合条件的字符串了。

接着，对子数据流进行 map 方法处理：将流中的字符串对象进行大写转换。

最后，使用数据流的 forEach()方法逐一输出流中的各字符串对象。

从这个例题中，我们看到使用 Lambda 表达式的程序更加简洁明了，代码更紧凑。

【例 1.7】综合应用举例：编程实现圆圈报数游戏。有 *n* 个人围坐一圈，从第 *m* 个人开始报数，每报到字 *k* 或 *k* 的倍数，这个人被淘汰。求最后的胜利者是谁。

【题目分析】该题目的实现可以有多种方法，一种是直接按照题意，将人员信息放到数组中，每个人记录姓名、所在位置和当前状态，初始状态均为真，即都参与报数游戏。从指定的第 *m* 个人开始计数，当计数值为 *k* 时，则将该人的状态改为假，即退出报数游戏。直到剩余 1 人完成报数游戏，最后输出该人的位置和姓名。

我们还可以采用另一种方法，即利用动态数组存放人员信息。每报数到 *k* 时，将当前报数人从动态数组中移出，直到只剩一个人为止。

下面根据这两种方法分别给出相关的代码，请对比分析两者的不同之处。

（1）方法 1。

```
package ch1;
import java.util.Scanner;

public class Example1_7 {
    public static void main(String[] args) {
        Scanner scanner=new Scanner(System.in);
        System.out.println("请输入参与人数：");
        //while (scanner.hasNext()){

        int number=scanner.nextInt();//参与人数
        System.out.println("请输入起始位置：");
        int start=scanner.nextInt();//起始报数位置
        System.out.println("请输入报数值：");
        int num=scanner.nextInt();//间隔数量
        People [] people=new People[number];
        System.out.println("请输入人员姓名：");
        for (int i=0;i<number;i++){
            people[i]=new People(i,true,scanner.next());
        }
        int count;//剩余的参与人数
        int n=0;//报数值
        int init=(start-1)%number;//报数的初始位置
        count=number;
```

```
        //int line=0;
        while (count>1){//如果剩余人数大于 1,则继续报数

            if (!people[init].isFlag()){//如果当前人已被淘汰,则越过此人
                init=(init+1)%number;
                }
            else if(n<num-1){//如果当前人的报数值不是给定值,则继续
                n++;
                init=(init+1)%number;
            }
            else{people[init].setFlag(false);//如果当前人的报数值是给定值,则淘汰该人
                //line++;
                count--;//将剩余人数减一
                init=(init+1)%number;//继续下一个人报数
                n=0;//下一个人重新开始报数
                }
        }
        for(People a:people){
            if(a.isFlag()){//输出胜利者的位置,姓名
                System.out.println("胜利者是: "+(a.getSerial()+1)+" "+a.getName());
            }
        //}
    }
    }
}
class People{
    int serial;
    boolean flag;
    String name;
    public People(){}

    public People(int serial, boolean flag, String name) {
        this.serial = serial;
        this.flag = flag;
        this.name = name;
    }

    public boolean isFlag() {
        return flag;
    }
    public void setFlag(boolean flag) {
        this.flag = flag;
    }
    public String getName() {
        return name;
    }
    public void setName(String name) {
        this.name = name;
    }
    public int getSerial(){
        return serial;
    }
    public void setSerial(int serial){
```

```
        this.serial=serial;
    }
```

运行结果如图 1-6 所示。

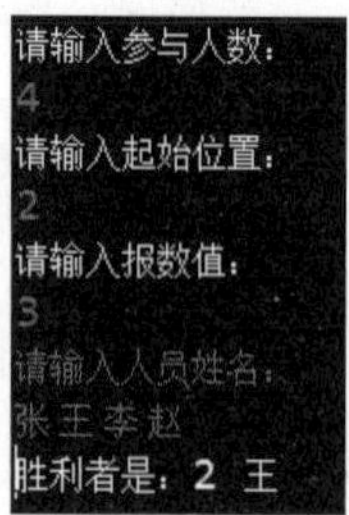

图 1-6 【例 1.7】运行结果 1

（2）方法 2。

```
package ch1;
import java.util.ArrayList;
import java.util.Iterator;
import java.util.Scanner;

public class Example1_7_2 {

    public static void main(String[] args) {
        // 圆圈报数游戏：n 个人围坐一圈，从指定的位置 m 开始报数，
        //每报到数字 k 或 k 的倍数，则该人淘汰.求最后的胜利者
        Scanner reader = new Scanner(System.in);
        System.out.println("请按顺序输入 玩游戏的人员姓名,输入 0 结束");
        ArrayList<String> array=new ArrayList<String>();
        String name;
        name = reader.next();
        while(!name.equals("0")){
            array.add(name);
            name = reader.next();
        }
        System.out.println("请输入报数的开始位置:");
        int begin=reader.nextInt();
        System.out.println("请输入报数值: ");
        int step=reader.nextInt();
        System.out.println("游戏开始: ");
        int i=0;//步距初始值
        int k=0;//起始位置指针
        while(array.size()>1){//剩余人数多于 1 人则游戏继续
        Iterator<String> iterator = array.iterator();//定义数组游标
        while(iterator.hasNext()){
            if (k!=begin-1){//确定初始位置
                k++;
                iterator.next();
            }
            else{
                if(i==step-1){//满足间隔条件的人退出游戏圈
                    System.out.println("出局: "+iterator.next());
```

```
                        iterator.remove();
                        i=0;//步距清零,重新计步
                    }
                    else{
                        iterator.next();
                        i++;

                    }
                }
            }
        }
            System.out.println("胜利者是: "+array.get(0));
        }
}
```

运行结果如图 1-7 所示。

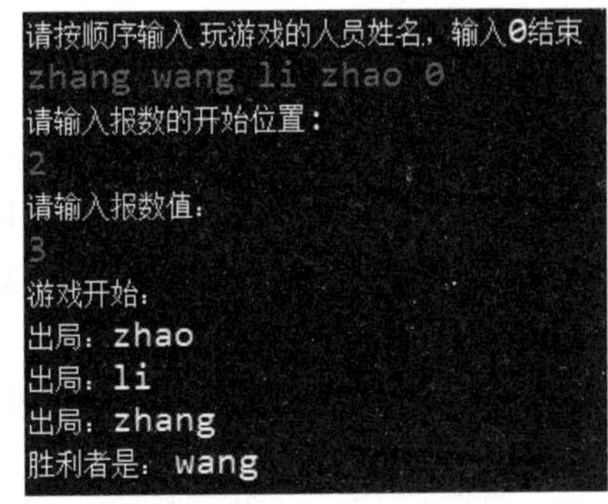

图 1-7 【例 1.7】运行结果 2

Java EE 核心技术规范

1.2.3　Java EE 核心技术规范

有一句流行语是：得标准者得天下。Java EE 技术规范即利用 Java EE 进行企业应用开发的标准体系。下面对 Java EE 中的 13 种技术规范进行简要的介绍。

1. JDBC

JDBC（Java Database Connectivity）API 为访问不同的数据库提供了一种统一的机制，像 ODBC（Open Database Connectivity，开放数据库互连）一样，JDBC 使操纵数据库的细节对开发者透明。另外，JDBC 对数据库的访问也具有平台无关性。

2. JNDI

JNDI（Java Name and Directory Interface）是名字和目录接口，为应用提供一致的模型来访问企业级资源，如 DNS 和 LDAP、本地文件系统或应用服务器中的对象。

3. EJB

EJB（Enterprise Jav Bean）是企业 Java 组件，提供了一个框架来描述分布式商务逻辑，用于开发具有可伸缩性和复杂的企业级应用。EJB 规范定义了组件何时、如何与它们的容器进行交互。容器负责提供公用的服务，如目录、事务管理、安全性等。需要说明的是，EJB 并不是实现 Java EE 企业应用的唯一渠道，它的意义在于：它专为分布式大型企业应用而设计，用它编写的程序具有良好的可扩展性和安全性。

4. RMI

RMI（Remote Method Invoke）是远程方法调用，顾名思义，它用于调用远程对象的方法。在客户端和服务器端传递数据使用序列化方式。

5. Java IDL/CORBA

Java IDL/CORBA（Java Interface Definition Language/Common Object Request Broker Architecture）是 Java 接口定义语言/公用对象请求代理结构，为 Java 平台添加了公用对象请求代理体系结构（Common Object Request Broker Architecture，CORBA）功能，从而可提供基于标准的互操作性和连接性。Java IDL 使分布式、支持 Web 的 Java 应用程序可利用 Object Management Group 定义的行业标准对象管理组接口定义语言（Object Management Group Interface Definition Language，OMGIDL）及 Internet 对象请求代理间协议（Internet Inter-ORB Protocol，IIOP）来透明地调用远程网络服务。运行时组件包括一个全兼容的 Java ORB，用于通过 IIOP 通信进行分布式计算。

6. JSP

JSP（Java Server Pages）页面由 HTML 代码和嵌入其中的 Java 代码组成。服务器被客户端请求以后，对这些 Java 代码进行处理，然后将生成的 HTML 页面返回给客户端的浏览器。

7. Java Servlet

Servlet 是运行在服务器端的 Java 程序，它扩展了 Web 服务器的功能，作为一种服务器端的应用，当被请求时开始执行。Servlet 提供的功能和 JSP 一致，只是二者的构成不同。JSP 通常是 HTML 代码中嵌入 Java 代码，而 Servlet 全部由 Java 写成并且生成 HTML。

8. XML

XML（eXtensible Markup Language）是扩展的标记语言，用来定义其他标记语言，作为数据交换和数据共享的语言，适用于很多的应用领域。

9. JMS

JMS（Java Message Service）是 Java 消息服务，是 Java 平台上用于建立面向消息中间件（MOM）的技术规范，它便于消息系统中的 Java 应用程序进行消息交换，并且通过提供标准的产生、发送、接收消息的接口，简化企业应用的开发。

许多厂商目前都支持 JMS，包括 IBM 的 MQSeries、BEA 的 Weblogic JMS Service 等。使用 JMS 能够通过消息收发服务（有时称为消息中介程序或路由器）从一个 JMS 客户机向另一个 JMS 客户机发送消息。消息是 JMS 中的一种类型对象，由两部分组成：报头和消息主体。报头由路由信息和有关该消息的元数据组成。消息主体则携带着应用程序的数据或有效负载。

10. JTA

JTA（Java Transaction Architecture）是 Java 事务体系结构，定义了一组标准的 API，用于访问各种事务监控。

11. JTS

JTS（Java Transaction Service）是 Java 事务服务，是 CORBA OTS（Object Transaction Service）事务监控的基本实现。

12. Java Mail

Java Mail 用于存取邮件服务器的 API，它提供了一套邮件服务器的抽象类，不仅支持 SMTP 服务器，也支持 IMAP 服务器。

13. JAF

Java Mail 利用 JAF（JavaBeans Activation Framework）来处理 MIME 编码的邮件附件。MIME 的字节流可以被转换成 Java 对象，或者相反。

1.2.4　轻型框架

框架（framework），其实就是某种应用的半成品，是一组组件，供开发者选用，完成系统的设计。这些组件把不同应用中有共性的任务抽取出来加以实现，做成程序供人使用。简单地说，就是使用别人搭好的舞台来做表演。框架一般是成熟的、不断升级的软件。框架的概念最早起源于 Smalltalk 环境，其中最著名的框架是 Smalltalk 80 的用户界面框架 MVC（Model View Controller）。

框架可分为重型框架和轻型框架。一般称 EJB 为重型框架，因其软件架构较复杂，启动加载时间较长，系统相对昂贵，需启动应用服务器加载 EJB 组件。而轻型框架则不需要昂贵的设备，软件费用较低，并且系统搭建容易，服务器启动快捷，适合于中小型企业或项目。目前，使用轻型框架开发项目非常普遍，常用的轻型框架包括 Hibernate、Struts、Spring、iBatis、Tapestry、JSF 等。

1. 使用轻型框架的好处

软件技术发展至今，面临各类复杂的应用系统的开发。软件系统开发任务涉及的知识更综合、内容更丰富、问题更繁多。使程序开发效率高、工作效果好，这是轻型框架设计的目的所在。框架可以完成开发中的一些基础性工作，开发人员可以集中精力完成系统的业务逻辑设计。总体而言，使用轻型框架的好处有以下 3 个方面。

（1）减少重复开发工作量、缩短开发周期、降低开发成本。

（2）使程序设计更为规范、程序运行更稳定。

（3）软件开发更能适应需求变化，且运行维护费用也较低。

2. 常用的框架组合

开发人员可以根据自己对框架的熟悉程度，在充分了解不同框架性能的基础上，根据系统功能和性能要求，自由地选择不同框架来搭配使用。下面是一些常见的框架组合。

（1）Spring+Spring MVC+MyBatis（SSM）。

（2）Struts+Spring+Hibernate（SSH，或为突出 Struts 2 而写成 S2SH）。

（3）Hibernate+JDBC+JSP。

（4）Struts+Hibernate。

（5）Hibernate+Spring。

（6）Spring+Struts+JDBC。

（7）Struts+EJB。

（8）JSF+Hibernate。

（9）Tapestry+Hibernate+Spring。

（10）Freemaker+Struts+Hibernate+Spring。

在 Java EE 技术发展沿革中，轻型框架的发展尤为迅速，不断有新型框架出现。以上所列举的仅仅是其中部分常见的框架组合。本书以非常流行的 MyBatis、Spring 和 Spring MVC 这 3 个框架为主，对其工作原理和使用方法进行讲解。另外，本书还对 EJB 的原理和应用做了较为详尽的介绍。

3. MyBatis

MyBatis 本是 Apache 的一个开源项目 iBatis，2010 年这个项目由 Apache 软件基金会（Apache Software Foundation，ASF）迁移到了 Google Code，并且改名为 MyBatis，2013 年 11 月迁移到 Github。

MyBatis 是一款优秀的持久层框架，它支持定制化 SQL、存储过程以及高级映射。MyBatis 避免了几乎所有的 JDBC 代码和手动设置参数以及获取结果集。MyBatis 可以使用简单的 XML 或注解来配置和映射原生信息，将接口和 Java 的普通的 Java 对象（Plain Ordinary Java Objects，POJOs）映射成数据库中的记录。

MyBatis 具有易学易用、编程灵活等特点，它去除了 SQL 代码与程序代码的缠绕耦合，提供了映射标签和 XML 标签，支持编写动态 SQL。

4. Spring

Spring 是一个应用于 Java EE 领域的轻量级的、功能强大的、灵活的应用程序框架，可以提供快速的 Java Web 应用程序开发。Spring 是个非常活跃的开源项目，它提供了众多优秀项目的集成。例如，对 MVC 框架和视图技术的集成、与开源持久层 ORM 的集成、与动态语言的集成以及与其他企业级应用的集成。

Spring 提供了一个完整的 MVC 框架，在模型、视图、控制器之间进行了非常清晰的划分，各部分耦合度极低。视图不再要求必须使用 JSP，而可以选择 Velocity、Freemaker 或者其他视图技术。

Spring 支持依赖注入（DI）和面向方面编程技术（AOP），更容易实现复杂的需求；支持事务管理，可以很容易地实现支持多个事务资源；支持 JMS 和 JCA 等技术，能方便地访问 EJB。

总之，Spring 的应用可以大大降低应用开发的复杂度和难度，是一个成功的轻量级解决方案。

5. Spring MVC

Spring MVC 是 Spring 提供的一个强大而灵活的 Web 框架。借助于注解，Spring MVC 提供了几乎是 POJO 的开发模式，使控制器的开发和测试更加简单。这些控制器一般不直接处理请求，而是将其委托给 Spring 上下文中的其他 Bean，通过 Spring 的依赖注入功能，这些 Bean 被注入控制器。

Spring MVC 主要由 DispatcherServlet、处理器映射、处理器（控制器）、视图解析器、视图组成。它的两个核心如下。

（1）处理器映射：选择使用哪个控制器来处理请求。

（2）视图解析器：选择结果应该如何渲染。

通过以上两个组件，Spring MVC 保证了选择控制器处理请求和选择视图展现输出之间的松散耦合。

6. Hibernate

Hibernate 是一个面向 Java 环境的对象/关系映射工具，即 ORM（Object-Relation Mapping）。它的作用是封装 JDBC 的功能，即隐藏数据访问的细节，负责 Java 对象的持久化。Hibernate 的工作原理是通过文件在值对象和数据库表之间建立一个映射关系，这样，我们在应用程序中只需要借助 Hibernate 所提供的一些基本类，通过操作这些值对象即可达到访问数据库的目的。Java 程序员只需要使用其所熟悉的面向对象范式进行开发，而不必像使用 JDBC 那样，用类似手工操作的方式对某些行某些列的内容进行存取操作。

在分层软件架构中持久化层的存在，也使业务逻辑层可以专注于处理业务逻辑。

了解了 Hibernate，我们需要进一步了解 JPA。前面已经介绍了 JPA，即 Java 持久化 API（Java Persistence API）。由于 ORM 框架产品多且各具特点、互不相通，这就给开发者出了一个又一个难题，也成了应用移植的障碍。JPA 是 JCP 组织发布的 Java EE 标准之一，任何符合 JPA 标准的框架都遵循同样的标准，提供相同的 API，这就保证了基于 JPA 开发的企业应用经过小的修改即可在不同的 JPA 框架下运行。就是说，JPA 是一个 ORM 模型和标准，而不是一个实际的框架。支持这个标准的框架虽然各有特色，但是，相同的架构和 API 使得它们在应用开发中的表现像相同的框架一样。

7. Struts 2

Struts 是 Apache 组织开发的一项开源项目，于 2001 年发布。该框架一经发布，立即受到广大 Java Web 开发者的欢迎。2006 年 Struts 与 WebWork 整合，在 2007 年推出 Struts 2 版本，在此之前的 Struts 版本为 Struts 1。

Struts 是一种基于 Java EE 平台的 MVC 框架。它主要用 Servlet 和 JSP 技术实现，使开发过程各个模块划分清晰、易掌控。Struts 利用 Taglib 获得可重用的代码；利用 ActionServlet 配合 struts-config.xml 实现对整个系统的导航式建构，开发人员易于对系统整体把握。用户界面、业务逻辑和控制的分离，使系统结构更清晰，更容易分工协作，而且使系统具有良好的可扩展性和易维护性。

Struts 2 在诸多方面较 Struts 1 有了很大不同。例如，在 Action 类的实现方面，Struts 2 可以实现 Action 接口，也可以实现其他接口；在线程安全方面，Struts 2 的 Action 对象为每一个请求产生一个实例，因此不存在线程安全问题；在 Servlet 依赖方面，Struts 2 的 Action 对象不再依赖于 Servlet API，允许 Action 脱离 Web 容器运行。还有一些其他方面的不同，可在后面章节的学习中详细了解。

8. JSF

JSF（Java Server Faces）是一种以组件为中心的用于构建 Web 应用程序的轻型框架，主要用于开发应用程序的用户界面。一般而言，用户界面设计是一个很费时的过程，JSF 以组件为中心的结构可以极大地简化界面的设计工作。它为开发人员提供了标准的编程接口、丰富的 UI 组件库以及事件驱动模型等完整的应用框架。通过 JSF，开发人员可以在页面中轻松地使用 Web 组件，捕获用户行为产生的事件，执行验证，建立页面导航，等等。

JSF 的应用架构完全实现了 MVC 模式。用户界面代码（视图）与处理逻辑（模型）相分离，这使得 JSF 程序易于管理，而所有与应用程序的用户交互均由一个前端（Faces Servlet）（控制器）来处理。

1.2.5　框架与规范的关系

可以说 Java EE 本身就是一套规范体系，其中定义了 JSP、Servlet、JDBC 等 13 种技术规范，具体内容已在前文中做过说明。最初 Sun 定义这些规范的目的是希望利用它们解决所有的设计问题，但是由于它们很复杂，难以全面掌握和熟练使用。而且这些规范又有很多具体实现，如 Apache 的 Tomcat 实现了 Servlet 和 JSP，Jboss 和 Weblogic 实现了 EJB 等，大部分数据库里面都有 JDBC 驱动。

框架的作用则是使开发工作不必依赖大量的 Java 的类，包括技术规范相关的类，而是依赖框架。由于框架对类进行了封装，以更友好的开发者界面，提供更强大的功能，因此，开发工作变得更高效、更可靠、更规范。

概括地说，Java EE 规范是标准，框架是技术，它采用了部分 Java EE 的设计理念，但又并非完全遵守 Java EE 规范，有些功能直接来自 Java SE。框架与规范的关系如图 1-8 所示。

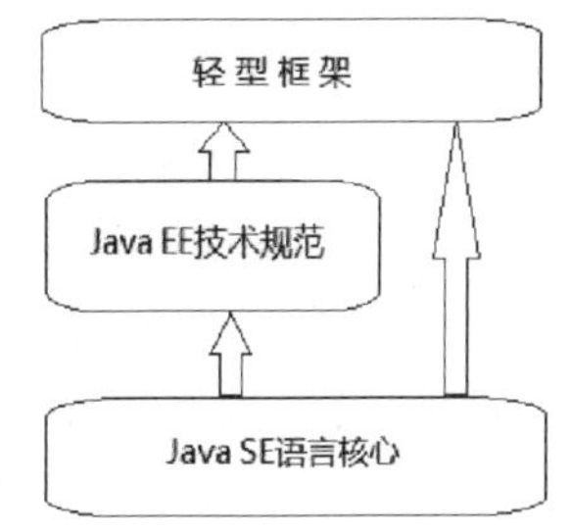

图 1-8　框架与规范的关系

1.3　Java EE 应用分层架构

Java EE 使用多层的分布式应用架构，按功能划分为不同组件，根据组件所在的层分布在不同的机器中。

1.3.1 分层架构概述

分层架构是常见的架构模式。分层描述的架构设计过程是：最低的抽象级别称为第 1 层，从最低级的抽象逐步向上进行抽象，直至达到功能的最高级别。

分层架构的特点如下。

- 伸缩性：伸缩性是指应用程序能支持更多用户的能力。应用的层数少，可以增加资源（如 CPU、内存等）的机会就少。反之，则可以把每层分布在不同的机器上。
- 可维护性：可维护性指的是发生需求变化时，只需修改软件的局部，不必改动其他部分的代码。
- 可扩展性：可扩展性是指在现有系统增加新功能的能力。在分层的结构中，可扩展性较好，这是由于可以在每个层中插入功能扩展点，而不改变原有的整体框架。
- 可重用性：可重用性指的是同一程序代码可以满足多种需求的能力。例如，业务逻辑层可以被多种表示层共享，即业务逻辑层的代码被重用了。
- 可管理性：指管理系统的难易程度。

1.3.2 Java EE 应用的分层架构

Java EE 使用多层分布式的应用架构，该架构通过以下 4 层来实现。

（1）客户层：运行在客户计算机上的组件。

（2）Web 层：运行在 Java EE 服务器上的组件。

（3）业务层：运行在 Java EE 服务器上的组件。

（4）企业信息系统层（EIS）：运行在 EIS 服务器上的软件系统。

有时我们把客户层和 Web 层视为一个层，这样就可以将以上架构按 3 层来划分，如图 1-9 所示。

在这个分层体系中，客户层组件可以是基于 Web 方式的，也可以是基于传统方式的。Web 层组件可以是 JSP 页面，也可以是 Servlet 程序。

对于业务逻辑层组件，其代码是处理（如银行、零售等）具体行业或领域的业务需要，由运行在业务层上的 Enterprise Bean 进行处理。

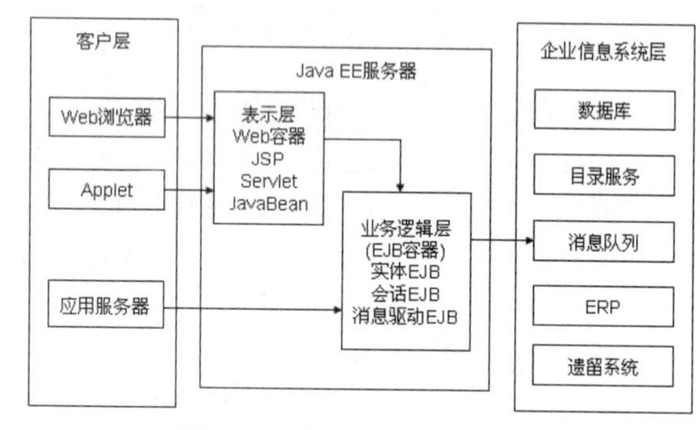

图 1-9　3 层 Java EE 体系架构

企业信息系统层处理企业信息系统软件，包括企业基础建设系统（如企业资源计划）、大型机事务处理、数据库系统和其他遗留系统。

1.4 Java EE 开发环境

Java EE 开发环境搭建方式有多种选择，由于有许多开源软件可用，所以下载、安装、配置都很方便。例如：JDK8 + Eclipse for Java EE Developer（如 Oxygen） + Tomcat + MySQL，JDK8 + MyEclipse + Tomcat + MySQL，JDK8 + Eclipse for Java EE Developer（如 Oxygen） + JBoss+

MySQL，等等。读者可根据自己喜好选择搭建。

1.4.1　JDK 的下载和安装

Java 开发工具包（Java Development Kit，JDK）是 Java EE 平台应用程序的基础，利用它可以构建组件、开发应用程序。JDK 是开源免费的工具，可以到 Oracle 官网下载。

下载 jdk-8u191-windows-i586.exe 文件后，可以直接双击该文件运行并进行安装，按照提示选择好安装路径及安装组件即可。

安装后需要设置环境变量 JAVA_HOME、PATH 及 CLASSPATH。配置环境变量的目的是设置与 Java 程序的编译和运行有关的环境信息。其中，JAVA_HOME 设置为 JDK 的安装目录，PATH 设置为 JDK 的程序（即 exe 文件）目录，CLASSPATH 设置为 JDK 类库搜索路径。JDK 环境变量的设置如图 1-10 所示。

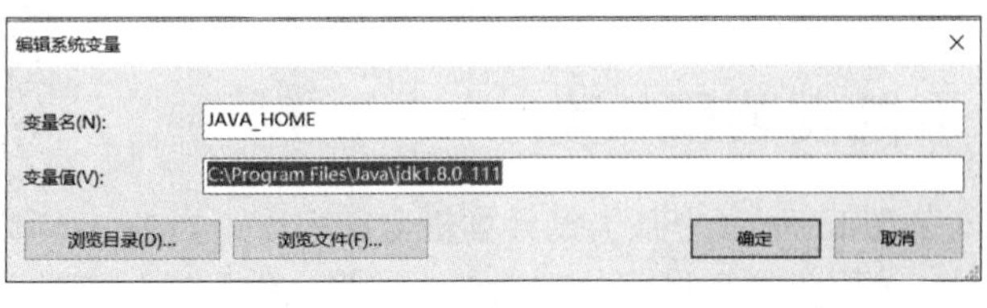

（a）

编辑环境变量

C:\ProgramData\Oracle\Java\javapath
C:\Program Files (x86)\Intel\iCLS Client\
C:\Program Files\Intel\iCLS Client\
C:\Windows\system32
C:\Windows
C:\Windows\System32\Wbem
C:\Windows\System32\WindowsPowerShell\v1.0\
C:\Program Files (x86)\Intel\Intel(R) Management Engine Comp...
C:\Program Files\Intel\Intel(R) Management Engine Componen...
C:\Program Files (x86)\Intel\Intel(R) Management Engine Comp...
C:\Program Files\Intel\Intel(R) Management Engine Componen...
C:\Program Files (x86)\NVIDIA Corporation\PhysX\Common
%CATALINA_HOME%\bin
%SystemRoot%\system32
%SystemRoot%
%SystemRoot%\System32\Wbem
%SYSTEMROOT%\System32\WindowsPowerShell\v1.0\
C:\Program Files\Intel\WiFi\bin\
C:\Program Files\Common Files\Intel\WirelessCommon\
%SYSTEMROOT%\System32\OpenSSH\
%JAVA_HOME%\jre\bin

新建(N)
编辑(E)
浏览(B)...
删除(D)
上移(U)
下移(O)
编辑文本(T)...
确定
取消

（b）

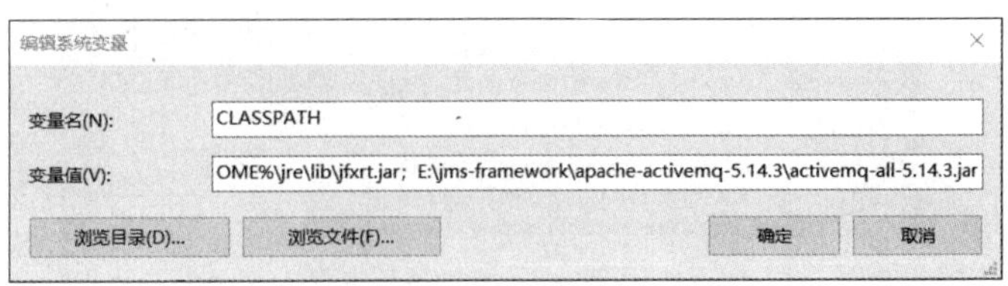

（c）

图 1-10　JDK 环境变量设置

1.4.2 集成开发环境的安装和使用

Eclipse 是 IBM 推出的开放源代码的通用开发平台。它支持包括 Java 在内的多种开发语言。Eclipse 采用插件机制，是一种可扩展的、可配置的集成开发环境（Integrated Development Environment，IDE）。

MyEclipse 本质上是 Eclipse 插件，其企业级开发平台 MyEclipse Enterprise Workbench 是功能强大的 Java EE 集成开发环境，在其上可以进行代码编写、配置、调试、发布等工作，支持 HTML、JavaScript、CSS、JSF、Spring、Struts、Hibernate 等开发。下面对 MyEclipse 的安装配置、使用方法进行简要介绍。

从 MyEclipse 官网下载 MyElipse 企业级开发平台。选择较新的稳定版本（stable）安装包下载，例如 myeclipse-2017-2.0-offline-installer-windows.exe。下载后，双击该文件即启动安装向导，按提示选择安装路径，其余选项可以按默认进行安装。

1.4.3 Tomcat 的安装和配置

Web 服务器是指安装在 Internet 上某类型计算机上的程序，当 Web 浏览器（客户端）连接到服务器上并发出请求时，该服务器程序将处理请求，并将文件发送到该浏览器上。Web 服务器与客户机程序之间使用 HTTP 进行信息交流，采用 HTML 文档格式，浏览器采用统一资源定位器（URL）请求资源。

常用的 Web 服务器包括 Apache、IIS、Jetty 等。

应用服务器是用于创建、部署、运行、集成和维护多层分布式企业级应用的平台。如果应用服务器与 Web 服务器相结合，包含了 Web 服务器功能，则称为 Web 应用服务器。

应用服务器主要有 Tomcat、WebLogic、JBoss 等。

Tomcat 是一个开源的、免费的、用于构建中小型网络应用开发的应用服务器。从官网（http://tomcat.apache.org/）下载最新版本的 Tomcat，下载后解压到硬盘上即可使用。

在 Tomcat 安装目录中有一个 bin 子目录，其中分别有用于启动和关闭 Tomcat 服务器的两个批处理文件 startup.bat 和 shutdown.bat，双击即可启动或关闭 Tomcat 服务器。在 IDE 中集成了 Tomcat，则可通过菜单方式启动与关闭 Tomcat 服务器。

Tomcat 默认端口是 8080，Tomcat 启动后就可以通过浏览器访问其 Web 站点。在地址栏输入 http://localhost:8080，即可打开 Tomcat 服务器主页，如图 1-11 所示。

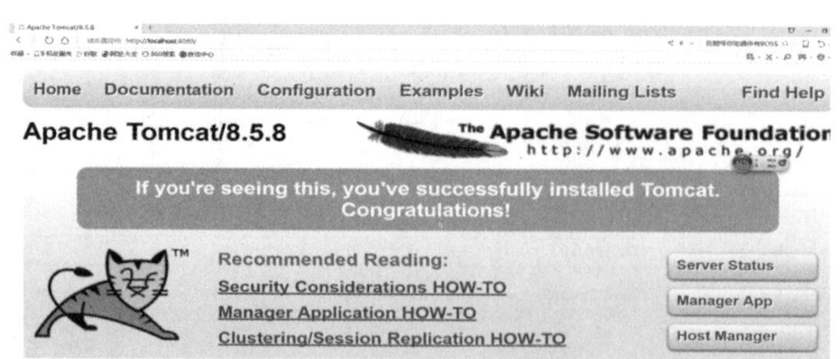

图 1-11 Tomcat 服务器主页

1.4.4 MySQL 数据库的安装和使用

MySQL 数据库是一个开放源代码的关系数据库管理系统（RDBMS），它使用结构化查询语言 SQL（Structural Query Language）进行数据库管理。

使用结构化查询语言 SQL 提供各种操作命令，可以创建数据库、数据表，可以查询数据、插入数据、删除数据及修改数据等。

数据库、数据表和结构化查询语言 SQL 的关系，可以用一个图书馆的例子类比。图书馆相当于数据库。图书馆有名字，如×××省图书馆、×××大学图书馆，数据库也有名字。数据表相当于图书馆的书库，可能不只一个。书库有名字，如财经书库、科技书库，数据表也有名字。结构化查询语言呢？它相当于图书馆的图书采购、借阅管理机制，过去采用手工方式，现在采用计算机管理，做一样的事，有不同的方式方法。图书馆要对图书的借书还书进行管理，数据库要对数据读出写入管理进行，这就是 SQL 语言的作用。

在本书中，我们的主要目的是使用数据库，对数据库的复杂理论和操作不做过多涉猎，只面向应用介绍一些必备的知识。

首先介绍 MySQL 数据库的下载安装方法。需登录 MySQL 官网，下载 MySQL 数据库安装文件。有两种选择：压缩文件解压安装或使用 MSI Installer 安装。第一种方式是下载 zip 压缩软件，解压缩 MySQL 压缩文件后，执行 setup.exe 进行安装，安装之后对数据库进行手动配置。第二种方式是下载 MSI Installer 安装软件，直接执行，进行数据库安装，在安装过程中对数据库自动配置。

本书采用的是 mysql-5.5.53-winx64.msi.exe 安装文件。安装过程中，大部分操作只需要单击“Next”按钮，这里列出几个关键步骤的图示及说明。

（1）开始安装界面，如图 1-12 所示。

（2）选择安装类型。通常选择典型安装，即单击“Typical”按钮，典型安装包括了软件的大部分特性，如图 1-13 所示。单击“Next”按钮。

（3）安装完毕，勾选“Launch the MySQL Instance Configuration Wizard”选项，单击“Finish”按钮，进行 MySQL 实例配置向导，如图 1-14 所示。

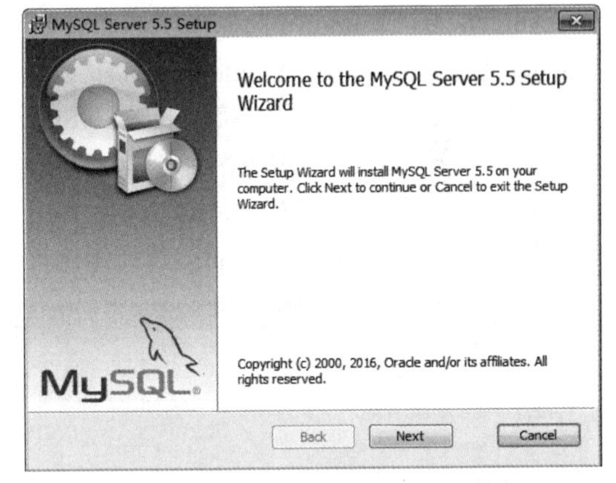

图 1-12　开始安装 MySQL 数据库

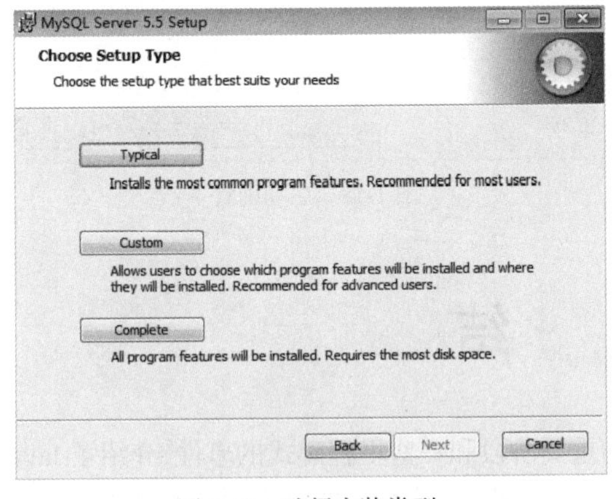

图 1-13　选择安装类型

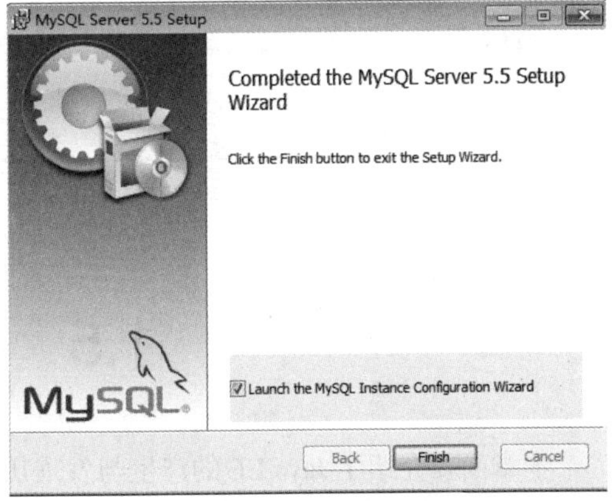

图 1-14　安装结束转入配置向导

（4）进入配置界面后，再“选择数据库用途”对话框中，选择“Multifunctional Database”，即通用多功能型，如图 1-15 所示。单击“Next”按钮。

（5）进入“选择默认字符集”界面，选择“Manual Selected Default Character Set/Collation”，

然后，在下拉文本框中选择“utf8”，如果字符集与开发环境字符集不一致，可能会出现汉字乱码。单击“Next”按钮，如图 1-16 所示。

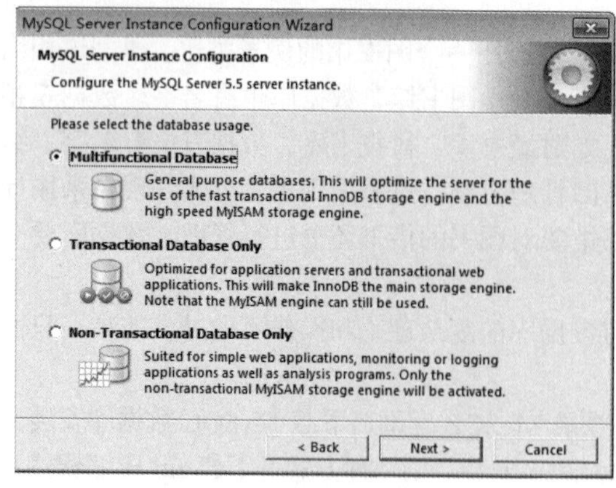

图 1-15　选择数据库用途

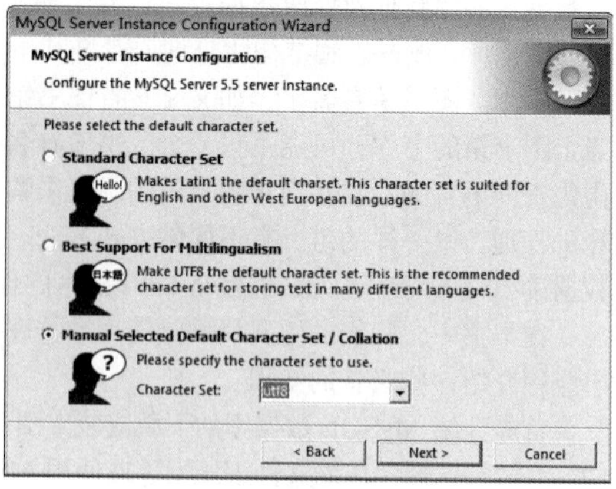

图 1-16　选择默认字符集

（6）进入“Windows 选择项”界面，如图 1-17 所示。勾选“Install As Windows Service”和“Include Bin Directory in Windows PATH”，即在系统的环境变量 PATH 中写入相关的参数。然后，用户可在 cmd 命令窗口中直接键入“MySQL”，即可运行 MySQL。否则，需要手动找到 MySQL 的安装目录，并输入完整的路径，这会比较麻烦

（7）进入“启动配置”界面，如图 1-18 所示。选中所有启动项，单击“Execute”按钮即可完成启动配置，再单击“Finish”按钮退出即可。

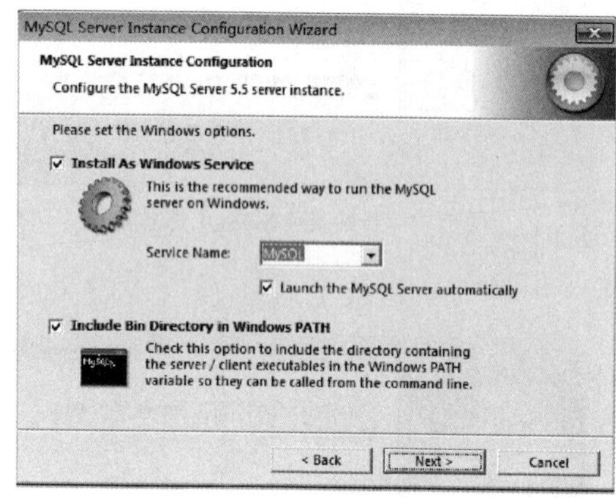

图 1-17　windows 服务和路径选项

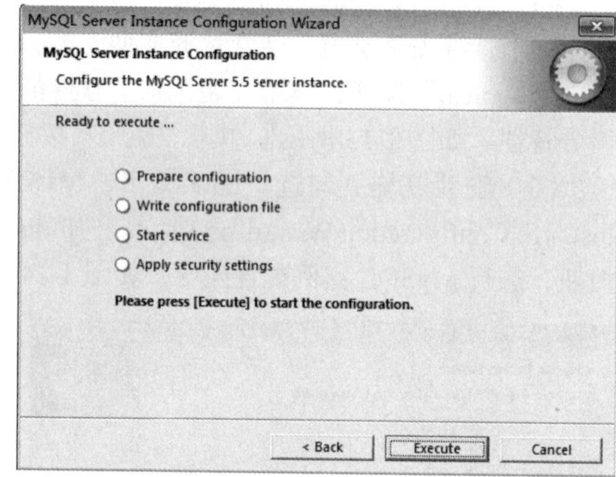

图 1-18　启动配置

1.5 小　　结

本章简要介绍了 Java EE 的产生与发展历程中的重要阶段和一些里程碑式的事件，介绍了 Java EE 应用系统的分层模型，对 Java EE 技术规范进行了分类阐述，详细说明了常用开发环境、开发工具的下载安装与配置的主要内容和基本步骤。对于轻型框架的介绍虽仅限于概述，但本章力图使读者能够了解它们的功能特点和技术上的优势，并且了解其作用和意义，为后续相关章节的学习起到导引的作用。

1.6 习　　题

【思考题】

1. 简述 Java EE 的产生和发展历程。
2. Java EE 有哪些新特性？
3. 什么是轻型框架？简述使用轻型框架开发的优势。
4. 简述 Java EE 应用的分层架构及各组成部分。
5. Java EE 应用程序如何安装与配置？

【实践题】

1. 设计一个基于 Java 反射机制的动态代理程序，模拟远程代理服务器功能。
2. 设计一个基于集合和泛型的模拟购物车功能的 Java 程序。

第 2 章 Java EE 技术规范

本章内容

- JDBC
- JNDI
- RMI
- JMS
- 事务
- JavaMail 与 JAF

本章以 Java EE 的 13 种技术规范为线索，择其常用的展开讲解。当然在全部 13 种技术规范中，有的重要内容单独列为一章讲解的，不在本章重复列出。比如 XML 在第 3 章讲解，JSP 和 Servlet 在第 4 章讲解。

2.1 JDBC

应用程序中管理和操纵数据库是很常见的情况。JDBC 就是基于这个目的开发的技术规范。借助它，可以在 Java 程序中创建和使用数据库、数据表，可以对记录行数据进行各种操作。

2.1.1 基本概念

1. 什么是 JDBC

Java 数据库连接（Java Database Connectivity，JDBC）是用于在 Java 程序中访问数据库的技术规范。

JDBC 是 Java 程序连接和存取数据库的应用程序接口（API），JDBC 向应用程序开发者提供了独立于数据库的统一的 API，提供了数据库访问的基本功能。它是将各种数据库访问的公共概念抽取出来组成的类和接口。JDBC API 包括两个包：java.sql（JDBC 内核 API）和 javax.sql（JDBC 标准扩展），它们合在一起构成了用 Java 开发数据库应用程序所需的类。

2. 利用 JDBC 访问数据库的过程

下面以 MySQL 数据库为例，说明在 Java 程序中实现访问的过程和步骤。

（1）选择数据库驱动类型。

数据库驱动有以下 4 种类型，其中常用的是类型 1 和类型 4。

- 类型 1：JDBC-ODBC Bridge Driver，这种驱动方式是通过 ODBC 驱动器提供数据库连接。使用这种方式要求客户机装入 ODBC 驱动程序。
- 类型 2：Native-API partly-Java Driver，这种驱动方式将数据库厂商所提供的特殊协议转换为 Java 代码及二进制代码，利用客户机上的本地代码库与数据库进行直接通信。和类型 1 一样，这种驱动方式也存在很多局限，由于需要使用本地库，因此，必须将这些库预先安装在客户机上。

- 类型 3：JDBC-Net All-Java Driver，这种驱动方式是纯 Java 代码的驱动方式，它将 JDBC 指令转换成独立于 DBMS 的网络协议形式并与某种中间层连接，再通过中间层与特定的数据库通信。该类型驱动具有很大的灵活性，通常由非数据库厂商提供。
- 类型 4：Native-protocol All-Java Driver，这种驱动方式也是一种纯 Java 的驱动方式，它通过本地协议直接与数据库引擎相连，这种驱动程序也能应用于 Internet。在全部 4 种驱动方式中，这种方式具有最好的性能。

注意

如无特别说明，本章默认采用类型 4 的驱动方式。

（2）加载 JDBC 驱动程序。

采用类型 4 的驱动方式，访问 MySQL 数据库，需要从 Oracle 官网下载 JDBC 驱动程序。例如：mysql-connector-java-5.1.7-bin.jar 或较新的版本，并且加入项目类库中。

调用 Class.forName()方法显式地加载驱动程序类。

```
Class.forName("com.mysql.jdbc.Driver");
```

（3）建立连接。

DriverManager 类管理各种数据库驱动程序，建立新的数据库连接。

```
String url = "jdbc:mysql://localhost:3306/student";//student 是一个 MySQL 数据库
String user = “xxx”;
String password = “yyy”;
Connection con = DriverManager.getConnection(url,user,password);
```

其中，url 指出使用哪个驱动程序以及连接数据库所需的其他信息。

注意

由于选择不同的驱动类型以及访问不同的数据库，加载驱动程序和建立连接所用的 2 个字符串有不同的值。使用时需要根据具体情况给出正确的赋值。

（4）创建语句。

与数据库建立连接之后，需要向访问的数据库发送 SQL 语句。在特定的程序环境和功能需求下，可能需要不同的 SQL 语句，例如数据库的增、删、改、查等操作，或者数据库或表的创建及维护操作等。需要说明的是：Java 程序中所用到的 SQL 语句能否得到正确的执行，是否会产生异常或错误，需要关注的不仅是语句本身的语法正确性，而且要关注所访问的数据库是否支持。例如，有的数据库不支持存储过程操作，则发送调用存储过程的语句，即抛出异常。

有 3 个类用于创建访问数据库的语句。类的具体内容在 2.1.2 小节中详细介绍。

Statement 类，调用其 createStatement()方法可以创建语句对象，然后利用该语句对象可以向数据库发送具体的 SQL 语句。例如：

```
String query = "select * from table1";  //查询语句
Satement st = con.createStatement();    //或调用带参数的同名方法
```

PreparedStatement 类，调用其 prepareStatement()方法创建预处理语句对象，可以向数据库发送带有参数的 SQL 语句。

CallableStatement 类的 prepareCall()方法可用于创建对象，该对象用于向数据库发送调用某存储过程的 SQL 语句。

（5）执行语句。

数据库执行传送到的 SQL 语句，结果有多种形式，这与所执行的语句有关。以查询语句 select 为例，其结果需返回到程序中一个结果集对象，即 ResultSet 类对象 rs。例如：

```
ResultSet rs = st.executeQuery(query);  //发送 SQL 语句,获得结果
```

（6）处理结果。

在程序中对数据库所要进行的操作，无非是与 SQL 的四类语句相对应的各种操作。亦即：数据定义语言（Data Definition Language，DDL）、数据操纵语言（Data Manipulation Language，DML）、数据查询语言（Data Query Language，DQL）、数据控制语言（Data Control Language，DCL）。执行查询语句后得到结果集对象，调用 ResultSet 的方法可以从中读取数据，也可以利用它向数据库写入数据。例如：

```
String  name = rs.getString("name");//从结果集对象读取 name 字段值到字符串
```

（7）关闭连接。

完成对数据库的操作之后应关闭与常用数据库的连接。关闭连接使用 close()方法，格式如下。

```
con.close();
```

2.1.2 JDBC 常用 API

1. 常用类和接口的功能

JDBC API 提供的类和接口是在 java.sql 包中定义的。表 2.1 列出了 java.sql 的常用类和接口。

表 2.1　　java.sql 的常用类和接口

类和接口名称	说明
java.sql.CallableStatement	用于处理调用存储过程的语句类
java.sql.Connection	用于与某个数据库的连接管理
java.sql.Driver	数据库驱动程序类
java.sql.Date	日期处理类
java.sql.DriverManager	管理 JDBC 驱动器设置的基本服务
java.sql.PreparedStatement	编译预处理语句类
java.sql.ResultSet	管理查询结果的表，简称结果集
java.sql.SQLException	管理关于数据库访问错误的信息
java.sql.Statement	用于执行 SQL 语句的类
java.sql.DatabaseMetaData	管理关于数据库的信息，称为元数据

2. DriverManager 类

DriverManager 类的常用方法及功能如表 2.2 所示。

表 2.2　　DriverManager 类的常用方法

方法名称	功能说明
static Connection getConnection(String url)	建立到 URL 指定的数据库的连接
static Connection getConnection(String url, Properties info)	用给定的数据库 URL 和相关信息（用户名、用户密码等属性）来创建一个连接
static Connection getConnection(String url, String user, String password)	用给定的数据库 URL、用户名和用户密码创建一个连接

续表

方法名称	功能说明
static Driver getDriver(String url)	查找给定 URL 下的驱动程序
static Enumeration<Driver>getDrivers()	获得当前调用方可以访问的所有已加载 JDBC 驱动程序的枚举
static int getLoginTimeout()	获得驱动程序连接到某一数据库时可以等待的最长时间
static PrintWriter getLogWriter()	检索记录写入器
static void registerDriver(Driver driver)	向 DriverManager 注册给定驱动程序

3. Connection 类

（1）Connection 类常量及含义如表 2.3 所示。

表 2.3　　Connection 类常量及含义

方法名称	功能说明
static int TRANSACTION_NONE	指示不支持事务
static int TRANSACTION_READ_UNCOMMITTED	说明一个事务在提交前，其变化对于其他事务而言是可见的，这样可能发生脏读（Dirty Read）、不可重复读（Unrepeated Read）和虚读（Phantom Read）
static int TRANSACTION_READ_COMMITTED	说明读取未提交的数据是不允许的。防止发生脏读的情况，但不可重复读和虚读仍有可能发生
static int TRANSACTION_REPEATABLE_READ	说明事务保证能够再次读取相同的数据而不会失败，但虚读有可能发生
static int TRANSACTION_SERIALIZABLE	指示避免发生脏读、不可重复读和虚读

（2）Connection 类的常用方法如表 2.4 所示。

表 2.4　　Connection 类的常用方法

方法名称	功能说明
void close()	断开此 Connection 对象和数据库的连接
void commit()	使自上一次提交/回滚以来进行的所有更改成为持久更改
Statement createStatement()	创建一个 Statement 对象，将 SQL 语句发送到数据库
Statement createStatement(int resultSetType, int resultSetConcurrency)	用参数给定结果集类型和并发性创建语句对象
Statement createStatement(int resultSetType, int resultSetConcurrency, int resultSetHoldability)	用参数给定结果集类型以及并发性、可保存性创建语句对象
CallableStatement prepareCall(String sql)	创建一个 CallableStatement 对象来调用数据库存储过程
PreparedStatement prepareStatement(String sql)	创建一个编译预处理语句对象来将参数化的 SQL 语句发送到数据库
Savepoint setSavepoint(String name)	在当前事务中创建一个具有给定名称的保存点，并且返回它的新 Savepoint 对象
void rollback(Savepoint savepoint)	回滚给定 Savepoint 对象之后进行的所有更改
void setTransactionIsolation(int level)	将此 Connection 对象的事务隔离级别设定为 level 指定的级别

4. Statement 类

Statement 类的常用方法如表 2.5 所示。

表 2.5　　　　Statement 类的常用方法

方法名称	功能说明
void addBatch(String sql)	将给定的 SQL 命令添加到此 Statement 对象的当前命令列表中
void clearBatch()	清空此 Statement 对象的当前 SQL 命令列表
void close()	释放此 Statement 对象的数据库和 JDBC 资源
boolean execute(String sql)	执行给定的 SQL 语句，该语句可能返回多个结果
int[] executeBatch()	将一批命令提交给数据库来执行
ResultSet executeQuery(String sql)	执行给定的 SQL 语句，该语句返回单个 ResultSet 对象
int executeUpdate(String sql)	执行给定 SQL 语句，该语句可能为 INSERT、UPDATE 或 DELETE 语句，或者为不返回任何内容的 SQL 语句，如 SQL DDL 语句

5. PreparedStatement 类

PreparedStatement 类的常用方法如表 2.6 所示。

表 2.6　　　　PreparedStatement 类的常用方法

方法名称	功能说明
void addBatch()	将一组参数添加到此 PreparedStatement 对象的批处理命令中
boolean execute()	在此 PreparedStatement 对象中执行 SQL 语句，该语句可以是任何种类的 SQL 语句
ResultSet executeQuery()	在此 PreparedStatement 对象中执行 SQL 查询，并返回该查询生成的 ResultSet 对象
int executeUpdate()	在此 PreparedStatement 对象中执行 SQL 语句，该语句必须是一个 INSERT、UPDATE 或 DELETE 语句，或者是一个什么都不返回的 SQL 语句
ResultSetMetaData getMetaData()	检索包含有关 ResultSet 对象列消息的 ResultSetMetaData 对象，ResultSet 对象将在执行此 PreparedStatement 对象时返回
ParameterMetaData getParameterMetaData()	检索此 PreparedStatement 对象参数的编号、类型和属性
void setString(int parameterIndex, String x)	将指定参数设置为给定的字符串

6. CallableStatement 类

CallableStatement 类的方法主要有 3 种，设置参数的 set 方法、获取参数的 get 方法、注册输出参数方法。CallableStatement 类的常用方法如表 2.7 所示。

表 2.7　　　　CallableStatement 类的常用方法

方法名称	功能说明
boolean getBoolean(int parameterIndex)	以 boolean 值的形式检索指定的 JDBC BIT 参数的值
String getString(int parameterIndex)	检索指定的 CHAR、VARCHAR 或 LONGVARCHAR 参数的值
void registerOutParameter(int parameterIndex, int sqlType)	以 parameterIndex 为参数顺序位置将 OUT 参数注册为 JDBC 类型 sqlType
void registerOutParameter(int parameterIndex, int sqlType, int scale)	按顺序位置 parameterIndex 将参数注册为 JDBC 类型 sqlType。scale 是小数点右边所需的位数，该参数必须大于或等于 0
void setInt(String parameterName, int x)	将指定参数设置为给定的 Java int 值
void setString(String parameterName, String x)	将指定参数设置为给定的 Java String 值

7. ResultSet 类

（1）ResultSet 类的常量及含义如表 2.8 所示。

表 2.8　　ResultSet 类的常量及含义

方法名称	功能说明
static int CLOSE_CURSORS_AT_COMMIT	该常量指示调用 Connection.commit()方法时应关闭 ResultSet 对象
static int CONCUR_READ_ONLY	该常量指示不可以用来更新数据库的 ResultSet 对象
static int CONCUR_UPDATABLE	该常量指示可以更新的 ResultSet 对象的并发模式
static int FETCH_FORWARD	该常量指示按正向（即从第一个到最后一个）处理结果集中的行
static int FETCH_REVERSE	该常量指示按反向（即从最后一个到第一个）处理结果集中的行
static final int FETCH_UNKNOWN	该常量指示结果集中行的处理顺序未知
static int HOLD_CURSORS_OVER_COMMIT	该常量指示调用 Connection.commit()方法时不应关闭对象
static int TYPE_FORWARD_ONLY	该常量指示指针只能向前移动的 ResultSet 对象的类型
static int TYPE_SCROLL_INSENSITIVE	该常量指示可滚动、不受其他更改影响的 ResultSet 对象的类型
static int TYPE_SCROLL_SENSITIVE	该常量指示可滚动、受其他更改影响的 ResultSet 对象的类型

（2）ResultSet 类的常用方法。

ResultSet 类的方法数量过百，不能悉数在此罗列，也没有必要。按其功能可以分为两类，即指针移动方法和数据操作方法，表 2.9 中仅列出这两类方法中最常用的。

表 2.9　　ResultSet 类的常用方法

方法名称	功能说明
boolean absolute(int row)	将指针移动到此 ResultSet 对象的给定行
boolean first()	将指针移动到此 ResultSet 对象的第一行
void moveToCurrentRow()	将指针移动到当前被记住的指针位置，通常为当前行
void moveToInsertRow()	将指针移动到插入行
boolean next()	将指针从当前位置下移一行
String getString(int columnIndex)	以 int 类型的列序号检索此 ResultSet 对象的当前行中指定列的值
String getString(String columnName)	以 String 的形式检索此 ResultSet 对象的当前行中指定列的值
void insertRow()	将插入行的内容插入到此 ResultSet 对象和数据库中
void deleteRow()	从此 ResultSet 对象和底层数据库中删除当前行
void updateString(int columnIndex, String x)	用 String 值更新指定列

8. Date 类

java.sql.Date 与 java.util.Date 配合使用可以便捷地处理应用程序中的日期型数据。下面的代码段可以对此做简要说明。

```
    Date d1 = new Date(); //d1 为当前日期,某学生今日在图书馆借阅图书
    int maxDays = 60;//一本书的规定借阅天数 60 天
    Date d2 = new Date(d1.getTime()+60*24*60*60*1000); //d2 为应还书日期
//若要与数据库交互,例如将该日期写入数据库相应字段,需借助 java.sql.Date
    rs.moveToInsertRow();
    ......
```

```
    java.sql.Date d3 = new java.sql.Date(d2.getTime);
    rs.updateDate("应还日期",d3);//将所借之书的应还日期写入数据库
    ......
    rs.insertRow();
```

java.sql.Date 类的常用方法如表 2.10 所示。

表 2.10　　java.sql.Date 类的常用方法

方法名称	功能说明
public Date(long date)	使用给定毫秒时间值构造一个 Date 对象
void setTime(long date)	使用给定毫秒时间值设置现有 Date 对象
String toString()	格式化日期转义形式 yyyy-mm-dd 的日期
static Date valueOf(String s)	将 JDBC 日期转义形式的字符串转换成 Date 值

9. SQLException 类

表 2.11 所示的是 SQLException 类的常用方法。

表 2.11　　SQLException 类的常用方法

方法名称	功能说明
public String getSQLState()	检索此 SQLException 对象的 SQLState。SQLState 是标识异常的 XOPEN 或 SQL 99 代码
public int getErrorCode()	检索此 SQLException 对象特定于供应商的异常代码
public SQLException getNextException()	检索到此 SQLException 对象的异常链接，链接中的 SQLException 对象如果不存在，则返回 null
public void setNextException(SQLException ex)	将 SQLException 对象添加到链接的末尾。参数 ex 是添加到 SQLException 链接的末尾的新异常

10. 数据库元数据类

JDBC 定义了多种元数据（MetaData）处理类，包括数据库元数据（DatabaseMetadata）类、结果集元数据（ResultSetMetaData）类、参数元数据（ParameterMetaData）类等。限于篇幅，在此我们只介绍其中数据库元数据和结果集元数据这两种。

表 2.12 所示为 DatabaseMetaData 类的常用方法。

表 2.12　　DatabaseMetaData 类的常用方法

方法名称	功能说明
public abstract boolean isReadOnly()	检查所访问的数据库是否为只读
public abstract boolean supportsGroupBy()	检查此数据库是否支持 GroupBy 子句的使用
public abstract boolean supportsStorePrecedures()	检查此数据库是否支持使用存储过程转义语法的存储过程调用
public abstract boolean supportTransactions()	检查此数据库是否支持事务
public abstract String getUserName()	检索数据库已知的用户名称
public abstract String getDatabaseProductName()	检索数据库产品的名称
public abstract String getDriverName()	检索 JDBC 驱动器的名称
public abstract int getMaxRowSize()	检索此数据库允许在单行中使用的最大字节数

从数据库元数据类所定义的方法中不难发现，数据库元数据类在编写系统程序时是十分有用的。例如，根据当前所用的数据库产品的特性，决定某些功能在系统中是否可用，不可用的功能不能被选择。例如 MySQL 5.0 之前版本不支持使用存储过程，而 5.0 及之后的版本则支持此功能。

11. 结果集元数据类

表 2.13 所示为 ResultSetMetaData 类的常用方法。结果集元数据类在编写通用型的数据库操作程序时十分有用。例如，输出数据的表格究竟的宽度，与当前程序中获得的结果集有关，那么，根据结果集元数据就可以灵活定义合适的表格宽度。

表 2.13　　ResultSetMetaData 类的常用方法

方法名称	功能说明
public abstract int getColumnCount()	返回此 ResultSet 对象中的列数
public abstract int getColumnDisplaySize(int column)	指示指定列的最大标准宽度，以字符为单位
public abstract String getColumnName(int column)	获得指定序号列的名称
public abstract int getColumnType(int column)	返回某列的 SQL Type
public abstract int getPrecision(int column)	获取指定列的小数位数
public abstract int getScale(int column)	获取指定列的小数点右边的位数
public abstract String getTableName(int column)	获取指定列所在表的名称

对于一个数据表，我们执行的查询语句不同，结果集自然也不同。观察下面程序中元数据的用法。

```
public class BaseDao{
private Map<String, Object> putOneResultSetToMap(ResultSet resultSet, ResultSetMetaData rsmd) throws SQLException {
        Map<String, Object> values = new HashMap<String, Object>();
        for (int i = 0; i < rsmd.getColumnCount(); i++) {
            // 循环,获取列数及对应的列名,参数 1 为第 1 列
            String columnLabel = rsmd.getColumnLabel(i + 1);
            // 循环,根据列名从 ResultSet 结果集中获得对应的值
            Object columnValue = resultSet.getObject(columnLabel);
            // 列名为 key,列的值为 value
            values.put(columnLabel, columnValue);
          }
        return values;
        }
    }
```

putOneResultSetToMap()方法的参数中 resultSet 是查询结果集,第 2 个参数 rsmd 是从 resultSet 获得的：

```
ResultSetMetaData rsmd = resultSet.getMetaData();
```

该方法的返回值 values 以其 key 和 value 提供结果集中列名及对应的列值，而其 size()方法则对应结果集列数。根据这些信息，输出格式控制（如表格宽度）就有据可循了。

2.1.3 JDBC 应用

本节例题中使用的数据库统一为 MySQL 数据库 aaa，只有一个表 student，它的结构定义如下。

JDBC 应用

```
create table student(
        studentNo char(10) not null primary key,
        studentName varchar(20) not null ,
        studentAge int,
        specialty  varchar(20)          //末尾没有逗号
        );
```

Student 表中的初始数据如图 2-1 所示。

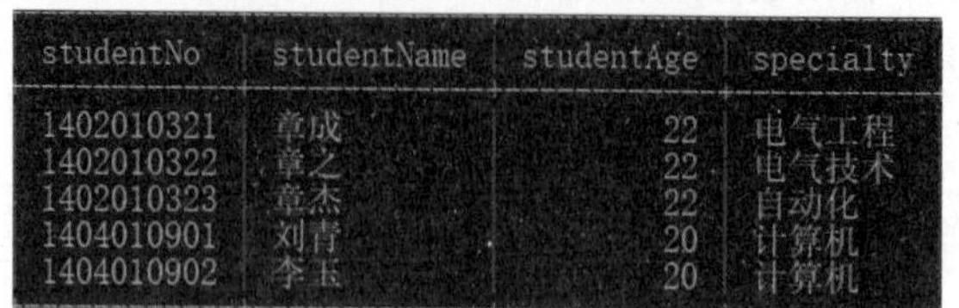

studentNo	studentName	studentAge	specialty
1402010321	章成	22	电气工程
1402010322	章之	22	电气技术
1402010323	章杰	22	自动化
1404010901	刘青	20	计算机
1404010902	李玉	20	计算机

图 2-1　student 表中的初始数据

1. CRUD（Create Retrieve Update Delete）操作

【例 2.1】对数据表 student 执行查询操作，查询其中姓章的学生。

```
package ch2;
import java.sql.*;
import javax.sql.*;
public class Example2_1 {
static Connection con = null;
static Statement st = null;
static ResultSet rs = null;
    public static void main(String[] para) {
        String url = "jdbc:mysql://localhost:3306/aaa";
        String user = "root";
        String password = "root";
       String sql ="select * from student where studentName like '章%'";
      try{
        Class.forName("com.mysql.jdbc.Driver");
        con = DriverManager.getConnection(url,user,password);
        st = con.createStatement();
        rs = st.executeQuery(sql);
    while(rs.next())
    {
        String s1=rs.getString(1);
        String s2 = rs.getString(2);
       String s3 = rs.getString(3);
       String s4 = rs.getString(4);
        System.out.print(s1);
       System.out.print("     "+s2);
        System.out.print("         "+s3);
        System.out.println("       "+s4);
    }
        if(st!=null)
             st.close();
        if(con!=null)
             con.close();
        }
        catch(ClassNotFoundException e1){System.out.println(e1.getMessage());}
        catch(SQLException e2){System.out.println(e2.getMessage());}
  }
}
```

模糊查询可用的字符“%”表示零个或多个字符；“_”表示任一字符；“[abc]”表示 a、b、c 中任意一个字符。

2. 编译预处理

提高数据处理效率是任何基于数据库的应用系统的重要任务。数据库接受来自客户端的请求，进行数据访问，这个过程涉及多个环节、用到多种技术。因此，提高数据处理效率也就有了多种角度和多种实现方式。总结起来有以下一些技术可以采用。

- 优化 SQL 语句的执行效率。
- 定义和调用存储过程。
- 采用编译预处理。
- 采用数据库连接池技术。
- 选择合适的 JDBC 驱动程序。
- 优化建立的连接。
- 重用结果集。
- 使用数据源。

可见，提高数据处理效率的方式很多，有硬件的性能提高也有软件性能的优化，有语句级优化和程序级的优化，有数据库连接的方式选择也有具体数据存取的考虑，要根据具体应用系统的情况选择合适的技术。我们重点介绍编译预处理、调用存储过程和连接池技术等相关内容。

何谓编译预处理？采用编译预处理是如何提高数据存取效率的呢？下面对这两个问题进行分析和阐述。

我们首先深入回顾一下 PreparedStatement 类，前面已提及这个类并介绍了这个类的一些常用方法。PreparedStatement 类是 Statement 类的一个子类。PreparedStatement 类与 Statement 类的一个重要区别是：用 Statement 定义的语句是一个功能明确而具体的语句，而用 PreparedStatement 类定义的 SQL 语句中则包含一个或多个问号（“?”）占位符，它们对应多个 IN 参数。带着占位符的 SQL 语句被编译，而在后续执行过程中，这些占位符需要用 set×××()方法被设置为具体的 IN 参数值，然后这些语句被发送至数据库获得执行。下面给出若干编译预处理语句的例子，说明 PreparedStatement 的用法。

首先，创建对象。

```
PreparedStatement pstmt = con.prepareStatement("update table1 set x=? where y=?");
```

在对象 pstmt 中包含了语句“update table1 set x=? where y=?”，该语句被发送到 DBMS 进行编译预处理，为执行做准备。

然后，为每个 IN 参数设定参数值，即每个占位符“?”对应一个参数值。

设定参数值是通过调用 set×××()方法实现的，其中×××是与参数相对应的类型，上面创建对象中参数类型为 long，则用下面的代码为参数设定值。

```
pstmt.setLong(1,123456789);
pstmt.setLong(2,987654321);
```

这里的 1 和 2 是与占位符从左到右的次序相对应的序号。注意它们不是从 0 开始计数的。

最后，执行语句。

```
Pstmt.executeUpdate();
```

通过一个完整的程序例子【例 2.2】说明编译预处理语句的使用方法。

【例 2.2】编译预处理语句修改 student 表中 studentName 为“章之”的学生的专业为“软件工程”。

```
//An example of pre-compiling
package ch2;
import javax.sql.*;
```

```
import javax.naming.*;
import java.util.*;
import java.sql.*;
public class Example2_2
{
public static void main(String args[])
{
    Connection con=null;    //定义连接类对象
        PreparedStatement ps;  //定义编译预处理类对象 ps
        try
        {
            Class.forName("com.mysql.jdbc.Driver");
            String url = "jdbc:mysql://localhost:3306/aaa";
            con=DriverManager.getConnection(url,"root","root");
            String sql = "update student set specialty =? where studentName= ?";
            ps=con.prepareStatement(sql);
            ps.setString(1,"软件工程");      //设置参数 1
            ps.setString(2, "章之");        //设置参数 2
           int rowCount = ps.executeUpdate();  //执行更新操作
           System.out.println(rowCount+" record(s) updated.");
            ps.close();
con.close();
        }
        catch(Exception e) {}
    }
}
```

那么，使用编译预处理是如何提高数据存取效率的呢？

下面我们对数据库如何执行 SQL 语句进行简要分析。

当数据库收到一个 SQL 语句后，数据库引擎会解析这个语句，检查其是否含有语法错误，如果语句被正确解析，数据库会选择执行语句的最佳途径。数据库对所执行的语句，以一个存取方案保存在缓冲区中，如果即将执行的语句可以在缓冲区中找到所需的存取方案并执行，就是执行该语句的最佳途径，这将是最理想的情形，因为通过存取方案的重用实现了效率的提高。

Prepared Statement 适用于同类操作重复多次使用的场合，可以提高效率。下面的代码示例可说明其作用。

```
ps.setString(1,"hei");
for(int i = 0;i < 10; i++){
    ps.setInt(2,i);
    int rowCount = ps.executeUpdate();
}
```

不难发现，在每次程序循环中，Java 程序向数据库发送的是相同的语句，只是参数 x 不同罢了。这使得数据库能够重用同一语句的存取方案，达到了提高效率的目的。

3. 存储过程定义与调用

很多数据库支持存储过程功能，可以在数据库中定义存储过程。在 Java 中则可以调用存储过程完成某些处理，这也是提高数据存取效率的方法。和编译预处理操作提高效率的机制类似，采用存储过程也是基于避免频繁地与数据库交互和更多地重用代码以期减少时间开销从而提高效率的方法。

关于存储过程定义的语法，可参阅数“据库原理与应用”的相关数据资料。这里仅对 Java 中调用存储过程的语法和应用进行讨论。

假设现已在 SQL Server 中建立两个存储过程，一个是无参的，另一个是带参数的。

无参数存储过程 getCourseName 用于按课程号查询课程名。

```
create procedure getCourseName as
select distinct courseName from grade,course where grade.courseID = course.courseID
```

有参数存储过程 stat 用于统计指定课程的平均分数和学生数，学生数用函数返回值返回给调用者，平均分数则是通过输出参数传递给调用者。@avgGrade float output 说明参数 @avgGrade 类型为 float，output 指其为输出参数，即从存储过程返回时向调用程序（Java 程序）传值，其作用和返回值近似。若参数为 INOUT 类型，则其既可以作为输入参数也可以作为输出参数。

```
create procedure stat @courseName nchar(20),@avgGrade float output
as
        begin
        declare @count int
        select @count = count(*),@avgGrade = avg(grade) from xsda,grade,course
where xsda.no = grade.no and grade.courseID = course.courseID
and course.courseName like @courseName
select xsda.no as 学号,xsda.name as 姓名,grade.grade as 成绩
from xsda,grade,course
where xsda.no=grade.no and grade.courseID=course.courseID
and course.courseName like @courseName
return @count
end
```

以上定义的存储过程在 Java 程序中调用的操作方法如下。

（1）定义 CallableStatement 对象。

```
CallableStatement cstmt1;
CallableStatement cstmt2;
ResultSet rs1;
ResultSet rs2;
```

（2）调用 prepareCall()方法创建 CallableStatement 对象。

```
cstmt1 = con.prepareCall("{call getCourseName()}");
cstmt2 = con.prepareCall("{?=call stat(?,?)}");
```

占位符“？”从左到右其序号依次为 1、2、3。

（3）调用 registerOutParameter()方法注册返回参数和输出参数，进行类型注册。

```
cstmt2.registerOutParameter(1,java.sql.Types.INTEGER);
cstmt2.registerOutParameter(3,java.sql.Types.FLOAT);
```

注册的目的是使参数 Java 类型与存储过程类型相一致。

（4）调用该对象的 set×××()方法设置输入参数。

```
cstmt2.setString(2,(String)comb.getSelectedItem() + "%");
```

comb 为一个 JcomboBox 对象，在界面接受输入待查询课程名，串尾符“%”说明支持模糊查询。

（5）调用 executeQuery()方法执行查询。

```
rs1 = cstmt1.executeQuery();
rs2 = cstmt2.executeQuery();
```

（6）处理查询结果。

```
int count = cstmt2.getInt(1);
float avgGrade = Math.rount(cstmt2.getFloat(3)*100f)/100.0f;
//对 avgGrade 保留小数点后 2 位,且做四舍五入取整处理
//如 Math.round(234.5678f*100f)/100.0f 将返回 234.57
```

4. 连接池与数据源

（1）连接池。

所谓连接池，即预先建立一些连接放置于内存以备使用，当程序中需要数据库连接时，不必自己去建立，只需从内存中取来使用，用完放回内存。连接的建立、断开等管理工作由连接池自身负责，我们可以设置连接池的连接数、每个连接的最大使用次数等来使连接池满足用户的需求。

从数据库连接的管理角度提高数据处理效率，使用连接池是其中一个很重要的途径。一般情况下，在基于数据库的应用程序中，连接建立、数据存取、断开连接这个模式是高频的操作。很明显，要为每次数据查询请求建立一次数据库连接。连接的次数少时，这种开销可以忽略。但是，当短时间内连接次数很多时，建立连接所花的时间开销就不应忽视。例如，对于基于 Web 的数据库应用系统，短时间内几百次的连接数据库是很寻常的情况。传统模式下，用户程序必须管理每一个连接，从建立到关闭。这样的重复工作频繁地发生在同一个应用系统的不同模块中甚至在同一个程序的不同位置，这必然导致系统性能的低下。

【例 2.3】用 Pool.java 代码说明连接池的应用。

```
package ch2;

import java.io.*;
import java.sql.*;
import java.util.*;

/**
Java 数据库连接池实现
* **********模块说明**************
*
* getInstance()返回 POOL 唯一实例,第一次调用时将执行构造函数
* 构造函数 Pool()调用驱动装载 loadDrivers()函数;连接池创建 createPool()函数 loadDrivers()装载驱动
* createPool()创建连接池 getConnection()返回一个连接实例 getConnection(long time)添加时间限制
* freeConnection(Connection con)将 con 连接实例返回到连接池 getnum()返回空闲连接数
* getnumActive()返回当前使用的连接数
*/
public class Pool {
    private static Pool instance = null; // 定义唯一实例
    private int maxConnect = 100;// 最大连接数
    private int normalConnect = 10;// 保持连接数
    private String password = "";// 密码
    private String url = "jdbc:mysql://localhost/shop";// 连接 URL
    private String user = "root";// 用户名
    private String driverName = "com.mysql.jdbc.Driver";// 驱动类
    Driver driver = null;// 驱动变量
    DBConnectionPool pool = null;// 连接池实例变量
    // 将构造函数定义为私有,不允许外界访问
    private Pool() {
        loadDrivers(driverName);
        createPool();
    }

    // 装载和注册所有 JDBC 驱动程序
```

```
    private void loadDrivers(String dri) {
        String driverClassName = dri;
        try {
            driver = (Driver) Class.forName(driverClassName).newInstance();
            DriverManager.registerDriver(driver);
            System.out.println("成功注册 JDBC 驱动程序" + driverClassName);
        } catch (Exception e) {
            System.out.println("无法注册 JDBC 驱动程序:" + driverClassName + ",错误:" + e);
        }
    }

    // 创建连接池
    private void createPool() {
        pool = new DBConnectionPool(password, url, user, normalConnect,
                maxConnect);
        if (pool != null) {
            System.out.println("创建连接池成功");
        } else {
            System.out.println("创建连接池失败");
        }
    }

    // 返回唯一实例
    public static synchronized Pool getInstance() {
        if (instance == null) {
            instance = new Pool();
        }
        return instance;
    }

    // 获得一个可用的连接,如果没有则创建一个连接,并且小于最大连接限制
    public Connection getConnection() {
        if (pool != null) {
            return pool.getConnection();
        }
        return null;
    }

    // 获得一个连接,有时间限制
    public Connection getConnection(long time) {
        if (pool != null) {
            return pool.getConnection(time);
        }
        return null;
    }

    // 将连接对象返回给连接池
    public void freeConnection(Connection con) {
        if (pool != null) {
            pool.freeConnection(con);
        }
    }

```

```
    // 返回当前空闲连接数
    public int getnum() {
        return pool.getnum();
    }

    // 返回当前连接数
    public int getnumActive() {
        return pool.getnumActive();
    }

    // 关闭所有连接,撤销驱动注册
    public synchronized void release() {
        // /关闭连接
        pool.release();
        // /撤销驱动
        try {
            DriverManager.deregisterDriver(driver);
            System.out.println("撤销 JDBC 驱动程序 " + driver.getClass().getName());
        } catch (SQLException e) {
            System.out
            .println("无法撤销 JDBC 驱动程序的注册:" + driver.getClass().getName());
        }
    }
}
```

```
//连接池文件
package ch2;
import java.sql.*;
import java.util.*;
import java.util.Date;

public class DBConnectionPool {
    private int checkedOut;
    private Vector<Connection> freeConnections = new Vector<Connection>();
    private int maxConn;
    private int normalConn;
    private String password;
    private String url;
    private String user;
    private static int num = 0;// 空闲的连接数
    private static int numActive = 0;// 当前的连接数

    public DBConnectionPool(String password, String url, String user,
            int normalConn, int maxConn) {
        this.password = password;
        this.url = url;
        this.user = user;
        this.maxConn = maxConn;
        this.normalConn = normalConn;
        for (int i = 0; i < normalConn; i++) { // 初始 normalConn 个连接
            Connection c = newConnection();
            if (c != null) {
                freeConnections.addElement(c);
```

```
                num++;
            }
        }
    }

    // 释放不用的连接到连接池
    public synchronized void freeConnection(Connection con) {
        freeConnections.addElement(con);
        num++;
        checkedOut--;
        numActive--;
        notifyAll();
    }

    // 创建一个新连接
    private Connection newConnection() {
        Connection con = null;
        try {
            if (user == null) { // 用户、密码都为空
                con = DriverManager.getConnection(url);
            } else {
                con = DriverManager.getConnection(url, user, password);
            }
            System.out.println("连接池创建一个新的连接");
        } catch (SQLException e) {
            System.out.println("无法创建这个 URL 的连接" + url);
            return null;
        }
        return con;
    }

    // 返回当前空闲连接数
    public int getnum() {
        return num;
    }

    // 返回当前连接数
    public int getnumActive() {
        return numActive;
    }

    // 获取一个可用连接
    public synchronized Connection getConnection() {
        Connection con = null;
        if (freeConnections.size() > 0) { // 还有空闲的连接
            num--;
            con = (Connection) freeConnections.firstElement();
            freeConnections.removeElementAt(0);
            try {
                if (con.isClosed()) {
                    System.out.println("从连接池删除一个无效连接");
                    con = getConnection();
                }
```

```
            } catch (SQLException e) {
                System.out.println("从连接池删除一个无效连接");
                con = getConnection();
            }
        } else if (maxConn == 0 || checkedOut < maxConn) {
    // 没有空闲连接且当前连接小于最大允许值,最大值为 0 则不限制
            con = newConnection();
        }
        if (con != null) { // 当前连接数加 1
            checkedOut++;
        }
        numActive++;
        return con;
    }

    // 获取一个连接,并且加上等待时间限制,时间为毫秒
    public synchronized Connection getConnection(long timeout) {
        long startTime = new Date().getTime();
        Connection con;
        while ((con = getConnection()) == null) {
            try {
                wait(timeout);
            } catch (InterruptedException e) {
            }
            if ((new Date().getTime() - startTime) >= timeout) {
                return null; // 超时返回
            }
        }
        return con;
    }

    // 关闭所有连接
    public synchronized void release() {
        Enumeration allConnections = freeConnections.elements();
        while (allConnections.hasMoreElements()) {
            Connection con = (Connection) allConnections.nextElement();
            try {
                con.close();
                num--;
            } catch (SQLException e) {
                System.out.println("无法关闭连接池中的连接");
            }
        }
        freeConnections.removeAllElements();
        numActive = 0;
    }
}
//测试类
package ch2;

public class PoolTest {
    public PoolTest() {
    }
    public static void main(String ars[]){
```

```
        Pool pool = Pool.getInstance();
    }
}
```

（2）数据源。

数据源，顾名思义是数据的来源，是为了访问数据库所用的。我们已知访问数据库首先要驱动数据库并与之建立连接。实际应用的数据源有多种，下面通过例题分别说明。

在驱动方式 1，即 JDBC-ODBC 桥驱动方式下，我们可以建立 ODBC 数据源。例如，对 Microsoft Access 数据库，建立和使用 ODBC 数据源步骤如下。

（1）创建数据库 xsgl.mdb。然后创建表 studentInfo，添加若干行数据。

注意

对 32 位操作系统可以直接按下面介绍的方法创建 ODBC 数据源，对 64 位系统则需执行 c:\windows\Syswow64\odbcad32.exe 后才能进行。

（2）在“控制面板”选择“管理工具”，双击“ODBC 数据源”进入“ODBC 数据源管理器”对话框，如图 2-2 所示。

（3）单击“添加”按钮，进入“创建数据源”窗口，如图 2-3 所示，选择“Microsoft Access Driver (*.mdb)”，单击“完成”按钮，进入“ODBC Microsoft Access 安装”界面。如图 2-4 所示，在该窗口，首先为数据源命名（student），然后单击“选择”按钮，在“选择数据库”界面中，选择所要连接的数据库（xsgl.mdb）。单击“确定”按钮，返回 ODBC 数据源管理器，可以看到新建的数据源 student 在用户数据源表中，如图 2-5 所示。

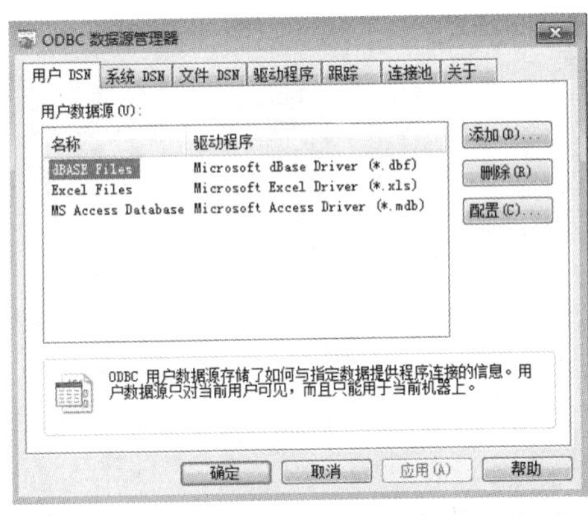

图 2-2 “ODBC 数据源管理器”对话框

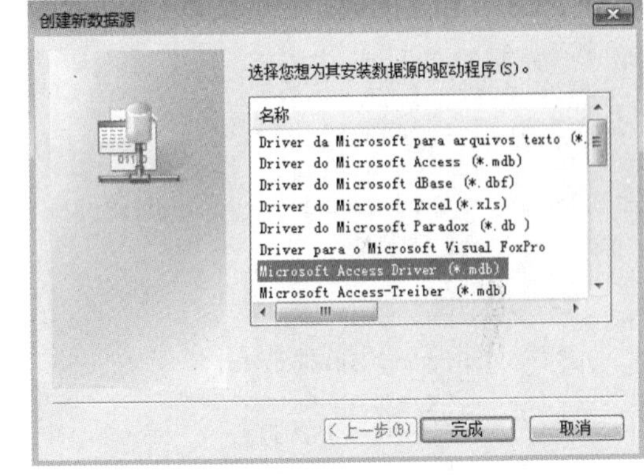

图 2-3 “创建数据源”窗口

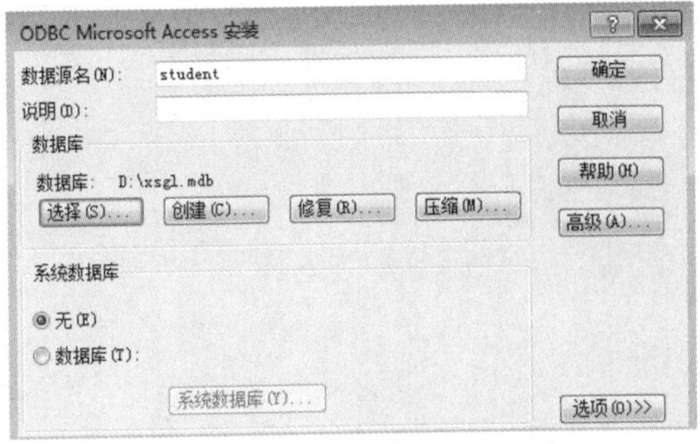

图 2-4 数据源命名

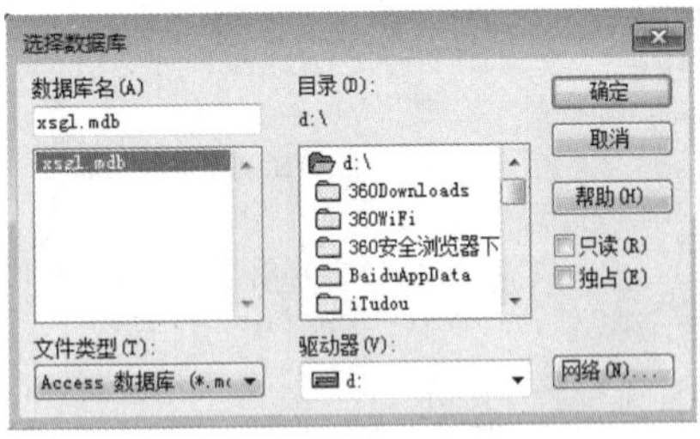

图 2-5 选择数据库

（4）利用 ODBC 数据源，采用 JDBC-ODBC 桥驱动方式与 Microsoft Access 数据库建立连接，语句格式如下。

```
        try
        {
        Class.forName("sun.jdbc.odbc.JdbcOdbcDriver");
    }
    catch(ClassNotException e)
    {
        System.out.println(e);
    }
    String url = "jdbc:odbc:student";
```

代码最后一行的 student 是我们所创建的 ODBC 数据源名字，它代表了要访问的数据库，包括数据库的名字和位置等信息，是一种简单的封装。

从 JDK8 开始，不再支持 JDBC-ODBC 桥的驱动方式。

在其他驱动类型中，数据源概念被赋予了新的含义。它既包含驱动与连接信息，还包含连接池的参数信息，并可用于取得连接对象。目前，有许多优秀的开源数据源软件（如 C3P0、DBCP、Proxool、BoneCP 等）可用。

【例 2.4】设计一个 studentDao，用于访问学生信息数据库中学生信息表 student，设计一个与 student 表对应（或映射）的 Bean，用实例验证对数据表的插入、删除和查询操作。本例中使用了前面介绍的连接池 C3P0 和数据源。

使用 C3P0 创建数据源应该首先准备一个 jar 文件：c3p0-0.9.1.2.jar，将其添加到 WEB-INF/lib 目录下，C3P0 创建的数据源对象是 ComboPooledDataSource。

```
package ch2;
import java.io.*;
import java.sql.*;
import java.util.ArrayList;
import com.mchange.v2.c3p0.ComboPooledDataSource;
//Bean 类
class Student
{
    String studentNo;
    String studentName;
    int studentAge;
    String specialty;
    public void setStudentNo(String sn)
{
        studentNo = sn;
    }
    public void setStudentName(String name)
{
        studentName = name;
    }
    public void setStudentAge(int age){
        studentAge = age;
    }
    public void setSpecialty(String specialty)
{
        this.specialty = specialty;
    }
    public String getStudentNo()
```

```
{
        return studentNo;
    }
    public String getStudentName()
{
        return studentName;
    }
    public int getStudentAge()
{
        return studentAge;
    }
    public String getSpecialty()
{
        return specialty;
    }
}
// DAO 的父类
class BaseDao
 {
     ComboPooledDataSource ds;  //数据源对象
     // 在构造方法中返回数据源对象
public BaseDao () {
     try
 {
          ds=new ComboPooledDataSource();
          ds.setDriverClass("com.mysql.jdbc.Driver");
          ds.setJdbcUrl("jdbc:mysql://localhost:3306/aaa");
          ds.setUser("root");
          ds.setPassword("root");
          ds.setMaxPoolSize(40);
          ds.setMinPoolSize(2);
          ds.setInitialPoolSize(10);
          ds.setMaxStatements(180);
      }catch(Exception ne)
{
         System.out.println("Exception:"+ne);
      }
      }
      // 返回一个连接对象
      public Connection getConnection()throws Exception
{
          return ds.getConnection();
      }
}
  //定义一个 DAO 子类,可以根据业务需要定义 DAO 的不同子类
class StudentDao extends BaseDao
{
      // 插入一条学生记录
      public boolean addStudent(Student student)
{
          String sql = "INSERT INTO student" +
              "(studentNo,studentName,studentAge,specialty) VALUES(?,?,?,?)";
          try( Connection conn = ds.getConnection();
          PreparedStatement pstmt = conn.prepareStatement(sql))
```

```
        {
            pstmt.setString(1,student.getStudentNo());
            pstmt.setString(2,student.getStudentName());
            pstmt.setInt(3,student.getStudentAge());
            pstmt.setString(4,student.getSpecialty());
            pstmt.executeUpdate();
            return true;
           }catch(SQLException se)
{
              se.printStackTrace();
              return false;
           }
        }
        // 按姓名检索客户记录
        public Student findByName(String name)
{
           String sql = "SELECT * FROM student WHERE studentName=?";
           Student  student = new Student();
           try( Connection conn = ds.getConnection();
           PreparedStatement pstmt = conn.prepareStatement(sql))
{
             pstmt.setString(1,name);
             try(ResultSet rst = pstmt.executeQuery())
{
                 if(rst.next())
{
                     student.setStudentNo(rst.getString("studentNo"));
                     student.setStudentName(rst.getString("studentName"));
                     student.setStudentAge(rst.getInt("studentAge"));
                     student.setSpecialty(rst.getString("specialty"));
                 }
             }
          }catch(SQLException se)
{
              return null;
           }
           return student;
        }
        // 查询所有学生信息
        public ArrayList<Student> findAllStudent()
{
           Student  student = new Student();
           ArrayList<Student> studentList = new ArrayList<Student>();
           String sql = "SELECT * FROM student";
           try( Connection conn = ds.getConnection();
           PreparedStatement pstmt = conn.prepareStatement(sql);
           ResultSet rst = pstmt.executeQuery())
{
               while(rst.next())
{
                   student.setStudentNo(rst.getString("studentNo"));
                   student.setStudentName(rst.getString("studentName"));
                   student.setStudentAge(rst.getInt("studentAge"));
                   student.setSpecialty(rst.getString("specialty"));
                   studentList.add(student);
```

```
                }
                return studentList;
               }catch(SQLException e){
             e.printStackTrace();
             return null;
         }
     }
}
//测试程序,仅进行了数据添加
public class Example2_3
{
    public static void main(String []para)
{
StudentDao dao = new StudentDao();
//student's attributes may come from web page submitted in jsp
Student student = new Student();
student.setStudentNo("1401010191");
student.setStudentName("hanfei");
student.setStudentAge(15);
student.setSpecialty("network");
if(dao.addStudent(student))
System.out.println("successfully insert a student into table student.");
        else
System.out.println("what is wrong with the insert operation?");

            }
}
```

当然我们也可以使用 javax.sql.DataSource 配合 JNDI 名字和目录服务来管理并使用数据源和连接池。JDBC2.0 中引入的 DataSource，是 DriverManager 的一个替代。它事先建立若干连接对象存放在连接池中供数据库访问组件共享。在 context.xml 中配置数据源和连接池参数，用 JNDI 获取数据源对象。详见图 2- 6 的示意说明和 2.2 节 JNDI 部分的代码示例说明。

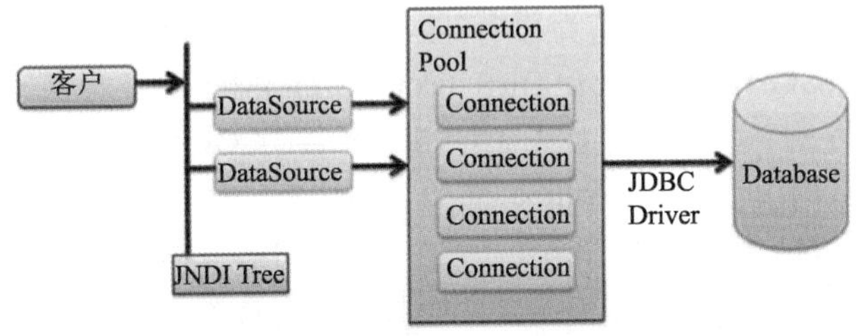

图 2-6　JNDI 获取数据源对象

5. JDBC 事务处理

观察一个银行储蓄账户管理的例子：某储户的存折中余额为 1000 元，如果该储户同时使用存折和银行卡取款，系统都提示可取款 1000 元。如果都完成了取款操作，那么银行岂不是亏损了 1000 元？我们当然知道这种情况是不会出现的。这正是归功于数据库的事务处理。

那么，什么是事务呢？Java 中的事务处理机制是怎样的？下面做简要的说明。

所谓事务，概指一系列的数据库操作，这些操作要么全做，要么全不做，是一个不可分割的工作单元，也可以说是数据库应用程序中的一个基本逻辑单元。它可能是一条 SQL 语句、一组 SQL 语句或者一个完整的程序。这体现的是事务的原子性需求，对事务还有其他的需求，如一致性、隔离性、持久性，这些内容在数据库专著中会有详细阐述。

数据库是共享资源，可供多用户使用。多个用户并发地存取数据库时就可能产生多个事务同时存取同一数据的情况。可能出现不正确存取数据，破坏数据库的一致性等情况。

典型的 3 类数据出错如下。

- 脏读（Dirty Read）：一个事务修改了某一行数据而未提交时，另一个事务读取了该行数据。假如前一个事务发生了回退，则后一个事务将得到一无效的值。
- 不可重复读（Non-repeatable Read）：一个事务读取某一行数据时，另一个事务同时在修改此行数据。则前一个事务在重复读取此行时将得到一行不一致的数据。
- 错误读（Phantom Read）：也称为幻影读，一个事务在某一表中查询时，另一个事务恰好插入了满足查询条件的数据行。则前一个事务在重复读取满足条件的值时，将得到一个或多个额外的“影子”值。

数据库的并发控制机制就是为了避免出现不正确存取数据、破坏数据库的一致性的情况。主要的并发控制技术是加锁（Locking）。加锁机制的基本思想是：事务 T 在对某个数据对象（如表、记录等）操作之前，先向系统发出请求，对其加锁。加锁后，事务 T 就对该数据对象有了一定的控制，在事务 T 释放它的锁之前，其他事务不能更新此数据对象。

JDBC 事务处理可采用隔离级别控制数据读取操作。JDBC 支持 5 个隔离级别设置，其名字和含义如表 2.4 所示。

```
setTransactionIsolation(Connection. TRANSACTION_REPEATABLE_READ)
```

一个事务也许包含几个任务，正像超市里面完成一个事务也要包括几个任务一样。超市里的一个事务对应一次消费活动的全过程，它是由若干个任务构成的。首先确定购买项目，登记每个项目，然后计算总额，最后支付。只有当每个任务结束后，事务才结束。如果其中的一个任务失败，则事务失败，前面完成的任务也要恢复，这是基本性质。

Connection 有以下 3 个完成基本的事务管理的方法。

（1）setAutoCommit(boolean true/false)方法，设置自动提交属性 AutoCommit，默认为 true。

（2）rollback()方法，回滚事务。

（3）commit()方法，事务提交。

在调用了 commit()方法之后，所有为这个事务创建的结果集对象都被关闭了，除非通过 createStatement()方法传递了参数 HOLD_CURSORS_OVER_COMMIT。

与其功能相对的另一个参数为 CLOSE_CURSORS_AT_COMMIT。

在 commit()方法被调用时关闭 ResultSet 对象。

以下面的程序段，说明事务的操作。

```
String url = "jdbc:odbc:Customer";
String userID = "jim";
String password = "keogh";
Statement st1;
Statement st2;
Connection con;
try{
Class.forName("sun.jdbc.odbc.JdbcOdbcDriver");
con = DriverManager.getConnection(url,userID,password);
}
catch(ClassNotFoundException e1){}
catch(SQLException e2){}
try{
con.setAutoCommit(false);
//JDBC 中默认自动提交,即 true
```

```
String query1 = "UPDATE Customer SET street = '5 main street'"+
          "WHERE firstName = 'Bob'";
String query2 = "UPDATE Customer SET street = '7 main street'"+
           "WHERE firstName = 'Tom'";
st1 = con.createStatement();
st2 = con.createStatement();
st1.executeUpdate(query1);
st2.executeUpdate(query2);
con.commit();
st1.close();
st2.close();
con.close();
}
catch(SQLException e){
System.err.println(e.getMessage());
if(con!=null){
          try{
             System.err.println("transaction rollback");
             con.rollback();
          }
catch(SQLException e){}
}
}
```

事务中若包含多个任务，当事务失败时，也许其中部分任务不需要被回滚。例如，处理一个订单要完成 3 个任务：更新消费者账户表，定单插入到待处理的定单表，给消费者发一确认电子邮件。如果上述 3 个任务中完成了前 2 个，只是最后一个因为邮件服务器掉线而未完成，那么不需要对整个事务回滚。

如何处理有数量选择与控制的回滚操作？我们需要引进保存点（Savepoint）来控制回滚的数量。JDBC 3.0 支持保存点的操作。所谓保存点，就是对事务的某些子任务设置符号标识，为回滚操作提供位置指示。

关于保存点的方法主要有以下 3 个。

（1）setSavepoint("保存点名称")方法，在某子任务前设置一个保存点。

（2）releaseSavepoint("保存点名称")方法，释放一个指定名称的保存点。

（3）rollback("保存点名称")方法，指示事务回滚到指定的保存点。

参见下面的例子，理解保存点的有关操作。

```
String query1;
String query2;
……
try{
      st1=con.createStatement();
      st2=con.createStatement();
      st1.executeUpdate(query1);
      Savepoint s1 = con.setSavepoint("sp1");
      st2.executeUpdate(query2);
      con.commit();
      st1.close();
      st2.close();
      con.releaseSavepoint("sp1");//del save point
      con.close();
   }
catch(SQLException e){
try{
```

```
            con.rollback(sp1);//roll back to save point
    }
}
```

也可以将 SQL 语句成批放入一个事务中。

```
String url = "jdbc:odbc:Customer";
String userID = "jim";
String password = "keogh";
Statement st;
Connection con;
try{
     Class.forName("sun.jdbc.odbc.JdbcOdbcDriver");
     con = DriverManager.getConnection(url,userID,password);
     }
catch(ClassNotFoundException e1){}
catch(SQLException e2){}
try{
     con.setAutoCommit(false);
     String query1 = "UPDATE Customer SET street = '5 main street'"+
               "WHERE firstName = 'Bob'";
     String query2 = "UPDATE Customer SET street = '7 main street'"+
               "WHERE firstName = 'Tom'";
     st = con.createStatement();
     st.addBatch(query1);
     st.addBatch(query2);
     int[]updated=st.executeBatch();

     con.commit();
     st.close();
     con.close();
     }
catch(BatchUpdateException e){
System.out.println("batch error.");
System.out.println("SQL State:"+e.getSQLState());
System.out.println("message: "+e.getMessage());
System.out.println("vendor: "+e.getErrorCode());
}
```

2.2 JNDI

分布式系统的特点在于各种资源（硬件、软件等）的分布性。我们知道借助 DNS 可以获得域名对应的 IP，那么，应用程序中涉及的大量名字和目录由谁管理？如何提供？如何获取？JNDI 将担此大任。

2.2.1 基本概念

1. 什么是 JNDI

Java 命名和目录接口（Java Naming and Directory Interface，JNDI）是一组在 Java 应用程序中访问命名和目录服务的 API。为开发人员提供了查找及访问各种命名和目录服务的通用、统一的接口。

命名服务将名称和对象联系起来，可以用名称访问对象。目录服务是一种命名服务，在这种服务里，对象不但有名称还有属性。

目录服务是对命名服务的扩展，命名服务与目录服务的主要差别是目录服务中对象可以有属性（例如，用户有 E-mail 地址），而命名服务中对象没有属性。因此，在目录服务中，可以根据属性查找对象。

2. JNDI 的作用

JNDI 是一种查找服务，用于查找 Web 应用的环境变量、通过 DataSource 管理和使用数据库连接池、查找 JMS 目标或 EJB 目标等。

JNDI 将一些关键信息放到内存中，可以提高访问效率。

DNS 的作用众所周知，它把域名与其对应的 IP 地址保存在数据库中，人们在网络上要访问网站的域名要先经查询数据库得到对应的 IP 地址，再使用 IP 地址才能访问网站。

3. JNDI 使用方法

JNDI 信息被组织成树形结构，形成所谓的上下文（Context），我们要查找的对象正是处在这个上下文中，如图 2-7 所示。

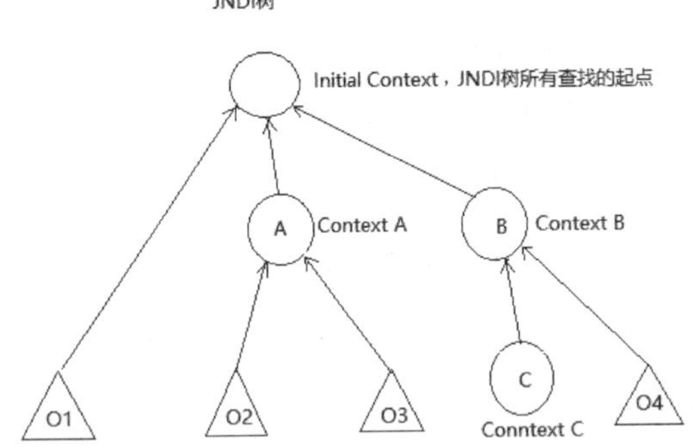

图 2-7　JNDI 树结构

例如，我们需要查找的是一个数据源，需要预先将它配置在 context.xml 中，具体操作如下面的代码。

```
<?xml version="1.0" encoding="utf-8"?>
<Context reloadable = "true">
<Resource
     name="jdbc/sampleDS"
     type="javax.sql.DataSource"
     maxActive="4"
     maxIdle="2"
     username="root"
     maxWait="5000"
     driverClassName="com.mysql.jdbc.Driver"
     password="root"
     url="jdbc:mysql://localhost:3306/aaa"/>
</Context>
```

该代码中的 Context 为一节点，而关于数据源的对象信息构成的 Resource 与 Context 绑定在一起。在应用程序中，利用 JNDI 服务，可以用名称 sampleDS，访问到数据源对象，进而与数据库建立连接，最终访问数据库。利用 JNDI 的例子详见 2.3.3 小节中的例子代码。

事实上，XML 文件的内存映射，即其文档对象模型（Document Object Model，DOM），就是树形结构的。用资源名字查找对象就是对树形数据结构的查找，查找效率较高。

2.2.2 JNDI 常用 API

1. JNDI 的包

（1）javax.naming：命名操作。

（2）javax.naming.direcotry：目录操作。

（3）javax.naming.event：在命名目录服务器中请求事件通知。

（4）javax.naming.ldap：提供轻量级目录访问协议（Lightweight Directory Access Protocol，LDAP）支持。

（5）javax.naming.spi：允许动态插入不同实现。

2. JNDI 方法

（1）void bind(String sName,Object object)：绑定方法，用来把名称同对象关联。

（2）void rebind(String sName,Object object)：重新绑定方法，用来把对象同一个已经存在的名称重新绑定。

（3）void unbind(String sName)：释放，用来把对象从目录中释放出来。

（4）void lookup(String sName,Object object)：查找，用来返回目录中的一个对象。

（5）void rename(String sOldName,String sNewName)：重命名，用来修改对象名称绑定的名。

（6）NamingEnumeration listBinding(String sName)：绑定列表，用来返回绑定在特定上下文中对象的枚举列表。

（7）NamingEnumeration list(String sName)：列表，用来返回指定上下文的对象枚举列表。

JNDI 应用

2.2.3 JNDI 应用

【例 2.5】设有数据库 paipaistore 和数据表 products，使用 JNDI 管理数据源和连接池信息，并利于 JNDI 取数据源，进行数据的查询操作。

配置数据源的文件 context.xml 内容如下。

```
<?xml version="1.0" encoding="utf-8"?>
<Context reloadable = "true">
<Resource
     name="jdbc/sampleDS"
     type="javax.sql.DataSource"
     maxActive="4"
     maxIdle="2"
     username="root"
     maxWait="5000"
     driverClassName="com.mysql.jdbc.Driver"
     password="root"
     url="jdbc:mysql://localhost:3306/paipaistore"/>
</Context>
```

访问数据库进行数据查询的 Servlet 代码如下。

```
package ch2;
import java.io.*;
import java.sql.*;
import javax.sql.DataSource;
```

```
import javax.servlet.*;
import javax.servlet.annotation.WebServlet;
import javax.servlet.http.*;
import com.demo.Product;
import java.util.*;
import javax.naming.*;

@WebServlet("/productquery.do")
public class ProductQueryServlet extends HttpServlet {
      private static final long serialVersionUID = 1L;
      DataSource dataSource;
      public void init() {
        try {
           Context context = new InitialContext();
           dataSource =
(DataSource)context.lookup("java:comp/env/jdbc/sampleDS");
        }catch(NamingException ne){
           System.out.println("Exception:"+ne);
        }
      }
      public void doPost(HttpServletRequest request,
HttpServletResponse response)
throws ServletException, IOException {
         Connection dbconn = dataSource.getConnection();
String productid = request.getParameter("productid");
      try{
        String sql="SELECT * FROM products WHERE prod_id = ?";
        PreparedStatement pstmt = dbconn.prepareStatement(sql);
        pstmt.setString(1,productid);
        ResultSet rst = pstmt.executeQuery();
        if(rst.next()){
           Product product = new Product();
           product.setProd_id(rst.getString("prod_id"));
           product.setPname(rst.getString("pname"));
           product.setPrice(rst.getDouble("price"));
           product.setStock(rst.getInt("stock"));
           request.getSession().setAttribute("product", product);
           response.sendRedirect("/helloweb/displayProduct.jsp");
        }else{
           response.sendRedirect("/helloweb/error.jsp");
        }
      }catch(SQLException e){
           e.printStackTrace();
}
}
}
public void doGet(HttpServletRequest request,
HttpServletResponse response)
throws ServletException, IOException {
    Connection dbconn = dataSource.getConnection();
ArrayList<Product> productList = null;
    productList = new ArrayList<Product>();
    try{
        String sql="SELECT * FROM products";
        PreparedStatement pstmt = dbconn.prepareStatement(sql);
```

```
            ResultSet result = pstmt.executeQuery();
            while(result.next()){
               Product product = new Product();
               product.setProd_id(result.getString("prod_id"));
               product.setPname(result.getString("pname"));
               product.setPrice(result.getDouble("price"));
               product.setStock(result.getInt("stock"));
               productList.add(product);
            }
            if(!productList.isEmpty()){
               request.getSession().setAttribute("productList",productList);
               response.sendRedirect("/helloweb/displayAllProduct.jsp");
            }else{
               response.sendRedirect("/helloweb/error.jsp");
            }
         }catch(SQLException e){
           e.printStackTrace();
      }
   }
}
```

使用配置文件和 JNDI 的好处是连接可被共享，可以作为由容器管理，进行依赖注入。

2.3 RMI

2.3.1 基本概念

1. 什么是 RMI

RMI（Remote Method Invocation），即远程方法调用。远程说明是基于网络的应用，方法调用说明服务端为客户提供的服务通过类的某些方法的调用实现。

2. RMI 的作用

理解 Java EE 的作用的一个核心问题是企业应用基于网络，多种规范的目的和意义在于此，RMI、JNDI、JMS、JSP、Servlet、CORBA/IDL、XML 等规范，从不同角度解决分布式系统中，访问网络中的软件资源问题，包括 Web 服务器中的程序和页面、名字和目录、消息、对象、远程传递的文件等。

在使用 RMI 实现 C/S 的应用中，Client 像访问本地方法一样访问 Server 类的方法，使远程计算机的计算能力和计算资源可以被充分利用，实现协同计算的目标。

2.3.2 RMI 工作原理

1. 回调机制

回调机制指，被调用一方在接口被调用时也会调用对方的接口。即客户端（Client）调用服务端（Server）中的某一函数 func，然后服务器端又在某个时候反过来调用客户端中的函数 func，对于客户来说，这个函数 func 就叫作回调函数。

回调机制把调用者与被调用者分开。调用者不关心谁是被调用者，它需要知道的，只是存在一个具有某种特定原型、某些限制条件（如返回值为 int 类型）的被调用函数。

使用回调函数有什么好处？

（1）可以让实现方，根据回调方的多种形态进行不同的处理和操作。

（2）可以让实现方，根据自己的需要定制回调方的不同形态。

（3）可以将耗时的操作隐藏在回调方，不影响实现方其他信息的展示。

（4）可以让代码的逻辑更加集中，更加易读。

2. 代理

使用 RMI 时，首先要了解 Stub 和 Skeleton 的作用，这是我们要理解 RMI 原理的关键。我们用一个例子类比说明这两个概念。假如 A，想借 D 的东西使用，但是 A 不认识 D 的管家 C，所以找来 B 帮忙，因为 B 认识 C。B 就是一个代理，即代理 A 的请求。B 以自己的方式与 C 成功地进行沟通（Communicate）。C 负责把 D 的东西借出与收回，前提是要有 D 的批准。在得到 D 的批准以后，C 把东西拿给 B，B 再转给 A。Stub 和 Skeleton 在 RMI 中的角色就是 B 和 C，它们都被称为代理，一个是客户端代理，一个服务器端代理。它们的功能主要在于封装系统和网络的操作，使之在 RMI 开发中对程序员透明。就是说，在效果上，客户感觉是在调用本地机上的方法。Stub 为客户端编码远程命令并把它们发送到服务器。而 Skeleton 则是把远程命令解码，调用服务端远程对象的方法，把结果编码发给 Stub，然后 Stub 解码返回调用结果给客户端。

3. 远程方法调用过程

客户端向服务端发起远程方法调用请求，需要创建客户端代理 Stub 和服务端代理 Skeleton，客户端请求由代理编码后发往服务端。服务端代理接受客户端请求，对远程请求进行解码，并调用服务端远程对象方法，然后把结果编码发回客户端。客户端代理解码返回的结果给客户端。远程方法调用过程如图 2-8 所示。

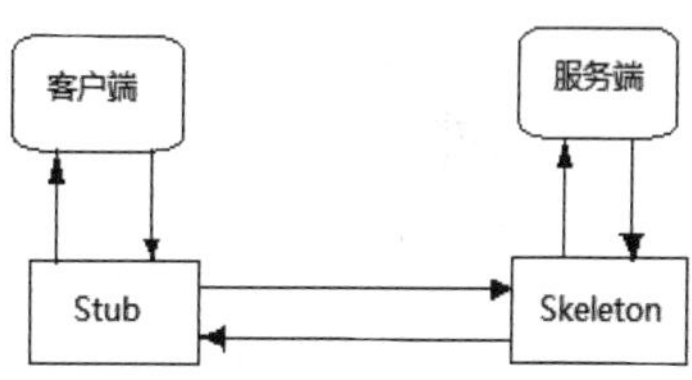

图 2-8　远程方法调用过程

2.3.3　RMI 应用

下面以一个简单例子说明如何使用 RMI 进行远程方法调用。采用 RMI 开发 C/S 应用程序一般包括下面 6 个步骤。

RMI 应用

（1）定义远程接口。

```
package ch2;
import java.rmi.*;
public interface  RMITestI extends Remote{
long  getPerfectTime() throws RemoteException;
}
```

（2）创建服务端程序，实现远程接口可被远程调用 getPerfectTime()方法。

```
package ch2;
import java.net.*;
import java.rmi.*;
import java.rmi.registry.*;
import java.server.*;
public class RMITest1  extends UnicastRemoteObject implements RMITestI
{
public RMITest1() throws RemoteException{
super();
}

public long  getPerfectTime() throws RemoteException{
return System.currentTimeMillis());
}
```

```
public static void main(String arg[]){
if(System.getSecurityManager()==null){
  System.setSecurityManager(new RMISecurityManager());
}

try{
RMITest1 rt = new RMITest1();
Naming.rebind("//localhost/RMITest1",rt);//login a remote object
System.out.println("Bind OK.");
}catch(Exception e){e.printStackTrace();
}
}
}
```

（3）生成客户代理（Stub）和服务器实体（Skeleton）。

编译 IRMITest.java 和 RMITest.java，生成对应的.class 文件，然后用 rmic 编译。

```
c:>rmic RMITest1
```

执行完这个命令，则产生两个新类：RMITest_Stub.class 和 RMITest_Skel.class，即本地代理和服务器代理。Stub 负责将 RMI 调用传递给服务器实体，Skeleton 负责将该调用传递给实际的远程方法。

（4）编写客户端程序调用服务器端的远程方法。

```
package ch2;
import java.rmi.*;
import java.rmi.registry.*;

public class DisplayPerfectTime{
public DisplayPerfectTime(){
super();
}

public static void main(String  args[]){
if(System.getSecurityManager()==null){
   System.setSecurityManager(new RMISecurityManager());
}
try{
RMITestI t = (RMITestI)Naming.lookup("//localhost/RMITest1");
for(int i=0;i<10;i++){
   System.out.println("PerfectTime:"+t.getPerfectTime());
}}
catch(Exception e){
e.printStackTrace();
}
}
}
```

客户端连接到服务器可能被其他服务器监听，可能会收到病毒文件，客户端需要进行安全管理器的设置。程序中用到了安全策略文件 rmiTest.policy，其内容如下。

```
grant{
permission java.security.AllPermission;
};
```

（5）启动注册表并登记远程对象，用下面的命令或用程序。

```
C:>start rmiregistry
```

（6）运行服务器和客户程序。

启动服务器的命令如下。

```
c:>java -Djava.security.policy=rmiTest.policy RMITest1
```

启动客户端程序的命令如下。

```
c:>java -Djava.security.policy=rmiTest.policy DisplayPerfectTime
```

在客户端可见显示系统时间如图 2-9 所示。

图 2-9　客户端程序运行结果

2.4　JMS

本节讨论消息的基本概念、消息模型、Java 消息机制，最后利用 ActiveMQ 框架，通过一个例子说明消息的应用。企业应用中采用消息机制，可以增加系统的灵活性，可以使程序模块间松散耦合，实现异步通信和控制。

2.4.1　基本概念

1. 什么是消息

消息是人与人之间常见的联系形式。从古代的鸿雁传书，到现代的电报电话再到今天普遍使用的即时通信，都是消息收发和传递的渠道。 这里阐明了消息的 3 个要素：消息的形式与内容，消息的发送、传输、接收方式，消息的目的意义。

按照这 3 个要素，我们对计算机系统中常见的消息应用做简单罗列。

（1）计算机系统部件之间借助消息同步、协调有序地工作，各个部件既保持相对独立性，又可以实现系统运行的整体性。例如主机和外部设备之间、CPU 和各个系统部件之间通信都需要借助各种各样的消息。

（2）面向过程编程的函数、过程、子程序之间传递消息，使它们可以被整合在一个大的计算任务中，但是各自有自己的结构和功能。

（3）面向对象编程的对象之间需要借助消息通信，实现对象行为的相互关联。例如人们按下电梯按钮，是对电梯发了消息，势必影响到电梯的运行。

（4）在 Internet 广泛应用的背景下，大量基于网络的应用程序之间借助消息实现各种互操作。例如图书馆管理系统自动根据某个借阅者的某一本书是否超期，建构一个消息发往系统的公告子系统，该子系统则通过手机短信接口给借阅者发消息，告知有到期应还的图书（暗示了超期需要交罚金等含义）。

2. 消息机制

所谓消息机制，是指对复杂消息对象的结构，对消息发送、传输和接收方式，以及对消息的使用方法所做的系统化设计和实现。目的是方便使用、增强功能、提高效率。

我们已知的许多机制都有一个共同特点，就是数量因素决定其意义。例如，程序中变量的生存期问题是基本的内存管理任务之一，在面向对象语言开发的大型软件中，对象占用较多内存单元，并且对象数量很大，这时，不再有用的对象的空间回收就是个大问题，因此垃圾自动回收机制应运而生。就消息而言，如果仅停留在一个函数传递给另一个函数，那就作为参数传递来研究足矣。但是，当消息自身是复杂的对象，消息的数量变得很大，并且消息由于应用在不同结构的系统中，我们需要消息机制来完成消息处理的各个方面。

消息机制中有 3 个要素：消息队列、消息循环（分发）、消息处理。消息机制原理如图 2-10 所示。

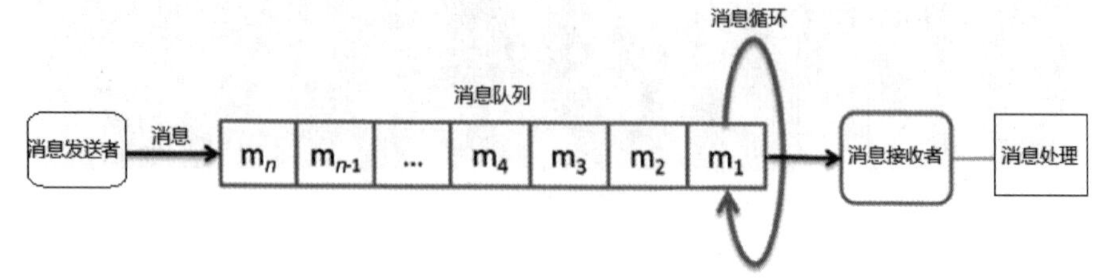

图 2-10　消息机制原理

（1）消息队列：用于存放消息的数据结构，按先进先出规则进行操作，每产生一个消息都会添加进消息队列中，Windows 消息队列是在操作系统中定义的。消息队列就如同学校餐厅中排队买饭的学生，有的排在前面，有的排在后面，排在前面先得到膳食服务，排在后面后得到服务。

（2）消息循环：通过不断地从消息队列中取得队首的消息，并将消息分发出去。

（3）消息处理：在接收到消息之后根据不同的消息类型做出不同的处理。

3. JMS

Java 消息服务（Java Message Service，JMS）是 Java EE 中一个重要的技术规范。一个 Java 平台中关于面向消息中间件（Message Oriented Middleware，MOM）的 API，用于在两个应用程序之间，或在分布式系统中发送消息，进行异步通信。Java 消息服务是一个与具体平台无关的 API，绝大多数 MOM 提供商都对 JMS 提供支持。

JMS 消息模型有 2 种，即点对点模型和发布-订阅模型。

（1）点对点（Point-to-Point，P2P）模型如图 2-11 所示。

每个消息都被发送到一个特定的队列，接收者从队列中获取消息。队列保留着消息，直到它们被消费或超时。

P2P 模型的特点如下。

- 每个消息只有一个消费者（Consumer），即一旦被消费，消息就不再在消息队列中。
- 发送者和接收者之间在时间上没有依赖性，也就是说当发送者发送消息之后，不管接收者有没有正在运行，它都不会影响到消息被发送到队列。
- 接收者在成功接收消息之后需向队列应答成功。
- 如果用户希望发送的每个消息都被成功处理的话，那么需要 P2P 模式。

（2）发布-订阅（Pub/Sub）模型，如图 2-12 所示。

图 2-11　P2P 消息模型

图 2-12　发布-订阅模型

客户端将消息发送到主题。多个发布者将消息发送到 Topic，系统将这些消息传递给多个订阅者。发布-订阅模型有 3 个重要概念：主题（Topic）、发布者（Publisher）、订阅者（Subscriber）。

发布-订阅模型的特点如下。

- 每个消息可以有多个消费者。
- 发布者和订阅者之间有时间上的依赖性。针对某个主题（Topic）的订阅者，它必须创建一个订阅者之后，才能消费发布者的消息，而且为了消费消息，订阅者必须保持运行的状态。为了缓和这样严格的时间相关性，JMS 允许订阅者创建一个可持久化的订阅。这样，即使订阅者没有被激活（运行），它也能接收到发布者的消息。
- 如果用户希望发送的消息可以不被做任何处理，或者被一个消息者处理，或者可以被多个消费者处理的话，那么可以采用 Pub/Sub 模型。
- 在 JMS 中，消息的产生和消息是异步的。对于消费来说，JMS 的消息者可以通过两种方式来消费消息。①同步方式，订阅者或接收者调用 receive()方法来接收消息，receive()方法在能够接收到消息之前（或超时之前）将一直阻塞。②异步方式，订阅者或接收者可以注册一个消息监听器。当消息到达之后，系统自动调用监听器的 onMessage 方法。

2.4.2 JMS 常用 API

JMS 主要包括以下所列的 API。

1. ConnectionFactory

ConnectionFactory 是创建 Connection 对象的工厂，针对两种不同的 JMS 消息模型，分别有 QueueConnectionFactory 和 TopicConnectionFactory 两种类型。可以通过 JNDI 来查找 ConnectionFactory 对象。

2. Destination

Destination 是消息生产者的消息发送目标或者消息消费者的消息来源。对于消息生产者来说，它的 Destination 是某个队列（Queue）或某个主题（Topic）；对于消息消费者来说，它的 Destination 也是某个队列或主题（即消息来源）。所以，Destination 实际上就是两种类型的对象：Queue 和 Topic。可以通过 JNDI 来查找 Destination 对象。

3. Connection

Connection 是在客户端和 JMS 之间建立的链接（对 TCP/IP socket 的包装）。Connection 可以产生一个或多个 Session。和 ConnectionFactory 一样，Connection 也有两种类型：QueueConnection 和 TopicConnection。

4. Session

Session 是操作消息的接口。可以通过 Session 创建生产者、消费者、消息等。Session 提供了事务的功能。当我们需要使用 Session 发送/接收多个消息时，可以将这些发送/接收动作放到一个事务中。同样，Session 也分 QueueSession 和 TopicSession 两种类型。

5. 消息生产者

消息生产者由 Session 创建，并用于将消息发送到 Destination。同样，消息生产者分两种类型：QueueSender 和 TopicPublisher。可以调用消息生产者的方法（send 或 publish）发送消息。

6. 消息消费者

消息消费者由 Session 创建，用于接收被发送到 Destination 的消息。消息消费者有两种类型：QueueReceiver 和 TopicSubscriber。可分别通过 Session 的 createReceiver(Queue)或 createSubscriber (Topic)来创建。当然，也可以使用 Session 的 creatDurableSubscriber()方法来创建持久化的订阅者。

7. MessageListener

MessageListener 是消息监听器。如果注册了消息监听器，一旦消息到达，系统将自动调用监听器的 onMessage()方法。EJB 中的 MDB（Message Driven Bean）就是一种 MessageListener。

2.4.3 JMS 应用

消息概念、机制与 Java 语言的事件及事件处理监听、处理机制相对应。或者说，事件处理机制是消息机制在 Java 语言中的一个典型应用。

下面我们通过 3 个例子说明 JMS 的应用编程方法。第 1 个例子作为一个引例，进一步模拟说明消息机制的原理。第 2 个例子采用消息框架 ActiveMQ，说明实际问题中如何进行消息编程。第 3 个例子则是用设计模式——观察者模式说明消息的实现原理。

1. 消息与事件

Java 中的事件处理机制本质上就是消息机制的一种实现。因此，理解事件相关概念和操作机制，有利于全面了解消息的相关概念与消息机制。

【例 2.6】以控制台输入信息模拟窗口和对话框接收鼠标、键盘等消息，以 ArrayBlockingQueue 对象存放消息队列。在控制台中输入一个数值和一个字符串代表一个消息，输入-1 结束输入。

利用 Message.java 定义消息类。

```
package ch2;
import java.util.Queue;
import java.util.Scanner;
import java.util.concurrent.ArrayBlockingQueue;
 class Message {    //消息类
    public static final int KEY_MSG = 1;
    public static final int MOUSE_MSG = 2;
    public static final int SYS_MSG = 3;

    private Object source;      //来源
    private int type;           //类型
    private String info;        //信息

    public Message(Object source, int type, String info) {
        super();
        this.source = source;
        this.type = type;
        this.info = info;
    }

    public Object getSource() {
        return source;
    }
    public void setSource(Object source) {
        this.source = source;
    }
    public int getType() {
        return type;
    }
    public void setType(int type) {
        this.type = type;
    }
    public String getInfo() {
        return info;
    }
```

```
    public void setInfo(String info) {
        this.info = info;
    }
    public static int getKeyMsg() {
        return KEY_MSG;
    }
    public static int getMouseMsg() {
        return MOUSE_MSG;
    }
    public static int getSysMsg() {
        return SYS_MSG;
    }
}

interface MessageProcess {
    public void doMessage(Message msg);
}
//  窗口模拟类
class WindowSimulator implements MessageProcess{
    private ArrayBlockingQueue msgQueue;
    public WindowSimulator(ArrayBlockingQueue msgQueue) {
        this.msgQueue = msgQueue;
    }

    public void GenerateMsg() {
        while(true) {
            Scanner scanner = new Scanner(System.in);
            int msgType = scanner.nextInt();
            if(msgType < 0) {            //输入负数结束循环
                break;
            }
            String msgInfo = scanner.next();
            Message msg = new Message(this, msgType, msgInfo);
            try {
                msgQueue.put(msg);      //新消息加入队尾
            } catch (InterruptedException e) {
                e.printStackTrace();
            }
        }
    }

    @Override
     //消息处理
     public void doMessage(Message msg) {
      switch(msg.getType()) {
      case Message.KEY_MSG:
          onKeyDown(msg);
          break;
      case Message.MOUSE_MSG:
          onMouseDown(msg);
          break;
      default:
          onSysEvent(msg);
      }
    }
    //键盘事件
    public static void onKeyDown(Message msg) {
```

```
            System.out.println("键盘事件：");
            System.out.println("type:" + msg.getType());
            System.out.println("info:" + msg.getInfo());
        }
        //鼠标事件
        public static void onMouseDown(Message msg) {
            System.out.println("鼠标事件：");
            System.out.println("type:" + msg.getType());
            System.out.println("info:" + msg.getInfo());
        }
        //操作系统产生的消息
        public static void onSysEvent(Message msg) {
            System.out.println("系统事件：");
            System.out.println("type:" + msg.getType());
            System.out.println("info:" + msg.getInfo());
        }
    }

    public class MessageSimulator {
            private static ArrayBlockingQueue<Message> messageQueue = new ArrayBlockingQueue<Message>(100); //消息队列
        public static void main(String[] args) {
            WindowSimulator generator = new WindowSimulator(messageQueue);
            generator.GenerateMsg();//产生消息
            Message msg = null;
            while((msg = messageQueue.poll()) != null) {//消息循环
                ((MessageProcess) msg.getSource()).doMessage(msg);
            }
        }
    }
```

2. 消息框架 ActiveMQ 及应用

（1）下载 ActiveMQ。

ActiveMQ 支持 JMS，支持包括 Java 在内的多语言客户端编程。ActiveMQ 是 Apache 开源项目，可官网下载安装。

（2）启动 ActiveMQ。

解压 apache-activemq-5.4.3-bin.zip 到指定目录 apache-activemq-5.4.3\bin，执行 activemq start，如果没有报错说明启动成功。ActiveMQ 的操作界面如图 2-13 所示。可以创建一个 queue，也可以在程序中生成一个 queue，例如【例 2.7】中的队列名为 HelloWorld，此队列在消息生产者和消费者之间传输消息。

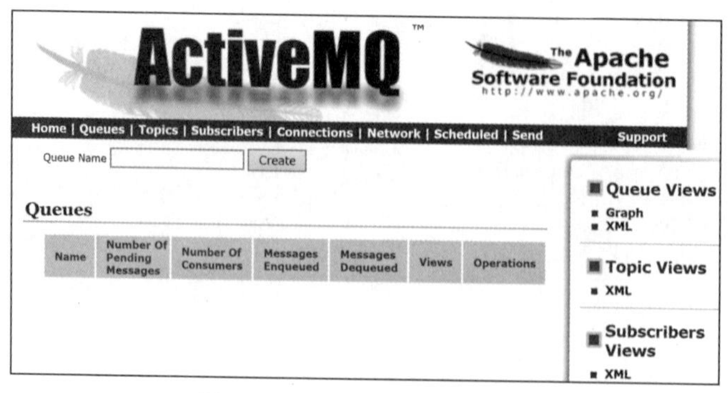

图 2-13　ActiveMQ 的操作界面

（3）在 Eeclipse 中创建项目并导入 activemq-all-5.4.3.jar 。【例 2.7】为利用 ActiveMQ 开发 P2P 消息服务的例子。

【例 2.7】利用 ActiveMQ 开发 P2P 消息服务。

JMSProducer.java 用于向消息队列 HelloWorld 发送消息，是消息的生产者。

```
package ch2;
import javax.jms.Connection;
import javax.jms.ConnectionFactory;
import javax.jms.Destination;
import javax.jms.JMSException;
import javax.jms.MessageProducer;
import javax.jms.Session;
import javax.jms.TextMessage;
import org.apache.activemq.ActiveMQConnection;
import org.apache.activemq.ActiveMQConnectionFactory;

public class JMSProducer {
    //默认连接用户名
    private static final String USERNAME = ActiveMQConnection.DEFAULT_USER;
    //默认连接密码
    private static final String PASSWORD = ActiveMQConnection.DEFAULT_PASSWORD;
    //默认连接地址
    private static final String BROKEURL = ActiveMQConnection.DEFAULT_BROKER_URL;
    //发送的消息数量
    private static final int SENDNUM = 10;
    public static void main(String[] args) {
        //连接工厂
        ConnectionFactory connectionFactory;
        //连接
        Connection connection = null;
        //会话，接受或者发送消息的线程
        Session session;
        //消息的目的地
        Destination destination;
        //消息生产者
        MessageProducer messageProducer;
        //实例化连接工厂
        connectionFactory = new ActiveMQConnectionFactory(JMSProducer.USERNAME, JMSProducer.
PASSWORD, JMSProducer.BROKEURL);

        try {
            //通过连接工厂获取连接
            connection = connectionFactory.createConnection();
            //启动连接
            connection.start();
            //创建 session
            session = connection.createSession(true, Session.AUTO_ACKNOWLEDGE);
            //创建一个名称为 HelloWorld 的消息队列，此队列也可以在 ActiveMQ 中创建
            destination = session.createQueue("HelloWorld");
            //创建消息生产者
            messageProducer = session.createProducer(destination);
```

```
                //发送消息
                sendMessage(session, messageProducer);

                session.commit();

            } catch (Exception e) {
                e.printStackTrace();
            }finally{
                if(connection != null){
                    try {
                        connection.close();
                    } catch (JMSException e) {
                        e.printStackTrace();
                    }
                }
            }
        }

        public static void sendMessage(Session session,MessageProducer messageProducer) throws Exception{
            for (int i = 0; i < JMSProducer.SENDNUM; i++) {
                //创建一条文本消息
                TextMessage message = session.createTextMessage("ActiveMQ 发送消息" +i);
                System.out.println("发送消息: Activemq 发送消息" + i);
                //通过消息生产者发出消息
                messageProducer.send(message);
            }
        }
    }
```

程序执行后的结果如图 2-14 所示，可以看到产生了消息队列和 10 个消息。

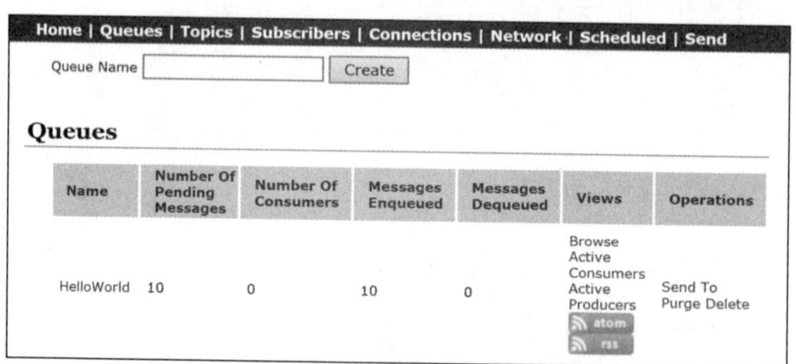

图 2-14　消息生产者有消息发送至消息队列

JMSConsumer.java 从消息队列 HelloWorld 获取消息，是消息的消费者。

```
package ch2;
import javax.jms.Connection;
import javax.jms.ConnectionFactory;
import javax.jms.Destination;
import javax.jms.JMSException;
import javax.jms.MessageConsumer;
import javax.jms.Session;
import javax.jms.TextMessage;
import org.apache.activemq.ActiveMQConnection;
import org.apache.activemq.ActiveMQConnectionFactory;
```

```
public class JMSConsumer {
private static final String USERNAME = ActiveMQConnection.DEFAULT_USER; //默认连接用户名
private static final String PASSWORD = ActiveMQConnection.DEFAULT_PASSWORD; //默认连接密码
private static final String BROKEURL = ActiveMQConnection.DEFAULT_BROKER_URL; //默认连接地址
    public static void main(String[] args) {
        ConnectionFactory connectionFactory;//连接工厂
        Connection connection = null;//连接
        Session session;//会话,接受或者发送消息的线程
        Destination destination;//消息的目的地
        MessageConsumer messageConsumer;//消息的消费者
        //实例化连接工厂
          connectionFactory = new ActiveMQConnectionFactory(JMSConsumer.USERNAME, JMSConsumer.PASSWORD, JMSConsumer.BROKEURL);

        try {
            //通过连接工厂获取连接
            connection = connectionFactory.createConnection();
            //启动连接
            connection.start();
            //创建 session
            session = connection.createSession(false, Session.AUTO_ACKNOWLEDGE);
            //创建一个连接 HelloWorld 的消息队列
            destination = session.createQueue("HelloWorld");
            //创建消息消费者
            messageConsumer = session.createConsumer(destination);
            while (true) {
                TextMessage textMessage = (TextMessage) messageConsumer.receive(100000);
                if(textMessage != null){
                    System.out.println("收到的消息:" + textMessage.getText());
                }else {
                    break;
                }
            }
        } catch (JMSException e) {
            e.printStackTrace();
        }
    }
}
```

消息消费者执行结果如图 2-15 所示，消息消费后的队列如图 2-16 所示。

```
 INFO | Successfully connected to tcp://localhost:61616
收到的消息:ActiveMQ 发送消息0
收到的消息:ActiveMQ 发送消息1
收到的消息:ActiveMQ 发送消息2
收到的消息:ActiveMQ 发送消息3
收到的消息:ActiveMQ 发送消息4
收到的消息:ActiveMQ 发送消息5
收到的消息:ActiveMQ 发送消息6
收到的消息:ActiveMQ 发送消息7
收到的消息:ActiveMQ 发送消息8
收到的消息:ActiveMQ 发送消息9
```

图 2-15　消息消费者执行结果

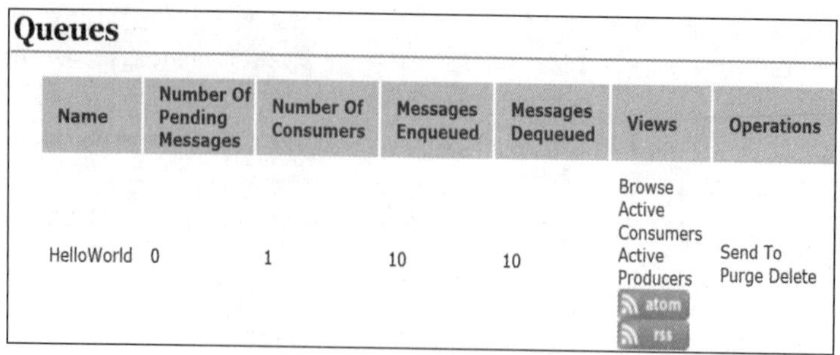

Queues

Name	Number Of Pending Messages	Number Of Consumers	Messages Enqueued	Messages Dequeued	Views	Operations
HelloWorld	0	1	10	10	Browse Active Consumers Active Producers atom rss	Send To Purge Delete

图 2-16　消息消费后的队列

程序执行之后需要观察图 2-16 队列中 Enqueued 消息和 Dequeued 消息的变化情况。

3. 观察者模式与消息

【例 2.8】分析观察者模式与消息机制的关系。

在长期的 Java 客户端开发过程中，一个常用的机制就是消息传送。无论是同步消息传送还是异步消息传送，都是建立在 Observer 设计模式基础上的。Java 提供了基于这种模式的 Observable/Observer 事件框架，分别由 java.util.Observable 类和 java.util.Observer 接口组成，其中，Observer 是观察者角色，Observable 是被观察目标角色。

我们先简单地看一下这两个类（接口）：Observable 是一个封装了基本功能的类，比如注册 observer（attach 功能），注销 observer（detatch 功能）等。我们一般只需从 Observalbe 派生自己的观察者。应该注意的是，Observable 必须“有变化”才能触发通知 observer 任务。即如果我们不主动设置 changed 属性为 true，将不会有任何变化，也就是说不会有“通知”。因此，设置 changed 属性的值是我们应用 JDK Observer 设计模式的关键所在。Observable 提供了 setChange()来设置 changed 属性，符合“只有 Observalbe 才能直接或间接通知 Observer”（Observable 设计模式的）要求。

当然实现中的程序中也不一定完全按 Observer 设计模式来设计，通常会按如下步骤操作。定义封装的消息类，作为消息数据的承载体；定义监听器，其中定义消息处理方法；定义消息发送类，添加注册和通知发送的代码。

当调用者实现监听器功能并在消息发送类中注册了，就可以接收到消息了。这就是 Java 的事件监听机制。代码如下。

```
public class MyObservable extends Observable {
private String data;
    public void changeValue(String fValue) {
        data = fValue;
        setChanged();}
 }
 public class ObserverTest {
     public static void main(String[] args) {
        MyObservable myOservable = new MyObservable();
        myOservable.addObserver(new Observer() {
                //注册匿名内部类 Observer,当数据改变时将通知该类的 update()方法
                 public void update(Observable o, Object arg) {
                        System.out.println("This value has been changed to " + (String) arg);
                 }
```

```
                });
            String sValue = "Hello Msg";
            myOservable.changeValue(sValue);
            myOservable.notifyObservers(sValue + "!");//数据改变,Observable主动通知Observer
        }
    }
```

2.5　事　　务

事务处理在 Java EE 应用开发中是一个重要的内容，因为它关系到程序能否保证访问数据库的数据不发生错误，而且关系到数据库操作的效率，关系到数据库的并发操作能否达成。

2.5.1　基本概念

1. 事务

我们已在 2.1 节对 JDBC 给出了事务的简单定义。但是对于事务，我们需要一个更为全面的，或者说是整体性认识。因为事务不仅出现在 JDBC 中，还出现在其他规范中，例如 EJB 中；在框架中事务也是重要的概念和机制，例如在 Hibernate 和 Spring 中。

究竟怎么理解事务？我们通过另一个大家更为熟悉的术语来做类比——安全（Security）。相信读者对 Java 安全性有比较深入的了解，尽管并不是我们设计和实现了 Java 的安全机制，但是我们确实在使用它们，在使用中感知它们的存在和它们的作用机制。比如，代码中数据的隐藏、语言程序中不使用指针、安全策略文件控制代码对类的使用、编译时的字节码文件加密等。概括为一句话：安全问题是软件开发和运行中一个重要的方面，需要有不同层面的实现，需要在软件的不同程序组件中实现，总目标是实现安全，但是各有其管理安全问题的角度和方式方法。

类似地，事务也是一个带有全局性的内容。在软件的不同程序组件中可能都涉及访问数据库的问题，如何控制对数据库的访问，保证不出错、高效率，这是一个总目标，在不同位置有不同的控制和管理方式。

2. 事务是如何管理的

Java EE 应用的程序中，事务分为全局事务和局部事务。全局事务需要使用 JTA（Java Transaction API），局部事务需要使用 JDBC。

全局事务一般由 Java EE 应用服务器管理，也称为 Container 事务。对于实现了 Java EE 标准的应用服务器而言，全局事务一般指的就是使用了 JTA 的事务。这种事务的特点是能够将一系列的企业级资源涵盖到一个事务中，比如我们常见的数据库、消息队列等。企业级应用比较复杂，数据可能分布在很多数据源中，保存和修改这些数据时还需要保证它们的 ACID 性质。

局部事务一般是基于单一事务资源的，也称为 Resource-Local 事务。局部事务只与底层的持久化技术有关，是最基本的事务类型，直接和 JDBC 的 DataSource 接口打交道，因此本质上而言它就是数据库事务。局部事务由程序管理，例如 JDBC 通过 Connection、Hibernate 通过 Session 管理事务。

在 Spring 框架中，局部事务管理有两种管理方式：编程式和声明式。前者定义一个抽象编程模型，利用 TransactionTemplate 和 TransactionCallback 接口完成事务管理；后者则使用 XML 配置文件或注解设置事务的属性信息。

2.5.2 JTA 与 JTS

1. JTA

JTA（Java Transaction Architecture）是一种接口规范，定义了一套接口，接口定义了相关的程序角色之间需要遵守的约定，JTA 中约定了几种主要的程序角色，分别是事务管理器、事务客户、应用服务器、资源管理器。简单地说，事务客户发起事务，应用服务器根据事务客户的请求决定如何向事务管理器提交一个事务请求，事务管理器接收到事务请求后，根据某种特定的协议（一般是两阶段提交协议）和资源管理器通过交换事务上下文来实现事务的功能。

JTA 的规范接口中，主要包括以下 4 个接口。

（1）UserTransaction：编程人员接口。

（2）TransactionManager：留给厂商实现的与事务管理有关的接口。

（3）Transaction：留给厂商实现的事务接口。

（4）XAResource：留给厂商实现的与持久化资源有关的接口。

UserTransaction、TransactionManager、Transaction 接口之间的关系如图 2-17 所示。

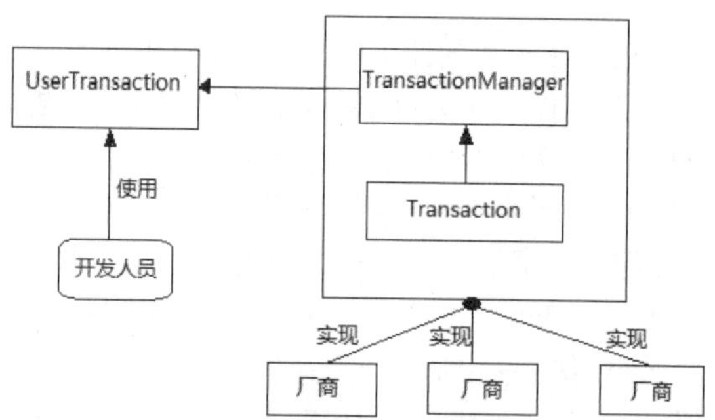

图 2-17 JTA 接口之间的关系

规范的接口位于 javax.transaction 包中。

使用 JTA 处理事务的示例代码如下，connA 和 connB 是来自 2 个不同数据库的连接。

```
public void transferAccount()
{
      UserTransaction userTx = null;
      Connection connA = null;
      Statement stmtA = null;
      Connection connB = null;
      Statement stmtB = null;
   try{
          // 获得 Transaction 管理对象
          userTx = (UserTransaction)getContext().lookup("\ java:comp/UserTransaction");
          // 从数据库 A 中取得数据库连接
          connA = getDataSourceA().getConnection();
          // 从数据库 B 中取得数据库连接
          connB = getDataSourceB().getConnection();
          // 启动事务
          userTx.begin();
          // 将 A 账户中的金额减少 500
          stmtA = connA.createStatement();
          stmtA.execute(" update t_account set amount = amount - 500 where account_id = 'A'");
```

```
            // 将 B 账户中的金额增加 500
             stmtB = connB.createStatement();
             stmtB.execute(" update t_account set amount = amount + 500 where account_id = 'B'");
            // 提交事务
             userTx.commit();
             // 事务提交：转账的两步操作同时成功（数据库 A 和数据库 B 中的数据被同时更新）
           }
           catch(SQLException  e1)
           {
               try
               {
                // 发生异常，回滚在本事务中的操纵
                 userTx.rollback();
                 // 事务回滚：转账的两步操作完全撤销
                 //（数据库 A 和数据库 B 中的数据更新被同时撤销）
                 stmt.close();
                 conn.close();
                e1.printStackTrace();
            }
            catch(Exception  e2)
            {
             e2.printStackTrace();
            }
        }
    }
```

2. JTS

事务管理器和资源管理器要进行事务上下文传播的交互，其中应用服务器和事务管理器之间也有传播事务上下文的交互，有时候事务客户和应用服务器也需要传播事务上下文，众所周知，只要涉及软件交互往往都会有一套规范。那么如何来传递这种事务上下文呢？这就需要 JTS 了。

JTS（Java Transaction Service）定义了一套规范，用于约定 JTA 各个程序角色之间如何传递事务上下文。

总体来说，JTA 更多的是从框架的角度来约定程序角色的接口，而 JTS 则是从具体实现的角度来约定程序角色之间的接口，两者各司其职。

2.6　JavaMail 与 JAF

在 Web 应用非常流行的今天，E-mail 仍然是最广泛的应用。这是由于大量的企业应用在使用 JavaEE 进行开发，企业应用中一般均包含邮件服务，即邮件收发平台的设计和实现。JavaMail 结合 JAF 提供的 API，可以满足邮件客户端和服务器端开发的需求。

2.6.1　基本概念

1. 什么是 JavaMail

JavaMail 是 Sun 发布的用来处理 E-mail 的 API，它给开发者提供处理电子邮件相关的编程接口。使用它可以方便地执行一些常用的邮件处理操作，可以基于 JavaMail 开发企业应用中的 E-mail 程序。

2. 什么是 JAF

JAF 是一个专用的数据处理框架，用于封装数据，并且为应用程序提供访问和操作数据的接口。JAF 的主要作用在于让 Java 应用程序知道如何对一个数据源进行查看、编辑和打印等操作。

Mail API 的所有版本都需要 JavaBeans Activation Framework 来支持任意数据块的输入及相应处理。目前在许多浏览器和邮件工具中都能找到 JAF 基本的 MIME 支持。

2.6.2 JavaMail 与 JAF 的应用

1. 开发环境搭建

首先需要下载 2 个规范的 jar 包：JavaMail mail.jar 包的 1.4.5 版本和 Javabeans Activation Framework activation.jar 包，将其添加到环境变量 CLASSPATH 中。

2. JavaMail API 及用法示例

javaMail.jar 文件的核心类包括：Sesssion、Message、Address、Authenticator、Transport、Store、Folder 以及在 javax.mail.internet 包中一些常用的子类。

（1）Session（对象）。

Session 用于收集 JavaMail 运行过程中的环境信息，它没有构造器，只能用下面的方式创建。

```
Properties props = new Properties();
Session session = Session.getInstance(props,null);
```

（2）Message（信息）。

Message 是邮件的载体，用于封装邮件的所有信息，Message 是一个抽象类，可用它的子类 MimeMessage 创建对象。

```
Message message = new MimeMessage(session);
message.setContent("Hello","text/plain");
message.setText("Hello");
message.setSentDate(date);
message.setSubject("first");
```

（3）Address（邮件地址）。

创建邮件地址 Address 对象的方式是使用 javax.mail.internet.InternetAddress 这个子类。可以直接传入邮件地址的字符串参数或带名字的邮件地址。

```
Address address = new InternetAddress("xyz@126.com");              //邮件地址
Address address = new InternetAddress("xyz@126.com","Bill Nancy"); //带名字的邮件地址
message.setForm(address);                                          //设置发信人
message.addRecipient(type, address);                               //抄送人
```

（4）Authenticator（授权者类）。

Authenticator 是连接邮箱时验证用户名和密码用的类。

```
Properties props = new Properties();
Authenticator auth = new MyAuthenticator();
Session session = Sesssion.getDefaultInstance(props,auth);
```

创建 Authenticator 对象 auth 用到了 MyAuthenticator，下面是自定义授权者类 MyAuthenticator 的代码。

```
public class MyAuthenticator extends Authenticator{
    public PasswordAuthentication getPasswordAuthentication(String para){
    String usename;
    String password;
    StringTokenizer st = new StringTokenizer(para, ",");
    username = st.nextToken();
```

```
    password = st.nextToken();
    return new PasswordAuthentication(username,password);
    }
  }
```

（5）Transpost（发送类）。

发送信息使用 Transport，它实现了 SMTP 协议。

```
Transport.send(MimeMessage message);
```

一般的用法是首先使用 Session 获得响应协议的 Transport 实例，接着通过传递用户名、密码、邮件服务器主机名等参数建立与邮件服务器的连接，然后使用 sendMessage()方法将信息发送出去，最后关闭连接。

```
session.setDebug(true);
message.saveChanges();
Transport transport = session.getTransport("smtp");
transport.connect(host,username,password);
transport.sendMessage(message,message.getAllRecipients());
transport.close();
```

（6）Store（存储邮件）。

```
Store store = session.getStore("pop3");
Store.connect(host,username,password);
```

（7）Folder（目录管理）。

```
Folder folder = store.getFolder("INBOX");
Folder.open(Folder.READ_ONLY);
//获得邮件
Message message[] = folder.getMessages();
//邮件内容
System.out.println(((MimiMessage)message).getContent());
folder.close(true);
store.close();
```

2.7 小 结

本章首先对 JDBC、JNDI、RMI、JMS、JTA、JTS、JavaMail、JAF 等技术规范的基本概念和应用进行了讲解，对其常用的类和接口的具体内容进行了系统阐述。在此基础上，又将讨论引向深入，从应用角度研究了规范之间的逻辑联系。在阐述理论问题的同时，用大量的具体代码来进行示例说明。这有助于理解理论知识，有助于达到学以致用的目的。

2.8 习 题

【思考题】

1. 简述 JDBC 驱动程序的分类和各自特点。
2. 什么是事务？事务有哪些特点？
3. 什么是编译预处理？举例说明其使用方法。
4. 举例说明存储过程的定义和调用方法。
5. 什么是数据库连接池？有什么作用？

6. Windows 消息机制和 Java 的事件机制有哪些异同点？

【实践题】

利用本章介绍的各个技术规范及第三方软件包，完成以下编程题目。

（1）设计一个自己的数据库连接池软件。

（2）分析并参照 ActiveMQ 功能，实现一个自己的消息队列软件。

（3）实现一个具有回调函数功能的 RMI 应用，业务自设。

（4）利用 JavaMail 和 JAF APIs 消息的 MDB，设计一个邮件收发软件。

第 3 章 XML 技术

本章内容

- XML 简介
- DOM 和 SAX
- XPath
- JDOM

XML 在 Java EE 技术规范中是应用最广泛的一个，在其他技术规范的应用中也会大量出现 XML，它在其中起着基础性、支撑性作用。在本书的几乎所有章节，都会看到 XML 的文件，比如框架的各种配置文件都是 XML 格式的。所以，掌握 XML 的语法和其解析方法是至关重要的。

3.1 XML 简介

可扩展标记语言（eXtensible Markup Language，XML）是由互联网联合组织（World Wide Web Consortium，W3C）于 1998 年发布的一种标准，和 HTML 同属于标准通用标记语言（Standard Generalized Markup Language，SGML）的一个简化子集。由于 XML 将 SGML 的丰富功能和 HTML 的易用性进行了有效的结合，用在 Web 的应用开发中，因此，自发布以来迅速得到了广泛的应用。

3.1.1 XML 与 HTML 的比较

Internet 提供了全球范围的网络互联与通信功能，Web 技术的发展更是迅猛，其丰富的信息资源给人们的学习和生活带来了极大的便利。特别是超文本标记语言（Hyper Text Markup Language，HTML）使人们发布、检索、交流信息都非常方便。由于电子商务、电子出版、远程教育等基于 Web 的新应用领域要求 Web 可提供的资源更复杂多样，另外数据量的骤增对网络的传输能力也提出了更高的要求，传统的 HTML 受自身特点的限制，不能满足这些要求。具体表现在：HTML 只能显示内容却不能表达数据内容；HTML 不能描述矢量图形、数学公式、化学符号等特殊对象；HTML 的可扩展性差，用户不能根据自己的需求定义有意义的标签。

SGML 是一种通用的文档结构描述标记语言，为语法标记提供了非常强大的工具，也具有很好的可扩展性。但是，SGML 过于复杂，不适合大量的日常网络应用，其开发成本高且不被主流浏览器支持，这些方面限制了它的推广应用。在这个背景下，人们期待开发出一种功能强大、具有可扩展性又相对简单的语言，作为 SGML 的简化子集，XML 应运而生。

3.1.2 XML 的应用

1. 数据交换

XML 使用元素和属性来描述数据。几个应用程序可以共享和解析同一个 XML 文件。可以用位置信息或元素名存取 XML 数据，因此，使用 XML 做数据交换可以使应用程序更具有弹性。

XML 还能够简化数据共享。XML 以纯文本格式存储数据，提供了一种独立于软件和硬件的数据存储方法。这使不同应用程序共享数据变得更方便。

2. XML 把数据从 HTML 分离

如果需要在 HTML 文档中显示动态数据，那么每当数据改变时将花费大量的时间来编辑 HTML。通过 XML，数据能够存储在独立的 XML 文件中，这样就可以专注于使用 HTML 进行布局和显示，确保修改底层数据不再需要对 HTML 进行任何改变。通过使用几行 JavaScript，就可以读取一个外部 XML 文件，然后更新 HTML 中的数据内容。

3. Web Service

Web Service 让使用不同系统和不同编程语言的人们能够相互交流和分享数据。其技术基础在于 Web 服务器用 XML 在系统之间交换数据。交换数据通常用 XML 标记，使协议规范一致。

4. Web 集成

现在有越来越多的设备也支持 XML 了。在个人电子设备和浏览器之间用 XML 来传递数据，将 XML 文本直接传入设备，用户可以更好地掌握数据显示方式，带来更好的体验。

5. 配置文件

许多应用都将配置信息存储在各种文件里，例如 ini 文件（Initialization File），现在更多的是使用 XML 文件。XML 格式的配置信息，可读性更好，并且能方便地集成到应用系统中。使用 XML 配置文件的应用程序能够方便地处理所需数据。

3.1.3 XML 语法概要

XML 的最大优势在于它允许定义满足应用需求的标签集，这一特点使 XML 广泛应用在电子商务、政府文档、出版等领域的数据表示和存储中。其数据存储格式不受显示格式的限制。一般而言，一个文档有 3 个要素，即数据、结构和显示方式。HTML 的显示方式内嵌在数据中，创建文本时不必考虑其输出格式问题，但如果因为需要对同样的内容进行不同格式的显示，则需要重新创建一个文档，重复工作量很大。XML 把文档的 3 个要素进行独立处理。首先，XML 把显示格式从数据内容中独立出来，利用样式表文件定义文档的显示方式。也就是说，要改变显示格式，只需改变样式表文件。接着，XML 能够很好地表示和描述许多复杂的数据关系，使基于 XML 的应用程序可以在 XML 文件中准确而高效地搜索相关的数据内容。最后，XML 可以作为同构/异构网络之间的网际语言，实现不同系统之间的数据和文档交换。

下面是一个 XML 实例，给出了 XML 文档语法的概要说明。

book.xml（使用外部 DTD）的代码如下。

```
<?xml version="1.0" encoing="gb2312"?>
<!DOCTYPE book SYSTEM "book.dtd">
<book>
  <chapter>
    <chapNum> 1 </chapNum>
    <chapTitle > Introduction to Java</chapTitle>
```

```
007    </chapter>
008    <chapter>
009       <chapNum> 2 </chapNum>
010       <chapTitle > Java fundamentals</chapTitle>
011    </chapter>
012    <chapter>
013       <chapNum> 3 </chapNum>
014       <chapTitle > Java control structure</chapTitle>
015    </chapter>
016    <chapter>
017       <chapNum> 4 </chapNum>
018       <chapTitle > class definitions</chapTitle>
019    </chapter>
020 </book>
```

从上面的代码可以看出，一个 XML 文档的语法结构特点如下。

（1）XML 文档主要由 5 个部分组成：XML 声明、文档类型声明、处理指令、注释、元素。

（2）XML 声明在文档的开始。book.xml 的第 1 行即标准的 XML 声明格式。

```
<?xml version = "1.0"  encoding = "GB2312" standalone="no"? >
```

声明并非必需，但是 W3C 推荐使用声明。在该声明中涉及 3 个属性的使用。

- version：指明所采用的 XML 版本号。
- encoding：说明该 XML 文档使用的编码标准。
- standalone: 判断该 XML 是不是独立的，如果值为 yes，则表示这个 XML 文档是独立的，不能引用外部的 DTD 规范文档；如果值是 no，则该 XML 文档不是独立的，表示可以引用外部的 DTD 规范文档。该属性省略时，默认值为 yes。

（3）文档类型声明代码见 book.xml 代码的第 2 行。

```
<!DOCTYPE book SYSTEM "book.dtd">
```

这里声明了名为 book 的 XML 文档，使用了一个外部 DTD 文件 book.dtd。3.1.4 小节详细介绍 DTD 的知识，它用于描述 book.xml 元素和属性的数据类型以及元素与元素的逻辑关系。

（4）处理指令在 book.xml 代码中没有出现。它的格式如下。

```
<?xml-stylesheet  type="text/css"  href="mycss.css">
```

处理指令代码用于通知 XML 引擎，应用 CSS 文件“mycss.css”显示 XML 文档的内容。

（5）元素是 XML 文档的基本组成部分，元素代表 XML 文档描述的“事物”。比如书籍、作者和出版商，这些元素构成了 XML 文档的主要概念。在语法上，一个元素包含一个开始标签、一个结束标签及标签之间的数据内容。其形式为：<标签>元素内容</标签>，元素内容可以是文本、其他元素，或为空。例如：

```
<chapTitle > Java control structure</chapTitle>
```

如果一个元素不包含任何内容，则称为空元素。形如：

```
<lecturer></lecturer>
```

这样的空元素可以缩写成：

```
<lecturer/>
```

说明如下。

- 任何一个 XML 文档中有且只能有一个根元素，作为其他元素的父元素。
- 标签区分大小写。如<table>和<TABLE>在 HTML 中是相同的标签，但在 XML 中是不同的。
- 使用正确的结束标签。XML 标签要严格配对，结束标签要和开始标签在拼写和大小写上完全一致，并且必须在其前面加上一个斜杠“/”。可以使用双标签格式或者单标签格式。例如：HTML 中的
、<HR>的元素格式在 XML 中是不合法的。如 HTML 中的<HR>在 XML 中合法格式为<HR/>。

- 标签命名规则。英文标签名应该以字母、下画线开头，后面跟字母、数字、下画线、点号或连字符等，切忌有空格分隔，任何标签不得以“xml”开头。尽量避免使用点号、连字符和冒号。也尽量不使用非英文字母的名字，而且要让名字简短而有描述性。
- 标签中可以合理嵌套定义其他的标签，但是要正确地嵌套。下面的代码在 HTML 中是合法的，但在 XML 中是不允许的。

```
<B><H1>content to be displayed</B></H1>
```

- 元素中可以有属性。一个空元素未必毫无意义，它可以拥有属性（Attributes）形式的一些特性。属性是元素起始标签中的名字-值（Name-Value）对。例如：

```
<lecturer name = "David Billington"phone = "+61-7-3765 509"/>
```

下面是非空元素的属性的例子。

```
<order orderNo = "12345"
       customer = "John Smith"
       date = "October 15,2009" >
  <item itemNo = "a528"quantity = "1"/>
  <item itemNo = "c817"quantity = "3"/>
</order>
```

上例中的属性也可以采用嵌套元素的形式来表达。

```
<order>
  <orderNo>12345</orderNo>
  <customer>John Smith</customer>
  <date>October 15,2009</date >
  <item>
     <itemNo>a528</item>
     <quantity>1</quantity>
    </item>
  <item>
     <itemNo>c817</itemNo>
     <quantity>3</quantity>
  </item>
</order>
```

在具体应用中究竟采用属性还是元素嵌套可根据个人爱好选择。但需注意属性不可以嵌套。

满足以上规则的 XML 文档可称为格式良好的（Well-Formed）XML 文档。

（6）XML 的注释格式与 HTML 注释类似，都是以“<!--”开始，以“-->”结束，但是有几点需要特别指出。

- 注释不能出现在 XML 声明之前。
- 注释中不能出现字符串“--”。
- 不要把注释文本放在标签中。

在本节的最后，我们有必要对标记和标签这两个术语，进行一番辨析。事实上，一种说法是认为二者完全同义，可自由互用。但是本书主张区别使用这两个术语。根据其在英文原著中的使用情况，可以认为：标记（Markup）更具动词性，而标签（Tag）更具名词性。例如 HTML 名称中的 markup，普遍被译为标记，而 taglib 通常被译为标签库。至于二者的任意互用，则是把 tag 称为标记的缘故。tag 可以译为标签或标记，为了区别起见，本书应该译为标签。在 HTML 中，定义了很多标签，<title>和</title>分别为开始标签（Start Tag）和结束标签（End Tag），开始标签和结束标签及其间的文本内容，标记了一类事物，即某个网页的标题。 多种标签的嵌套或联合使用则可以标记一个更为复杂的事物。例如，图 3-1 中，不同的标签和标签组合标记了从简单到复杂的多个事物。

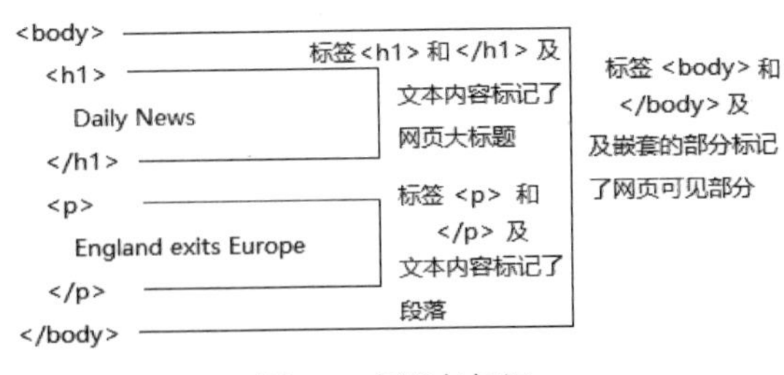

图 3-1　标签与标记

3.1.4　DTD

文档类型定义（Document Type Definition，DTD）与 XML 是什么关系？

实际应用的 XML 文档既要“格式良好”，还必须是有效的（Validating）。XML 文档“格式良好”，说明其在总体结构上符合语法规则；XML 文档是有效的，指的是文档的内部组成部分，即我们所定义的文档元素、属性等也要符合一定的语法规则，要有意义。

使用 DTD 为 XML 文件携带一个关于 XML 自身格式的描述，XML 可以使用 DTD 来验证 XML 数据的合法性。通过 DTD，文档的发送方和接收方可以一致地使用某个标准来交换和共享数据。应用程序也可使用一个标准的 DTD 来验证其从程序外部接收到的数据。

当打开某 DTD 文档关联的 XML 文档时，就要使 DTD 在该 XML 文档中起作用，XML 文档中如果出现违反 DTD 规则的定义，就会出错。 这一点在 3.2 节 XML 解析的代码中可以得到印证。

1. DTD 一般结构

DTD 的声明方法如下。

```
<!DOCTYPE 根元素名称[定义的内容]>
```

其中，[定义的内容]用标签<!ELEMENT>来分别定义所包含的子元素名称以及每一个子元素的数据类型。

DTD 分为内部 DTD 和外部 DTD 两类。一个 XML 文档如果包含了 DTD 声明，则把这种 DTD 声明叫作内部 DTD。很明显，这样的 DTD 所定义的文档类型只能应用在该 XML 文档中，其他的 XML 文档不能使用它所定义的文档类型。

与内部 DTD 相反，外部 DTD 的好处是：它可以方便而高效地被多个 XML 文档共享。XML 声明中必须说明这个 XML 文档不是自成一体的，即 standalone 属性的值应为“no”。

在 DOCTYPE 声明中，应该加入 SYSTEM 属性。

```
<! DOCTYPE 根元素名 SYSTEM  "外部 DTD 文件的 URL">
```

2. DTD 元素定义

下面给出一个 DTD 的实例，对其作用进行分析之后，再对 DTD 语法进行详述。

book.dtd 的代码如下。

```
<!ELEMENT book (chapter+)>
<!ELEMENT chapter (chapNum,chapTitle)>
<!ELEMENT chapNum (#PCDATA)>
<!ELEMENT chapTitle (#PCDATA)>
```

这个 DTD 文档和前面的 book.xml 是什么关系呢？

这个文档中实际包含了一组规则，这些规则对相关 XML 文档的元素进行了类型说明。那么，它具体说明了什么呢？对其解释如下。

DTD 声明的一般格式如下。

```
<!ELEMENT elementname (elementtype  modifiers)>
```

DTD 元素修饰符定义了可用内容及元素的应用次数，其规则如表 3.1 所示。

表 3.1　　DTD 的规则

修饰符	例子	含义
没有修饰符	Element（A）	A 仅可以出现一次
?	Element（A）?	A 可以不出现或出现一次
*	Element（A）*	A 可以不出现也可以出现任意多次
+	Element（A）+	A 可以出现多次且至少出现一次
|	Element（A|B）	出现 A 或者 B
EMPTY	Element EMPTY	元素不能包含任何数据
#PCDATA	Element（#PCDATA）	可以使用任何非 XML 元素的数据
CDATA	Element CDATA	字符数据类型，不包括(<、>、&和 ")
ID	Element ID	用于确认文档中的元素，不可相同
IDREF	Element IDREF	引用文档中 ID 类属性的元素
IDREFS	Element IDREFS	引用多个 ID 类属性的元素，用空格分开 ID
ENTITY	Element ENTITY	代表从外部文件中获得的二进制数据
ENTITIES	Element ENTITIES	ENTITY 的复数形式，用空格分开 ENTITY
NMTOKEN	Element NMTOKEN	一个有效的 XML 名称
NOTATION	Element NOTATION	标记符号
ANY	Element ANY	任何数据

<!ELEMENT book (chapter+)>：说明元素 book 中嵌套元素 chapter 出现大于或等于一次。

<!ELEMENT chapter (chapNum,chapTitle)>：说明元素 chapter 有嵌套元素 chapNum 和 chapTitle。

<!ELEMENT chapNum (#PCDATA)>：说明元素 chapNum 可以使用任何非 XML 元素的数据。

<!ELEMENT chapTitle (#PCDATA)>：同上。

结合表 3.1，对 DTD 语法特别补充以下 3 个方面说明。

（1）CDATA 是不通过解析器进行解析的文本，文本中的标签不被看作标记。例如：

```
<![CDATA[
if(a>b){
System.out.println(a);
}
]]>
```

代码中 a 与 b 之间的“>”不会被认为是标签符号，因为它不会被解析。解析的任务留待其他程序完成，例如 JavaScript。

（2）#PCDATA（Parsed Character Data），即“被解析的字符数据”，意思是里边的数据内容可以让解析器去解析。如果 PCDATA 的数据是上面的代码，则应写成：

```
if(a&gt;b){
System.out.println(a);
}
```

不能使用<、>、&和 "。文档中使用这些符号时，需要使用编码符号，如表 3.2 所示。

表 3.2　　DTD 的编码符号

符号	编码符号
<	<
>	>
&	&
”	"

（3）XML 文档中的实体（Entity）相当于一般程序中的常数，也就是说用一个实体名称代表某些常用的数据，定义一次就可以多次重复使用，当需要改变时只改变定义部分，不必对每一个文档都进行改变。

3. DTD 元素属性

可以把属性看作是元素附属的值，比如图片的来源、大小等。

分析如下 HTML 代码。

```
<img src="flower.jpg"width="20"height="30">
```

img 元素有属性 src、width 和 height。

在每个 XML 文档的第一行代码如下。

```
<?xml version="1.0"encoding="gb2312" ?>
```

其中 version 和 encoding 是 XML 文档元素的两个属性。

在 XML 文档中定义属性的一般格式如下。

```
<!ATTLIST 元素名称 属性名称 属性类型 属性值>
```

除了可以直接在<!ATTLIST>中指定属性值，还可以用#REQUIRED、#IMPLIED 和#FIXED 这 3 个关键字指定属性。

它们的用法和含义如下。

```
<!ATTLIST 菜 编号 CDATA #REQUIRED>
```

该代码表示编号不可省略。

```
<!ATTLIST 菜 编号 CDATA #IMPLIED>
```

该代码表示编号可有可无。

```
<!ATTLIST 学生 性别 CDATA #FIXED"男">
```

该代码表示元素学生的性别属性固定为“男”。

在 DTD 中，主要的属性类型及其含义如表 3.3 所示。

表 3.3　　属性类型

类型	含义
CDATA	属性值为字符类型
（eval|eval…）	属性值为枚举类型
ID	属性值为唯一编号类型
IDREF	属性值为其他类元素的唯一编号类型
IDREFS	属性值为其他唯一编号的列表
NMTOKEN	属性值为一个合法的 XML 名称
NMTOKENS	属性值为一个合法的 XML 名称的列表
ENTITY	属性值为一个实体
ENTITIES	属性值为多个实体的列表
NOTATION	属性值为一个注释的名称

3.1.5 XML Schema

在了解 DTD 语法之后，下面介绍 XML Schema 的结构和语法。

1. XML Schema 的一般结构

XML Schema 是由一组元素构成的，其根元素是<Schema>。<Schema>元素是 XML Schema 中第一个出现的元素，用来表明该 XML 文档是一个 Schema 文档，对应地其结束标记为</Schema>。就是说，一个 Schema 文档的基本结构如下。

```
<Schema name="Schema 名字"xmlns="命名空间">
元素和属性定义的具体内容
</Schema>
```

Schema 具有两个属性：name 属性指定该 Schema 的名称，可以省略；xmlns 属性指定 Schema 文档中包含的 namespace（命名空间）。在 Schema 中，一个 XML 文档中已包含多个命名空间，一般在编写 Schema 文档时，下面两句是必须写的。

```
xmlns="urn: schemas-microsoft-com: xml-data"
xmlns:dt="urn: schema-microsoft-com: datatypes"
```

第一个命名空间 xmlns="urn: schemas-microsoft-com: xml-data"说明是引用 Microsoft Schema 类型定义，指定本文档是一个 XML Schema 文档；第二个命名空间 xmlns:dt="urn: schema-microsoft-com: datatypes"表示引用 Microsoft Schema 数据类型定义。这样，在 XML 文档中就可以使用在 Schema 中定义过的数据类型。如果需要引用在其他文档中定义的元素或属性等内容，可以再加入对应的命名空间。

2. Schema 元素定义

在 Schema 元素中，可以加入各个元素的定义语句，元素声明的语法如下。

```
<ElementType name="元素名"
content="{empty|textonly|eltonly|mixed}"
dt:type="元素类型"
order="{one|seq|many}"
model="{open|closed}"
maxOccurs="{0|1}"minOccurs="{1|*}">
</ElementType>
```

以上声明的语法表达，涉及多种属性和元素的其他方面描述，下面对其含义进行详细说明。

（1）内容属性。

一般来说，一个元素最简单的 Schema 声明如下。

```
<elementType 元素名/>
```

在这个声明中，没有指明元素的内容和数据类型，它们都取默认值。如果要指明元素的内容，则需用到 content 属性。例如：

```
<elementType name="A"content="empty"/>
</elementType>
```

content 属性的 4 种情况及含义如表 3.4 所示。

表 3.4　元素内容选择

选项	含义
empty	表示元素的内容为空
textonly	表示元素内容中只能出现字符串
mixed	表示可以包含元素和已分析的字符数据
eltonly	表示元素中只能包含子元素

（2）minOccurs 和 maxOccurs 属性。

minOccurs 和 maxOccurs 属性用来表示元素在该项中的最少和最多出现次数。若省略不写，则系统默认其值为 1。除使用这两个属性设置，还可以使用 occurs 属性进行设置。例如：

```
<element type="B"occurs="REQUIRED"/>
```

该代码中，REQUIRED 表示元素必须出现至少一次。

其他属性值为：OPTIONAL，表示该元素可选出现（即出现 0 次或 1 次）；ONEORMORE，表示该元素出现一次以上；ZEROORMORE，表示该元素出现任意次数。

（3）元素的数据类型。

dt:type 属性用于指明元素文本的数据类型，在 XML Schema 中，内建的数据类型有 20 多种，可以分为基本类型和派生类型。其基本类型和 DTD 的数据类型基本相同，其派生类型主要如下。

- string：字符串。
- boolean：布尔值。
- number：数值型。
- dateTime：日期时间类型。
- binary：二进制数据块。
- uri：统一资源标识符（Universal Resource Identifier）。
- integer：整数型，由 number 类型派生。
- decimal：小数型，由 number 类型派生。
- real：实数型，由 number 类型派生。
- date：日期，由 dateTime 类型派生。
- time：时间，由 dateTime 类型派生。
- timePeriod：时间段，由 dateTime 类型派生。

（4）元素的顺序和分组。

order 属性的值有 3 个，它们是 seq、one 和 many。seq 表示在 Schema 中定义的元素在 XML 文档中出现的顺序必须和定义时的顺序一致。one 表示单选的结果，也就是说，它下面的子元素只能出现一个。例如：

```
<elementType name="A"order="one">
   <element type="B"/>
   <element type="C"/>
   <element type="D"/>
   <element type="E"/>
</elementType>
```

在 A 目录下只能出现 B、C、D、E 元素中的一个。

many 与 one、seq 不同，它表明子元素可以有任意数量、以任意顺序出现。

（5）model 属性。

model 属性值为 open 或 closed，其含义如表 3.5 所示。

表 3.5　　model 属性值

选项	含义
open	表明该元素可以包含其他未在 XML Schema 中定义的元素和属性
closed	表明该元素只能包含在本 XML Schema 中定义过的元素和属性

默认的 model 属性值为 open。

3. Schema 属性声明

Schema 用来定义属性的元素有两个：AttributeType 和 attribute。AttributeType 元素也是 Schema 中的重要元素之一，用来定义该 Schema 文档中出现的属性类型。其语法格式如下。

```
<AttributeType
name="属性名"
    dt: type="属性类型"
    dt: value="枚举值列表"
    default="默认值"
required="{yes|no}"/>
```

这些属性的含义如下。

- name：在属性定义中，属性名是必需的，它声明该属性类型的名称。在使用属性时要用属性名来引用属性。
- dt:type：指定所声明属性的数据类型，属性类型的声明语句为 dt:type="属性类型"。例如，一个标号的属性声明，其类型为 Id，声明如下。

```
<AttributeType
标号
dt: type="Id"
required="yes">
</AttributeType>
```

- dt:value：只有当 dt:type 的值为 enumeration 时才有用，此时，dt:value 需要列出所有可能的值。
- default：指该元素的默认取值。
- required：指定该属性对于引用它的元素是否为必需的。yes 表示是必需的，no 表示不是必需的。

至于 attribue 与 AttributeType 的关系，正如 element 与 ElementType 的关系。AttributeType 只是起声明属性的作用，而 attribute 则真正指明一个元素具有哪些属性。

3.1.6 XML 技术全景图

XML 的应用离不开一些相关技术的支持。比如，我们使用 HTML 离不开 CSS 的配合。使用 XML 也一样需要一些配套技术。表 3.6 所示为 XML 相关技术。应做到知之存在且知其功能，至于技术细节，则可以在用时再深入细致地研究。

表 3.6 XML 相关技术

技术	功能简介	技术	功能简介	技术	功能简介	技术	功能简介
XML	存储和传输数据	DOM	定义操作 XML 的标准方法	XSLT	可扩展文档样示表语言 XSL 转换	XSL-FO	可扩展样式表语言格式化对象
DTD	定义 XML 文档合法构建模块	SAX	访问 XML 文档的简单 API	XQuery	查询 XML 文档中的数据	XPointer	XML 文档中定位数据的语言
Schema	描述文档结构	XPath	XML 文档查找信息的语法	XLink	在文档中创建超级链接的标准方法	SVG	使用 XML 格式定义图像

3.2　XML 解析

XML 语法与 XML 解析

上一节介绍了关于 XML 的一些知识，我们知道了如何去写一个 XML 文档。有些时候，需要读懂别人所写的 XML 文档，从中提取有用的信息，或者把信息写入我们的文档中。实际上，XML 文档是一个文本文件，要访问文档内容，必须先书写一个能够识别 XML 文档信息的文本文件阅读器，也就是所谓的 XML 语法分析器，由它来解析 XML 文档并提取其中的内容。这就要求每个应用 XML 的人自己去处理 XML 的语法细节，显然这是一个费力耗时的工作。而且，如果需要在不同的应用程序中存取 XML 文档中的数据，这样的分析器代码就要被重写多次。很明显，我们需要一个统一的 XML 接口，我们可以借助它对 XML 文档进行比较方便的存取操作。

本书将介绍两种标准应用程序接口：DOM 和 SAX，它们分别是由 W3C 和 XML_DEV 提出的。

3.2.1　使用 DOM

DOM（Document Object Model）即文档对象模型。在应用程序中，基于 DOM 的 XML 分析器将一个 XML 文档转换成对象模型的集合，也可以称之为 DOM 树，应用程序通过对这个对象模型的操作，实现对 XML 文档数据的操作。通过 DOM 接口，应用程序可以在任意时刻访问 XML 文档中的任何一部分数据。

DOM 接口提供了一种通过分层对象模型来访问 XML 文档信息的方式，这些分层对象模型依据 XML 的文档结构形成一棵节点树。不论 XML 文档中描述的是什么类型的数据信息，在 DOM 所生成的模型中都是节点树形式。借助 DOM 接口，我们可以对 XML 文档中任何部分进行随机访问。这是 DOM 模型给应用程序开发带来的灵活性。但是，当分析的文档比较大、结构比较复杂时，XML 文档经转换生成的 DOM 树也相应地大而复杂。它占用大的内存，并且对其进行遍历是一件很费时的操作，这恰是其不足之处。

DOM 的基本对象有 5 个：Document、Node、NodeList、Element 和 Attr。Document 对象代表整个 XML 文档，所有其他的 Node 都以一定的顺序包含在 Document 对象中，形成一个树形结构。遍历这棵树可以得到 XML 文档的所有内容，这也是对 XML 文档操作的起点。在应用程序中，解析 XML 源文件，可以得到 Document 对象，然后处理 Document 对象，可以实现对 XML 文档的操作。

1. Document 的主要方法

（1）createAttribute(String)：用给定的属性创建一个 Attr 对象，并可使用 setAttributeNode()方法将其置于某个 Element 对象上。

（2）createElement(String)：用给定的标签名创建一个 Element 对象，代表 XML 文档中的一个元素节点，然后就可以在这个 Element 对象上添加属性或进行其他操作。

（3）createTextNode(String)：用给定的字符串创建一个 Text 对象，Text 对象代表了标签或者属性中所包含的纯文本字符串。如果在一个标签内没有其他标签，那么标签内的文本所代表的 Text 对象是这个 Element 对象的唯一子对象。

（4）getElementByTagName(String)：返回一个 NodeList 对象，它包含了所有给定的标签名字的元素。

（5）getDocumentElement()：返回一个代表这个 DOM 树根节点的 Element 对象，也就是代表

XML 文档根元素的对象。

2. Node 的主要方法

Node 对象是 DOM 结构中最为基本的对象，它代表文档中一个抽象的节点。在具体应用中，多是使用 Element、Attr、Text 等 Node 对象的子对象来操作文档。而 Node 为这些对象提供了抽象的、公共的根。虽然在 Node 中定义了对其子节点进行存取的方法，但有一些子对象（如 Text 对象）不存在子节点。

（1）appendChild(org.w3c.dom.Node)：为这个节点添加一个子节点，并放在所有子节点的最后。如果这个子节点已经存在，则先把它删除再添加进去。

（2）getFirstChild()：如果节点存在子节点，则返回第一个子节点。相反地，getLastChild()是返回最后一个子节点。

（3）getNextSibling()：返回在 DOM 树中当前节点的下一个兄弟节点。相反地，getPreviousSibling()是返回其前一个兄弟节点。

（4）getNodeName()：根据节点的类型返回节点的名称。

（5）getNodeType()：返回节点的类型。

（6）getNodeValue()：返回节点的值。

（7）hasChildNodes()：判断是否存在子节点。

（8）hasAttributes()：判断节点是否存在属性。

（9）getOwnerDocument()：返回节点所处的 Document 对象。

（10）insertBefore(org.w3c.dom.Node new, org.w3c.dom.Node ref)：在给定的子对象前插入一个子对象。

（11）removeChild()：删除指定的子节点对象。

（12）replaceChild(org.w3c.dom.Node new, org.w3c.dom.Node old)：用一个新的 Node 对象替代指定的子节点对象。

3. NodeList 对象

NodeList 对象代表包含了一个或多个 Node 的列表。可以把它看作一个 Node 的数组，可以通过以下方法获得列表中的元素。

（1）getLength()：返回列表的长度。

（2）item(int)：返回指定位置的 Node 对象。

4. Element 对象

Element 对象代表 XML 文档中的标签元素，它是 Node 的最主要子对象。在标签中可以包含属性。因此，在 Element 对象中有存取其属性的方法。而任何 Node 中定义的方法，也可以用在 Element 对象上。

（1）getElementByTagName(String)：返回一个 NodeList 对象，它包含该标签的子节点中具有给定标签名字的标签。

（2）getTagName()：返回一个代表这个标签名字的字符串。

（3）getAttribute(String)：返回标签中给定属性名字的属性值。在这里需要注意的是：因为 XML 文档中允许有实体属性出现，而这个方法对这些实体属性并不适用。这时，需要用 getAttributeNodes()方法得到一个 Attr 对象来进行进一步的操作。

（4）getAttributeNode(String)：返回一个代表给定属性名称的 Attr 对象。

5. Attr 对象

Attr 对象代表某个标签中的属性。它继承于 Node，但是因为 Attr 实际上是包含在 Element 中的，所以它并不被看作 Element 的子对象，在 DOM 中 Attr 并不是 DOM 树的一部分，所以 Node 中的 getParentNode()、getPreviousSibling()、getNextSibling()返回的都将是 null。

在 javax.xml.parsers 中，Java SDK 所提供的 DocumentBuilder 和 DocumentBuilderFactory 用来进行 XML 文档的解析，并且转换成 XML 文档。

在 javax.xml.transform.dom 和 javax.xml.transform.stream 中，SDK 所提供的 DOMSource 类和 StreamSource 类，可用来将更新的 DOM 文档写入生成的 XML 文档中。

对 XML 文档所进行的最为常见的处理，包括浏览 XML 文档内容的层次结构和其数据信息以及修改这些信息等。【例 3.1】可说明如何进行 XML 文档浏览操作。

【例 3.1】利用 DOM APIs 编程对 3.1.2 小节的 book.xml 进行解析，显示文档中书的信息。解析需要和 3.1.4 小节中的 book.dtd 配合使用。

```
import java.io.*;
import javax.xml.parsers.*;
import org.w3c.dom.*;

class DOMBookParser {
    public static void main(String[] args) {
        try {
            DocumentBuilderFactory fact1 = DocumentBuilderFactory.newInstance();
            fact1.setValidating(true);
            fact1.setIgnoringElementContentWhitespace(true);
            DocumentBuilder build1 = fact1.newDocumentBuilder();
            String book1 = "book.xml";
            Document bookDoc = build1.parse(new File(book1));
            Element bookEle = bookDoc.getDocumentElement();
            NodeList chapterNodes = bookEle.getChildNodes();
            for (int i = 0; i < chapterNodes.getLength(); i++) {
                Element chapter = (Element) chapterNodes.item(i);
                System.out.print("Value: " + chapter.getNodeName() + "  ");
                NodeList numberList = chapter.getElementsByTagName("chapNum");
                Text number = (Text) numberList.item(0).getFirstChild();
                System.out.print(number.getData() + "  ");
                NodeList titleList = chapter.getElementsByTagName("chapTitle");
                Text title = (Text) titleList.item(0).getFirstChild();
                System.out.println(title.getData());
            }
        } catch (Exception e) {
            System.err.println("Error parsing: " + e.getMessage());
            System.exit(1);
        }
    }
}
```

程序运行结果如图 3-2 所示。

```
Value: chapter   1   Introduction to Java
Value: chapter   2   Java fundamentals
Value: chapter   3   Java control structure
Value: chapter   4   class definitions
```

图 3-2 【例 3.1】程序运行结果

【例 3.2】用 DOM 技术对 publication.xml 文档添加一个新元素。

（1）publication.xml 的代码如下。

```
<?xml version="1.0" encoding="UTF-8" standalone="no"?>
<publication>
  <book>
  <Title> The mythical man-month</Title>
  <Writer> Frederick P.Brooks Jr.</Writer>
  <PublishDate>1975-03-12</PublishDate>
</book>
<book>
  <Title> Think in java</Title>
  <Writer> Bruce Eckel</Writer>
  <PublishDate>1999-04-01</PublishDate>
</book>
</publication>
```

（2）UseDomEditElement.java 的代码如下。

```
import java.io.*;
import javax.xml.parsers.*;
import org.w3c.dom.*;
import javax.xml.transform.*;
import javax.xml.transform.dom.*;
import javax.xml.transform.stream.*;

class UseDomEditElement {
    public static void main(String para[]) {
        Text textMsg;
        try {
            DocumentBuilderFactory factory = DocumentBuilderFactory
                    .newInstance();
            // get an xml file parser
            factory.setValidating(true);
            factory.setIgnoringElementContentWhitespace(true);
            DocumentBuilder builder = factory.newDocumentBuilder();
            // get an interface to generate DOM document
            Document document = builder.parse(new File("publication.xml"));
            // get document tree
            Element root = document.getDocumentElement();
            Element book = document.createElement("book");
            Element title = document.createElement("Title");
            textMsg = document.createTextNode("Applied Cryptography new ");
            title.appendChild(textMsg);
            book.appendChild(title);
            Element author = document.createElement("Writer");
            textMsg = document.createTextNode("Tom Brooks Son");
            author.appendChild(textMsg);
            book.appendChild(author);
            Element date = document.createElement("PublishDate");
            textMsg = document.createTextNode("1994-09-08");
            date.appendChild(textMsg);
            book.appendChild(date);
            root.appendChild(book);

            TransformerFactory tfactory = TransformerFactory.newInstance();
            Transformer transformer = tfactory.newTransformer();
            DOMSource source = new DOMSource(document);
            StreamResult result = new StreamResult(new File("publication.xml"));
            transformer.transform(source, result);
```

```
            } catch (Exception e) {
                e.printStackTrace();
            }
        }
}
```

程序执行之后，再打开 publication.xml 文件，可以看到插入了一个新的 book 元素。

【例 3.3】DOM 解析的实际应用分析。

（1）设计模式简单回顾。

我们以工厂方法模式为例，说明在设计模式的实现中，XML 文件、DOM 解析和反射机制的作用。事实上，这些技术的运用远远不止设计模式的实现。

在工厂方法模式中，工厂方法用来创建客户所需要的产品，对客户隐藏了具体产品类被实例化的细节，客户只关心所需要的产品对应的工厂足矣，无须关心创建细节，甚至无须知道具体产品类的类名。正如普通用户购买电视机看，无须知道它是如何生产出来的。

（2）用一个电视机工厂实例说明工厂方法设计与实现。

首先看一下电视机工厂的 UML 类图，如图 3-3 所示。

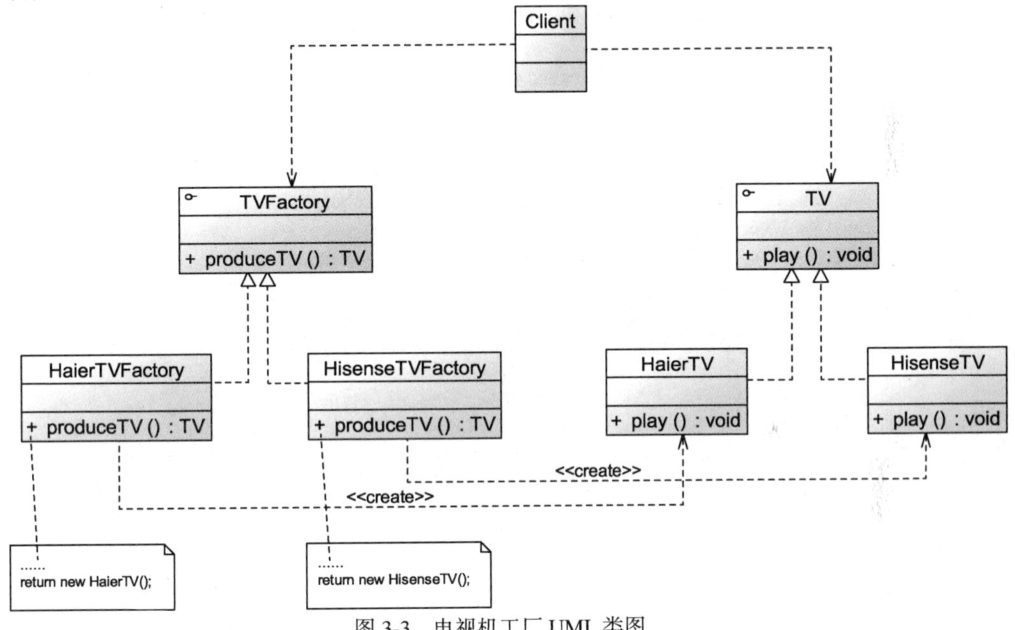

图 3-3 电视机工厂 UML 类图

（3）代码如下。

① 电视机接口。

```
package ch3;
public interface TV
{
    public void play();
}
```

② 海尔电视机类 HaierTV.java。

```
package ch3;
public class HaierTV implements TV
{
    public void play()
    {
        System.out.println("海尔电视机播放中……");
```

```
    }
}
```

③ 海信电视机类 HisenseTV.java。

```
package ch3;
public class HisenseTV implements TV
{
    public void play()
    {
        System.out.println("海信电视机播放中……");
    }
}
```

④ 抽象工厂类 TVFactory.java。

```
package ch3;
public interface TVFactory
{
    public TV produceTV();
}
```

⑤ 具体工厂类 HaierTVFactory.java 和 HisenseTVFactory.java。

```
package ch3;
public class HaierTVFactory implements TVFactory
{
    public TV produceTV()
    {
     System.out.println("海尔电视机工厂生产海尔电视机。");
     return new HaierTV();
    }
}
package ch3;
public class HisenseTVFactory implements TVFactory
{
    public TV produceTV()
    {
     System.out.println("海信电视机工厂生产海信电视机。");
     return new HisenseTV();
    }
}
```

⑥ 辅助代码。

```
config.xml
 <?xml version="1.0"?>
<config>
    <className>HisenseTVFactory</className>
</config>
```

注：此文件应置于项目根目录。

XML 解析程序 XMLUtil.java。该程序对 config.xml 进行解析，用 getBean()方法返回一个用于工厂名的对象，例如："HisenseTVFactory"。

```
package ch3;
import javax.xml.parsers.*;
import org.w3c.dom.*;
import org.xml.sax.SAXException;
import java.io.*;
public class XMLUtil
{
```

```
//该方法用于从 XML 配置文件中提取具体类类名,并返回一个实例对象
    public static Object getBean()
    {
        try
        {
            //创建文档对象
            DocumentBuilderFactory dFactory = DocumentBuilderFactory.newInstance();
            DocumentBuilder builder = dFactory.newDocumentBuilder();
            Document doc;
            doc = builder.parse(new File("config.xml"));
            //获取包含类名的文本节点
            NodeList nl = doc.getElementsByTagName("className");
            Node classNode=nl.item(0).getFirstChild();
            String cName=classNode.getNodeValue();
            //加包名前缀很重要,否则会抛出 ClassNotFoundException
cName = "ch3" + cName;
            //通过类名生成实例对象并将其返回
            Class c=Class.forName(cName);
             Object obj=c.newInstance();
            return obj;
        }
        catch(Exception e)
        {
            e.printStackTrace();
            return null;
        }
    }
}
```

⑦ 客户端测试类 Client.java。

```
package ch3;
public class Client
{
    public static void main(String args[])
    {
        try
        {
            TV tv;
            TVFactory factory;
            factory=(TVFactory)XMLUtil.getBean();
            tv=factory.produceTV();
            tv.play();
        }
        catch(Exception e)
        {
            System.out.println(e.getMessage());
        }
    }
}
```

运行结果如图 3-4 所示。

```
海尔电视机工厂生产海尔电视机。
海尔电视机播放中……
```

图 3-4 【例 3.3】程序运行结果

3.2.2 使用 SAX

XML 简单应用程序接口（Simple APIs for XML，SAX）与 DOM 不同，SAX 的访问模式是一种顺序模式，当使用 SAX 进行文档解析时，会触发一系列事件，并且激活相应的时间处理方法（函数），通过这些事件处理方法，应用程序实现对 XML 文档的访问。因此，SAX 接口被称为事件驱动接口。

与 DOM 相比，SAX 是一种轻量型的方法。在处理 DOM 时，需要读入整个 XML 文档，文档比较大时，处理时间和内存占用都很大。与 DOM 不同，SAX 是事件驱动的，也就是说，它不需要读入整个文档，而是一边读入文档，一边进行解析。解析开始之前，需要向 XMLReader 注册一个 ContentHandler，即事件监听器。在 ContentHandler 中定义了若干方法，在解析文档的不同阶段会被自动调用。XMLReader 读到某种合适的内容，就会抛出相应的事件，把事件的处理权代理给 ContentHandler，并且调用相应的方法进行响应。例如，遇到文档开始时，就调用 startDocument()方法。

ContentHandler 是一个接口，其中定义了以下方法，在处理特定的 XML 文档时，要在该接口的实现类中给出这些方法的实现，用以完成对应的事件处理。

（1）void startDocument()：遇到文档开始时将调用这个方法，可在其中做一些初始准备工作。

（2）void endDocument()：和上面的方法相对应，文档结束时将调用这个方法，在其中做一些后续处理工作。

（3）void characters(char[] ch,int start,int length)：用来处理从 XML 文档中读取的字符串，它的参数是一个字符数组以及读取的字符串在这个数组中的起始位置和长度。我们可以很容易地使用 String 类的构造方法获得这个字符串，如下。

```
String str = new String(ch,start,length);
```

（4）void startElement(String namespaceURI,String localName,String qName,Attributes atts)：读到一个开始标签时，会触发这个方法。参数 namespaceURI 是名称域，localName 是标签名，qName 是标签的修饰前缀，atts 是这个标签所包含的属性列表。需要指出的是，SAX 的一个重要特点是流式处理，当遇到一个标签时，它并不记录以前遇到的标签内容。也就是说，在 startElement()方法中，所拥有的信息是当前标签的名字和属性，而不知道标签的嵌套情况、上层标签的名字以及是否有子元素等。这些内容都需要程序进行处理。

（5）void endElement(String namespaceURI,String localName,String qName)：遇到结束标签时将调用这个方法。

ContentHandler 是一个接口，它的 Helper 类是 DefaultHandler，在应用程序中可以直接继承这个类，然后重载所需要的方法即可，省去了面面俱到地重载所有接口中的方法等令人厌烦的工作。

【例 3.4】使用 SAX 遍历 XML 文档。

SAXBookParser.java 代码如下。

```
import java.io.*;
import javax.xml.parsers.*;
import org.xml.sax.*;
import org.xml.sax.helpers.*;

public class SAXBookParser extends DefaultHandler {
    protected boolean pChapNum;
    protected boolean pChapTitle;
    protected StringBuffer cChapNum;
    protected StringBuffer cChapTitle;
```

```
    public static void main(String[] args) {
        try {
            SAXParserFactory fact1 = SAXParserFactory.newInstance();
            fact1.setValidating(true);
            SAXParser build1 = fact1.newSAXParser();
            String book1 = "book.xml";
            SAXBookParser event = new SAXBookParser();
            build1.parse(new File(book1), event);
        } catch (Exception error) {
            System.err.println("Error parsing: " + error.getMessage());
            System.exit(1);
        }
    }

    public void startElement(String uri, String localName, String qName,
            Attributes attributes) {
        if (qName.compareTo("chapter") == 0) {
            cChapTitle = null;
            cChapNum = null;
        } else if (qName.compareTo("chapNum") == 0) {
            pChapNum = true;
            cChapNum = new StringBuffer();
        } else if (qName.compareTo("chapTitle") == 0) {
            pChapTitle = true;
            cChapTitle = new StringBuffer();
        }
    }

    public void characters(char[] cha, int start, int length) {
        if (pChapNum) {
            cChapNum.append(cha, start, length);
        } else if (pChapTitle) {
            cChapTitle.append(cha, start, length);
        }
    }

    public void endElement(String namespaceURI, String localName, String qName) {
        if (qName.equals("chapter")) {
            System.out.print("Chapter ");
            if (cChapNum != null) {
                System.out.print(cChapNum.toString());
                System.out.print("");
            }
            if (cChapTitle != null) {
                System.out.print(cChapTitle.toString());
            }
            System.out.println();
        } else if (qName.compareTo("chapNum") == 0) {
            pChapNum = false;
        } else if (qName.compareTo("chapTitle") == 0) {
            pChapTitle = false;
        }
    }
}
```

运行结果如图 3-5 所示。

```
Chapter  1  Introduction to Java
Chapter  2  Java fundamentals
Chapter  3  Java control structure
Chapter  4  class definitions
```

图 3-5 【例 3.4】程序运行结果

3.3 XPath 概述

在关系数据库中，可以使用 SQL 等查询语言来检索数据库。对于 XML 文档而言，也有一些查询语言，如 XQL、XML-QL 和 Xquery 等。

3.3.1 XPath 简介

XML 查询的核心概念是路径表达式，它规定了如何在 XML 文档的树形表示中到达一个节点或一个节点集。XPath 路径表达式比烦琐的 DOM 代码容易编写得多。如果需要从 XML 文档中提取信息，最快捷、最简单的办法就是在 Java 程序中嵌入 XPath 路径表达式。Java 5 推出了 javax.xml.xpath 包，这是一个用于 XPath 查询的独立于 XML 对象模型的库。

XPath 是一种对 XML 文档的组件进行寻址的语言，它对 XML 的树形模型进行操作。XPath 的关键是构造路径表达式。

3.3.2 XPath 路径表达式

XPath 路径表达式包括绝对路径和相对路径 2 种。

- 绝对路径（从树形模型的根开始），语法表达上用指示文档根节点的符号开头，位于文档根元素之上。
- 相对路径，是相对于当前节点的路径。

考察下面的 XML 文档。

```
<? xml version="1.0"encoding="UTF-16" >
<! DOCTYPE library PUBLIC"library.dtd">
<library location="Bream">
<author name="Wise">
  <book title="AI"/>
  < book title="Web"/>
  < book title="OS"/>
</author>
  <author name="Mark">
    <book title="AI"/>
  </author>
<author name="Lin">
  <book title="Unix"/>
  <book title="C++"/>
</author>
</library>
```

下面举 8 个路径表达式的典型例子说明 XPath 的功能。

（1）寻址所有 author（作者）元素。路径表达式如下。

```
/library/author
```

此路径表达式寻址所有的 author 元素类型为：直接位于根节点之下的 library 元素节点的孩子。

（2）寻址所有 author（作者）元素的另一个可选方法如下。

```
//author
```

这里的“//”是指应该考查文档中的所有元素，看它们是否属于 author 类型。也就是说，此路径表达式寻址文档中的所有 author 元素。因为这个 XML 文档的特殊结构，此路径表达式与上一个路径表达式有相同的结果，一般情况下用这两种方法查询的结果是不同的。

（3）在 library 元素节点寻址 location 属性节点。路径表达式如下。

```
/library/@location
```

符号“@”用于表示属性节点。

（4）在文档的任意 book 元素下寻址所有属性节点，其 title 取值为“AI”，树形表示如图 3-6 所示。

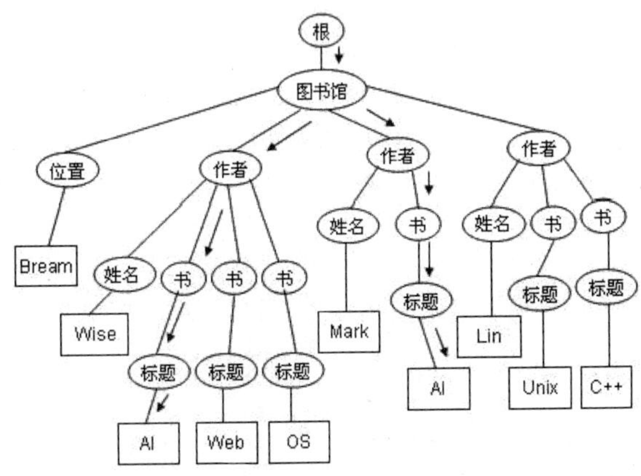

图 3-6 查询（4）的树形表示

```
//book/@title="AI"
```

（5）寻址所有 title 为“AI”的书，树形表示如图 3-7 所示。

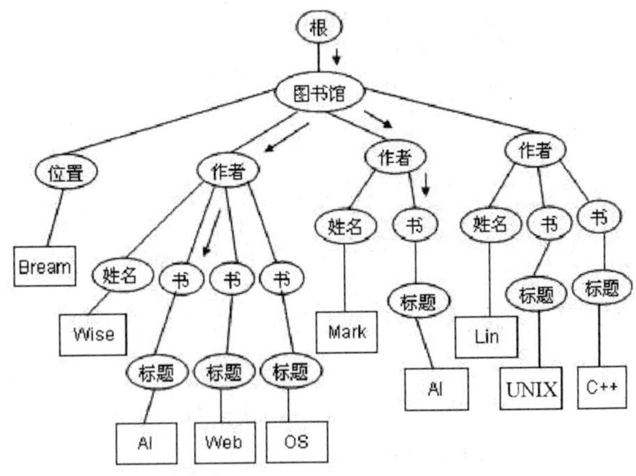

图 3-7 查询（5）的树形表示

```
//book[@title="AI"]
```

方括号的检验称为过滤路径表达式，它限制被寻址的节点集。

此路径表达式和查询（4）中路径表达式的区别是：此路径表达式寻址 title 满足一定条件的 book 元素。而查询（4）寻址 book 元素的 title 属性节点。

（6）寻址 XML 文档的第一个 author 元素节点。路径表达式如下。

```
//author[1]
```

（7）从文档中，在第一个 author 元素节点下寻址最后一个 book 元素。路径表达式如下。

```
//author[1]/book[last()]
```

（8）寻址没有 title 属性的所有 book 元素节点。路径表达式如下。

```
//book[not@title]
```

列举以上这些例子是为了说明路径表达式的表达方式和表达能力。总体而言，一个路径表达式由一系列被斜线符号分隔的步骤组成。即路径表达式结构为："轴确定符 + 节点检验 + 可选谓词"。例如：

```
//book[author='Neal Stephenson']/title/text()
```

- 轴确定符指定待寻址的节点和背景节点的树形关系。比如父节点、祖先节点、孩子节点（默认值）、兄弟节点和属性节点。"//" 就是轴确定符，表示子孙或它自己。
- 节点检验指定要寻址的节点。最常见的节点检验是元素名字，例如 book 或其他节点检验。比如，"*" 寻址所有的元素节点，comment()寻址所有注释节点。
- 谓词或过滤表达式是一个限定待寻址节点集合的可选项。比如，[author='Neal Stephenson'] 列出的是 XPath 最基本的语法，了解更为详尽的语法内容可参见有关文献。

最后，对使用 DOM 代码和使用 XPath 查询的程序做比较，体会 XPath 的优势。

Books.xml 的代码如下。

```
<inventory>
  <book year="2000">
          <title> Snow Crash</title>
          <author>Neal Stephenson</author>
          <publisher>Spectra</publisher>
          <isbn>0553380958</isbn>
          <price>14.95</price>
   </book>
<book year="2005">
          <title> The old man and the sea</title>
          <author>Onist Hemmingway</author>
          <publisher>Onill</publisher>
          <isbn>0553380910</isbn>
          <price>24.95</price>
   </book>
<book year="2006">
          <title> Now Crash</title>
          <author>Nea Stephen</author>
          <publisher>machine</publisher>
          <isbn>0553380977</isbn>
          <price>14.88</price>
   </book>
</inventory>
```

查找 Neal Stephenson 所有著作 title 元素的 DOM 代码如下。

```
ArrayList result = new ArrayList();
NodeList books = doc.getElementsByTagName("book");
for(int i=0;i < books.getLength();i++ ){
   Element book = (Element)books.item(i);
   NodeList authors = book.getElementsByTagName("author");
   boolean stephenson = false;
   for(int j=0;j<authors.getLength();j++){
      Element author = (Element)authors.item(j);
```

```
    NodeList children = author.getChildNodes();
    StringBuffer sb = new StringBuffer();
    for(int k=0;k<children.getLength();k++){
      Node child = children.item(k);
      if(child.getNodeType()==Node.TEXT_NODE){
        sb.append(child.getNodeValue());
      }
    }
    if(sb.toString().equals("Neal Stephenson")){
      stephenson = true;
      break;
    }
  }
```

作为与 DOM 的对比，【例 3.5】列出了使用 XPath 查找 Neal Stephenson 所有著作 title 元素的程序。

【例 3.5】应用 XPath 路径表达式对前述 books.xml 进行查询，查询条件是 author 为“Neal Stephenson”，输出该著者的书名 title。

XPathExample.java 的代码如下。

```
import java.io.IOException;
import org.w3c.dom.*;
import org.xml.sax.SAXException;
import javax.xml.parsers.*;
import javax.xml.xpath.*;

public class XPathExample {
    public XPathExample() {
    }

    public static void main(String args[]) throws ParserConfigurationException,
             SAXException, IOException, XpathExpressionException {
        DocumentBuilderFactory domFactory = DocumentBuilderFactory
                 .newInstance();
        domFactory.setNamespaceAware(true);// never forget this!!
        DocumentBuilder builder = domFactory.newDocumentBuilder();
        Document doc = builder.parse("books.xml");
        XPathFactory factory = XPathFactory.newInstance();
        XPath xpath = factory.newXPath();
        XPathExpression exp = xpath
                 .compile("//book[author='Neal Stephenson']/title/text()");
        Object result = exp.evaluate(doc, XPathConstants.NODESET);
        NodeList nodes = (NodeList) result;
        for (int i = 0; i < nodes.getLength(); i++)
            System.out.println(nodes.item(i).getNodeValue());
    }
}
```

运行结果如图 3-8 所示。

```
Snow Crash
```

图 3-8 【例 3.5】程序运行结果

3.4 JDOM 应用

JDOM 和 DOM4J 是目前 2 个获得广泛应用的 XML 解析工具。二者很相似，前者主要用类完成解析任务，后者主要用接口完成解析任务。

3.4.1 JDOM APIs

Java 文档对象模型（Java Document Object Model，JDOM）和 DOM 一样，是基于树形结构的模型。JDOM 是纯 Java 技术的实现，因此具有直接、简单、高效的特点。它支持对 XML 文档的解析、生成等操作。

下载 JDOM 压缩包 jdom-2.0.6.zip 后解压到指定位置。其包含图 3-9 所示的 jar 包。应解压到项目的 Referecnced Libraries 下。

```
Referenced Libraries
  jdom-2.0.6.jar - E:\jdom2
  jdom-2.0.6-contrib.jar - E:\jdom2
  jdom-2.0.6-javadoc.jar - E:\jdom2
  jdom-2.0.6-junit.jar - E:\jdom2
  jdom-2.0.6-sources.jar - E:\jdom2
```

图 3-9　JDOM 压缩包的组成内容

JDOM 解析所用的类如表 3.7 所示。

表 3.7　JDOM 的类

类名	说明
Document	XML 文档
Element	XML 文档中的元素
Text	XML 文档中的文本内容
CDATA	XML 文档中的 CDATA 段
DocType	XML 文档中的 DocType 声明
ProcessingInstruction	XML 文档中的处理指令
EntityRef	XML 文档中的实体引用
Attribute	XML 文档中的属性
Comment	XML 文档中的注释
Namespace	XML 文档中的命名空间

3.4.2 JDOM 应用

我们以一个具体 XML 文档解析的例子说明 JDOM 的用法。【例 3.5】所用的 XML 文档是 student.xml，它的内容见下面的代码。下面的例子将用到表 3.7 中的类对文档进行解析。

student.xml 的代码如下。

```
<?xml version="1.0" encoding="gb2312"?>
<!--a student info doc-->
```

```
<?xml-stylesheet type='text/css' href='demo.css'?>
<class>
<student id='2013010101'>
    <name>何萍</name>
    <age>22</age>
     <description><![CDATA[prefer<<红楼梦>>]]></description>
</student>
<student id='2013010102'>
    <name>张莉</name>
    <age>21</age>
     <description><![CDATA[prefer<<三国演义>>]]></description>
</student>
<student id='2013010103'>
    <name>王天</name>
    <age>23</age>
     <description><![CDATA[prefer<<西游记>>]]></description>
</student>
</class>
```

【例 3.6】用 JDOM 技术对 XML 文档组成元素进行解析并输出。

JDOMRead.java 的代码如下。

```
package ch3;
import java.io.File;
import java.io.IOException;
import java.util.List;

import org.jdom2.Attribute;
import org.jdom2.CDATA;
import org.jdom2.Comment;
import org.jdom2.Content;
import org.jdom2.Document;
import org.jdom2.Element;
import org.jdom2.JDOMException;
import org.jdom2.ProcessingInstruction;
import org.jdom2.Text;
import org.jdom2.input.SAXBuilder;

public class JDOMRead {
public static void main(String[] args) {
     SAXBuilder saxBuilder = new SAXBuilder();
     try {
          //read XML file
          Document doc = saxBuilder.build(new File("student.xml"));
          List<Content> list = doc.getContent();
          readAndPrint(list);

     }catch(JDOMException|IOException e) {
          e.printStackTrace();
     }
}
public static void readAndPrint(List<Content> list) {
     for(Content temp:list) {
          if(temp instanceof Comment) {
               Comment com = (Comment)temp;
```

```
                System.out.println("<!--"+com.getText()+"-->");
            }else if(temp instanceof ProcessingInstruction) {
                ProcessingInstruction pi = (ProcessingInstruction)temp;
                System.out.println("<?"+pi.getTarget()+""+pi.getData()+"?>");
            }else if(temp instanceof Element) {
                Element elt = (Element)temp;
                List<Attribute> attrs = elt.getAttributes();
                System.out.print("<"+elt.getName()+" ");
                for(Attribute t:attrs) {
                    System.out.print(t.getName()+"=\""+t.getValue()+"\"");
                }
                System.out.println(">");
                readAndPrint(elt.getContent());
                System.out.println("</"+elt.getName()+">");
            }else if(temp instanceof CDATA) {
                CDATA cdata = (CDATA)temp;
                System.out.println("<![CDATA["+cdata.getText()+"]]>");
            }else if(temp instanceof Text) {
                Text text = (Text)temp;
                if(!text.getText().trim().equals(""))
                System.out.println(text.getText());
            }
        }
    }
}
```

3.5 小　　结

本章介绍了 XML 的基本语法，对 DTD 和 Schema 进行了较为详尽的阐述。结合程序实例对处理 XML 文档的两种基本技术 DOM 和 SAX 的细节进行了清晰具体的说明。研究了 XML 文档查询的 XPath 表达式的有关内容，并且给出了应用实例。XML 的应用范围很广，限于篇幅，这里仅仅是抛砖引玉，希望读者查阅 XML 应用的专论，通过更多具体的案例程序，扩充知识面并加深对其功能、应用和局限性的理解。

3.6 习　　题

【思考题】

1. 分别简述 XML、DTD 和 XML Schema 的概念。
2. 简述 DOM 的概念及作用。
3. 简述 SAX 的概念及作用。

【实践题目】

1. 设计一个基于 DOM 技术的 XML 文档解析器，实现除 XMLUtil.java 的基本功能之外，还能够解析更多的标签，标签含义可以自己定义。

2. 设计一个基于 SAX 技术的 XML 文档解析器，实现除 XMLUtil.java 的基本功能之外，还能够解析更多的标签，标签含义可以自己定义。

3. 设计一个基于 XPath 技术的 XML 文档查询工具软件，使能够对 XML 文档进行内容查询。例如：模拟一家书店的查询系统，为购书者提供方便，购书者可按出版社、书名、著者查询书籍。系统将满足条件的结果显示出来。

4. 设计一个基于 JDOM 技术的 XML 文档解析器，使其能够对 XML 文档进行创建，以及对 XML 文档进行按指定内容的元素插入、修改、删除操作。

第 4 章 Java Web 编程

本章内容

- Servlet 的原理和应用编程
- JSP 的原理和应用编程

Servlet 和 JSP 是 Java EE 的技术规范，是 Web 编程的基础工具。本章介绍 Servlet 和 JSP 的基本原理、语法细节、APIs、应用编程方法等。从技术发展角度来看，JSP 是为解决 Servlet 编程的局限性而创建的，但是在实际应用中，二者可分工配合，各自实现不同的功能。Servlet 用于设计控制器，接受和处理用户请求，而 JSP 则用于设计各类页面，作为人机交互的界面。虽然名字是 Java Server Page，但其并不限于开发服务器页面，也包含开发前端页面。

4.1 Servlet 概述

Java Servlet 是用 Java 编写的运行在服务器端的应用程序。在 JSP 技术出现之前，Servlet 被大量地用于开发动态的 Web 应用程序。即使在 Java EE 项目的开发中，Servlet 仍然被广泛地应用。

4.1.1 Servlet 简介

1. 什么是 Servlet

Java Servlet 是位于 Web 服务器内部的、运行于服务器端的、独立于平台和协议的 Java 应用程序（以下简称 Servlet），可以生成动态的 Web。Servlet 可以动态地扩展 Server 的能力，并且采用请求-响应模式提供 Web 服务。由于网络上大部分应用采用的是 HTTP 协议，Servlet 专门提供了一个进行 HTTP 请求处理的类，其可以处理的请求有 doGet()、doPost()、doPut()、service()等方法。

Servlet 简介

2. Servlet 的特点

（1）高效。

Servlet 相对于传统的 CGI 而言，采用了多线程的处理机制，有效地节省了处理时间和资源分配，提高了处理效率。

（2）开发方便。

Servlet 提供了大量的实用工具例程，如解码 HTML 表单数据、读取和设置 HTTP 头、处理 Cookie、跟踪会话状态等，用户可以非常方便地学习相关内容，并在此基础上开发出所需的应用程序。

（3）功能强大。

Servlet 为用户提供了许多 CGI 很难实现的功能，如与 Web 服务器的直接交互、与各程序之间的数据共享、与数据库的连接等，这些强大的功能为用户的 Web 开发提供了很好的支持。

（4）可移植性。

Servlet 的定义和开发基于规范，因此，不需修改或只需简单调整 Servlet 即可将其移植到 Apache、Microsoft IIS 等支持 Servlet 的 Web 服务器上。

（5）安全性。

Servlet 可以使用 Java 的安全框架，同时，容器也会对 Servlet 的安全进行管理。Servlet 的安全策略，由容器进行统一管理。

4.1.2 Servlet 编程入门

Servlet 架构由 javax.servlet 和 javax.servlet.http 两个 Java 包组成。在 javax.servlet 包中定义了所有的 Servlet 类都必须实现或扩展的通用接口和类。在 javax.servlet.http 包中定义了采用 HTTP 通信的 HttpServlet 类。

Servlet 需部署在 Web 服务器上运行。

1. Servlet 接口

用户编写的 Servlet 程序需实现 javax.servlet.Servlet 接口，并且实现以下 5 个方法。

（1）init()方法。

语法格式如下。

```
public void init(ServletConfig config) throws ServletException
```

说明：该方法用于初始化一个 Servlet 类实例，并将其加载到内存中。接口规定对任何 Servlet 实例，在一个生命周期中只能调用一次此方法。如果此方法没有正常结束就会抛出一个 ServletException 异常，而 Servlet 将不再执行。容器重新载入 Servlet 实例则会再次运行该方法。

（2）service()方法。

语法格式如下。

```
public void service(ServletRequest req,ServletResponse res) throws ServletException,
IOException
```

说明：Servlet 成功初始化后，该方法会被调用，用于处理用户请求。该方法在 Servlet 生命周期中可执行很多次，每个用户的请求都会执行一次 service()方法，完成与相应客户端的交互。

（3）destroy()方法。

语法格式如下。

```
public void destroy()
```

说明：该方法用于终止 Servlet 服务，销毁一个 Servlet 实例。

（4）getServletConfig()方法。

语法格式如下。

```
public ServletConfig getServletConfig()
```

说明：该方法可获得 ServletConfig 对象，里面包含该 Servlet 的初始化信息。如初始化参数和 ServletContext 对象。

（5）getServletInfo()方法。

语法格式如下。

```
public String getServletInfo()
```

说明：此方法返回一个 String 对象，该对象包含 Servlet 的信息，如开发者、创建日期、描述信息等。

上述中的 init()、service()、destroy()方法是 Servlet 的生命周期方法，由 Servlet 自动调用。

实际上，Servlet 为用户提供了两个更适用于编程的抽象类 javax.servlet.GenericServlet 和 javax.servlet.http.HttpServlet，这两个抽象类间接实现了 Servlet 接口。

GenericServlet 抽象类继承了 Servlet 接口并实现了 javax.servlet.Servlet 接口中除了 service()方法以外的其他所有方法，这样用户只需实现一个 service()方法。而且 GenericServlet 是一个与协议无关的类，并不仅限于 HTTP 协议，因此它支持各种应用协议的请求与响应。

HttpServlet 抽象类则是针对 HTTP 协议而定义的，它是 GenericServlet 类的子类，它仅支持基于 HTTP 协议的请求或响应，并且在 HttpServlet 类中还增加了一些针对 HTTP 协议的方法，大大方便了 Web 服务的应用。

首先看【例 4.1】的 Servlet 程序。

【例 4.1】实现简单的页面显示。

Helloworld.java 代码如下。

```
import javax.servlet.*;
import javax.servlet.http.*;
import java.io.*;
public class Helloworld extends HttpServlet
{
  public void doGet(HttpServletRequest req, HttpServletResponse res) throws
  ServletException,IOException
   {
    res.setContentType("text/html;charset=GBK");
    PrintWriter out=res.getWriter();
    out.println("<html>");
    out.println("<head><title>HelloWorld!</title></head>");
    out.println("<body>");
    out.println("<p>欢迎学习java Servlet</p>");
    out.println("</body></html>");
    }
  public void doPost(HttpServletRequest req, HttpServletResponse res) throws
  ServletException,IOException
   { doGet(req,res);}
}
```

程序说明如下。

代码中的 Helloworld 类，继承了 HttpServlet 类。而 HttpServlet 是一个实现了 Servlet 接口的类，所以 HelloWorld 类就间接地实现了 Servlet 的接口，从而可以使用接口提供的服务。

程序中的 doGet()就是具体的功能处理方法，这个方法可以处理以 get 方法发起的请求。在这个程序中，这个方法的功能就是输出一个 HTML 页面。

本例中并没有出现具体的 init()方法和 destroy()方法，而是由 Servlet 容器以默认的方式对 Servlet 进行初始化和销毁动作，用户也可以根据需要重写这两个方法。

2. Servlet 程序的编译

【例 4.1】的程序引入了三个包：java.io 包、javax.servlet 包和 javax.servlet.http 包，其中后两个包不是 Java EE 的标准包，而是扩展包。在 Tomcat 安装目录的 lib 文件夹下，有一个 servlet-api.jar，是必需的包。在环境变量的 classpath 中添加 servlet-api.jar 包后可以进行编译，编译成功后会生成一个 HelloWorld.class 文件。

3. Servlet 的配置

Servlet 通过编译后不能直接运行，还需要存放在指定位置，并在 web.xml 文件中进行配置。

（1）Servlet 的存放。

将 Servlet 编译成功后生成的.class 文件按要求放在 Tomcat 安装目录的指定位置，在本例中将 HelloWorld.class 文件放在 Tomcat 安装目录下的 webapps/ROOT/WEB-INF/classes 目录下（如果不存在 classes 目录下，可新建一个）。

（2）Servlet 的配置。

编辑 webapps/ROOT/ WEB-INF 目录下的 web.xml 文件（如该文件不存在则新建一个）。

```
<web-app xmlns="http://java.sun.com/xml/ns/javaee"
    xmlns:xsi="http://www.w3.org/2001/XMLSchema-instance"
    xsi:schemaLocation="http://java.sun.com/xml/ns/javaee
                  http://java.sun.com/xml/ns/javaee/web-app_3_0.xsd"
    version="3.0"  metadata-complete="true">
    <display-name>Welcome to Tomcat</display-name>
    <description>    Welcome to Tomcat  </description>
<!--在该位置添加关于一个 Servlet 的配置信息 -->
    <servlet>
<description> Servlet Example</description>
<display-name>Servlet</ </display-name>
<servlet-name>HelloWorld</servlet-name>
        <servlet-class>HelloWorld</servlet-class>
           <init-param>
               <param-name>user</param-name>
               <param-value>alex</param-value>
               </init-param>
               <init-param>
               <param-name>address</param-name>
               <param-value>http://www.hrbust.edu.cn</param-value>
               </init-param>
          <load-on-startup>1</load-on-startup>
    </servlet>
    <servlet-mapping>
        <servlet-name>HelloWorld </servlet-name>
        <url-pattern>/servlet/HelloWorld</url-pattern>
</servlet-mapping>
<!---一个 Servlet 配置结束-->
<!--如有多个 Servlet 则继续添加 -->
<servlet>
<description> Servlet Example2</description>
<display-name>Servlet1</ </display-name>
<servlet-name>Servlet1</servlet-name>
        <servlet-class>myclass.servletExample1</servlet-class>
           </servlet>
    <servlet-mapping>
        <servlet-name>Servlet1 </servlet-name>
        <url-pattern>/example/* </url-pattern>
</servlet-mapping>
<!---一个 Servlet 配置结束。-->
</web-app>
```

代码说明如下。

在该配置文件中<servlet>和<servlet-mapping>标识用于对 Servlet 进行配置，这个配置信息可以分为两个部分，第一部分是配置 Servlet 的名称和对应的类，第二部分是配置 Servlet 的访问路径。

<servlet>是对每个 Servlet 进行的说明和定义。

<description>是 Servlet 的描述信息，<display-name>是发布时 Servlet 的名称，这两项在配置时可省略。

<servlet-name>是 Servlet 的名称，可以任意命名，但是要和<servlet-mapping>节点中的<servlet-name>保持一致。

<servlet-class>是 Servlet 对应类的路径，在这里要注意，如果有 Servlet 带有包名，一定要把包路径写完整，否则 Servlet 容器就无法找到对应的 Servlet 类。

<init-param>用于对 Servlet 初始化参数进行设置（没有可省略）。在这里指定了两个参数。参数 user 的值为“alex”，参数 address 的值为“http://www.hrbust.edu.cn”。这样，以后要修改用户名和地址时就不需要修改 Servlet 代码，只需修改配置文件。

对这些初始化参数的访问可以在 init()方法体中通过 getInitParameter()方法进行获取。

<load-on-startup>用于指定容器载入 Servlet 时的优先顺序，该数值可为零或正整数。如果多个 Servlet 设定了<load-on-startup>，则在 Servlet 容器启动时按设定数值由小到大顺序初始化各个 Servlet；如果 Servlet 没有设定<load-on-startup>载入优先级，则 Servlet 容器会在 Servlet 被访问时再进行初始化。

<servlet-mapping>是对 Servlet 的访问路径进行的映射。

<url-pattern>定义了 Servlet 的访问映射路径，这个路径就是在地址栏中输入的路径。

<servlet>和<servlet-mapping>要成对出现，而且 Servlet 容器中有多少个 Servlet 类就需要配置多少次。

在第二个 Servlet 配置中的<url-pattern>为“/example/*”，这意味着在请求的路径中包含“/example/a”或“/example/b”等符合“/example/*”的模式，均会访问名字为“Servlet1”的 Servlet。

（3）Servlet 的执行。

首先在 IDE 中启动 Tomcat 服务器。

根据在地址栏输入的路径信息找到<servlet-mapping>中<url-pattern>对应的<servlet-name>，对应找到<servlet>中该<servlet-name>对应的<servlet-class>类，从而实例化该 servlet 并执行。

在上文代码中的<url-pattern>为“/servlet/HelloWorld”（此路径为虚拟路径，通常的写法为/servlet/类名），所以在地址栏中输入 http://127.0.0.1:8080/servlet/HelloWorld，运行结果如图 4-1 所示。

图 4-1　运行结果

4.1.3　Servlet 的生命周期

每个 Servlet 都有一个生命周期，该生命周期由创建 Servlet 实例的 Servlet 容器进行控制。所谓 Servlet 生命周期，就是指 Servlet 容器创建 Servlet 实例后响应客户请求直至销毁的全过程。Servlet 的生命周期如图 4-2 所示。

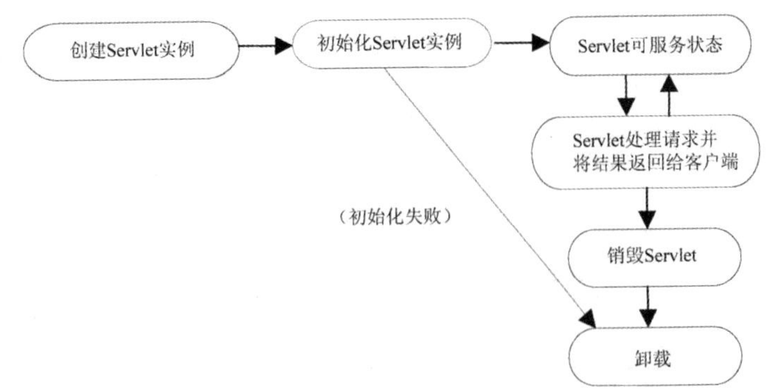

图 4-2　Servlet 的生命周期

Servlet 的生命周期可以分为 4 个阶段：类装载及实例创建阶段、实例初始化阶段、实例服务阶段以及实例销毁阶段。

1. 类装载及实例创建阶段

在默认情况下，Servlet 实例是在接收到用户的第一次请求时创建的，而且对以后的请求进行复用。如果有 Servlet 实例需要在初始化时就进行一些复杂的操作，如打开文件、初始化网络连接、初始化数据库连接等工作，可以通过设置在服务器启动时就创建实例，设置方法为：在声明 servlet 的标签中添加<load- on-startup>1</load-on-startup>标签。

其中<load-on-startup>标签的值必须为数值类型，表示 Servlet 的装载顺序，取值及含义如下。

正数或零，该 Servlet 必须在应用启动时装载，容器必须保证数值小的 Servlet 先装载，如果多个 Servlet 的<load-on-startup>取值相同，由容器决定它们的装载顺序。对于负数或没有指定<load-on-startup>的 Servlet，由容器来决定装载的时间，通常为第一个请求到来的时间。

2. 实例初始化阶段

一旦 Servlet 实例被创建，将会调用 Servlet 的 init(ServletConfig config)方法。init()方法在整个 Servlet 生命周期中只会调用一次，如果初始化成功则进入可服务状态，准备处理用户的请求，否则卸载该 servlet 实例。

在 init()方法中包含了一个参数 config，主要用于传递 Servlet 的配置信息，比如初始化参数等，该对象由服务器创建。

3. 实例服务阶段

一旦 Servlet 实例成功创建并且初始化，该 Servlet 实例就可以被服务器用来服务于客户端的请求并生成响应。在服务阶段，应用服务器会调用该实例的 service(ServletRequest request, ServletResponse response)方法，request 对象和 response 对象由服务器创建并传给 Servlet 实例。request 对象封装了客户端发往服务器端的信息，response 对象封装了服务器发往客户端的信息。

为了提高效率，Servlet 规范要求一个 Servlet 实例必须能够同时服务于多个客户端请求，即 service()方法运行在多线程的环境下，Servlet 开发者必须保证该方法的线程安全性。

4. 实例销毁阶段

当 Servlet 容器决定结束某个 Servlet 时，将会调用 destory()方法，在 destory()方法中进行资源的释放，一旦 destory()方法被调用，Servlet 容器将不会再给这个实例发送任何请求，若 Servlet 容器需再次使用该 Servlet，需重新再初始化该 Servlet 实例。

4.1.4　Servlet API

4.1.2 小节已介绍了 Servlet 中基础的接口，在实际开发中我们还将用到 Servlet 的其他接口和类。本小节中将详细介绍 javax.servlet 包和 javax.servlet.http 包中常用的 Servlet 接口和类。

1. ServletConfig 接口

ServletConfig 接口位于 javax.servlet 包内，它是一个由 Servlet 容器使用的 Servlet 配置对象，用于在 Servlet 执行 init()初始化方法时向它传递信息。javax.servlet.ServletConfig 接口的主要方法如表 4.1 所示。

表 4.1　　javax.servlet.ServletConfig 接口的主要方法

方法名	方法说明
public String getInitParameter(String name)	返回包含指定初始化参数值的 String，如果参数不存在，则返回 null
public Enumeration getInitParameterNames()	以 String 对象的枚举形式返回 Servlet 初始化参数的名称，如果 Servlet 没有初始化参数，则返回一个空的枚举对象
public ServletContext getServletContext()	返回对调用者在其中执行操作的 ServletContext 的引用
public String getServletName()	返回当前 Servlet 实例的名称

2. GenericServlet 类

GernericServlet 类位于 javax.servlet 包内，用于定义一般的、与协议无关的 Servlet。GenericServlet 实现了 Servlet 和 ServletConfig 接口，用户可以直接继承 GenericServlet 实现 Servlet，其主要方法如表 4.2 所示。

表 4.2　　javax.servlet.GenericServlet 类的主要方法

方法名	方法说明
public void destroy()	Servlet 容器调用该方法销毁当前 Servlet
public void init(ServletConfig config)	由 Servlet 容器调用，对 Servlet 进行初始化
public void init()throws ServletException	这是为用户重写 init 提供的便捷方法。用户不用重写 init(ServletConfig)，只需重写此方法
public void log(String msg)	将有 Servlet 名称的指定消息写入 Servlet 日志文件。msg 为要写入的消息
public void log(String message, Throwable t)	将有 Servlet 名称给定 Throwable 异常的解释性消息和堆栈跟踪写入 Servlet 日志文件。message 为描述错误或异常的消息，t 为产生的错误或异常
abstract public void service(ServletRequest req, ServletResponse res)	由 Servlet 容器调用，允许 Servlet 响应某个请求。此声明为抽象方法，因此子类必须重写它
public ServletConfig getServletConfig()	返回此 Servlet 的 ServletConfig 对象
public ServletContext getServletContext()	返回在 Servlet 中运行的 ServletContext 的引用
public String getServletInfo()	返回有关 Servlet 的信息，比如作者、版本和版权等。默认情况下，此方法返回一个空字符串

从表 4.2 可知，用户重写 service()方法即可实现 Servlet 的编程，从而大大减少了程序的代码量和复杂度。

【例 4.2】继承 GenericServlet 实现 Servlet。

主要代码如下。

```
import java.io.*;
import javax.servlet.*;
public class ServletExample1 extends GenericServlet
```

```
{
  //重载 GenericServelet 的 service()方法
  public void service(ServletRequest req, ServletResponse res)throws ServletException,
  IOException
  {
    doResponse("Hello: ", res);
  }
  //重载 GenericServlet 的 getServletInfo()方法
  public String getServletInfo()
  {
   return "Servlet Example! ";
  }//返回服务程序描述

      public void doResponse(String str,ServletResponse res) throws
      ServletException, IOException
  {

    PrintWriter out=res.getWriter();
    out.println(str);
    out.println(getServletInfo());
    out.close();
  }
}
```

运行结果如图 4-3 所示。

图 4-3 【例 4.2】运行结果

3. ServletRequest 接口

ServletRequest 接口位于 javax.servlet 包内，定义将客户端请求信息提供给某个 Servlet 的对象。Servlet 容器创建 ServletRequest 对象，并将该对象作为参数传递给该 Servlet 的 service()方法。ServletRequest 对象提供包括参数名称、参数值、属性和输入流的数据。java.servlet.ServletRequest 接口的其主要方法如表 4.3 所示。

表 4.3　　javax.servlet.ServletRequest 接口的主要方法

方法名	方法说明
public void setAttribute(String name, Object o)	存储此请求中的属性
public Object getAttribute(String name)	以对象形式返回指定属性的值，如果不存在给定名称的属性，则返回 null
public Enumeration getAttributeNames()	返回包含此请求可用属性名称的枚举对象
public void setCharacterEncoding(String env)	重写此请求正文中使用的字符编码的名称。必须在使用 getReader()方法读取请求参数或读取输入之前调用此方法，否则，此方法没有任何效果
public String getCharacterEncoding()	返回此请求正文中使用的字符编码的名称。如果该请求未指定字符编码，则此方法返回 null

续表

方法名	方法说明
public int getContentLength()	返回请求正文的长度（以字节为单位），如果长度未知，则返回-1
public String getContentType()	返回请求正文的 MIME 类型，如果该类型未知，则返回 null
public String getLocalAddr()	返回接收请求的接口的 IP 地址
public ServletInputStream getInputStream()	使用 ServletInputStream 以二进制数据形式获取请求正文
public Locale getLocale()	基于 Accept-Language 头，返回客户端将用来接收内容的首选 Locale。如果客户端请求没有提供 Accept-Language 头，则此方法返回服务器的默认语言环境
public Enumeration getLocales()	返回 Locale 对象的枚举，这些对象以首选语言环境开头，按递减顺序排列
public String getLocalName()	返回接收请求的 IP 的主机名
public int getLocalPort()	返回接收请求的接口的 IP 端口号
public String getParameter(String name)	以字符串形式返回请求参数的值，如果该参数不存在，则返回 null
public Enumeration getParameterNames()	返回此请求中所包含参数名称的字符串对象的枚举集合
public String[] getParameterValues(String name)	返回包含给定请求参数拥有的所有值的字符串对象数组，如果该参数不存在，则返回 null
public String getProtocol()	返回请求使用的协议的名称和版本
public String getRemoteAddr()	返回发送请求的客户端或最后一个代理的 IP 地址
public String getRemoteHost()	返回发送请求的客户端或最后一个代理的完全限定名称
public int getRemotePort()	返回发送请求的客户端或最后一个代理的 IP 源端口

【例 4.3】显示部分用户请求信息。

程序代码如下。

```
import java.io.*;
import javax.servlet.*;
public class ServletRequestExample extends GenericServlet
{
  public void service(ServletRequest req, ServletResponse res) throws ServletException, IOException
  {
   ServletOutputStream out=res.getOutputStream();
   out.println("<html><body>");
   out.println("informtion about servlet request:<br>");
   out.println("content length:"+req.getContentLength()+"<br>");
   out.println("content type:"+req.getContentType()+"<br>");
 //返回请求正文的 MIME 类型
   out.println("content protocol:"+req.getProtocol()+"<br>");
//返回请求的协议和版本
   out.println("request CharacterEncode:"+req.getCharacterEncoding()+"<br>");
//返回请求正文中使用的字符编码的名称
   out.println("request servername:"+req.getServerName()+"<br>");
   out.println("request serverport:"+req.getServerPort()+"<br>");
   out.println("request remote address:"+req.getRemoteAddr()+"<br>");
   out.println("request remote host:"+req.getRemoteHost()+"<br>");
   out.println("request parameter name:"+req.getParameter("name")+"<br>");
```

```
    out.println("</body></html>");
    }
}
```

运行结果如图 4-4 所示。

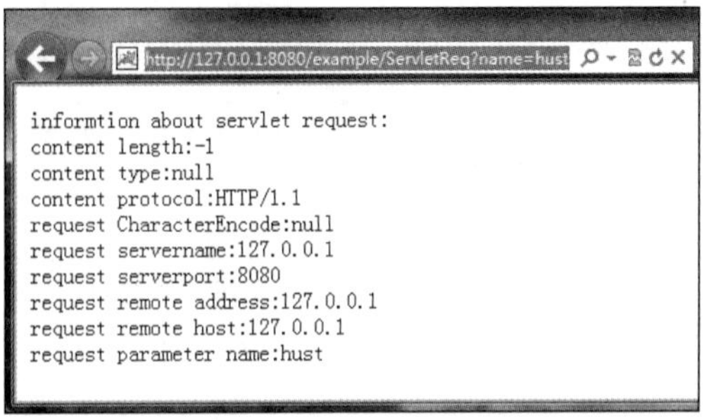

```
http://127.0.0.1:8080/example/ServletReq?name=hust
informtion about servlet request:
content length:-1
content type:null
content protocol:HTTP/1.1
request CharacterEncode:null
request servername:127.0.0.1
request serverport:8080
request remote address:127.0.0.1
request remote host:127.0.0.1
request parameter name:hust
```

图 4-4 【例 4.3】运行结果

4. ServletResponse 接口

ServletResponse 接口位于 javax.servlet 包内，主要用于向客户端发送信息。java.servlet.ServletResponse 接口的主要方法如表 4.4 所示。

表 4.4　　javax.servlet. ServletResponse 接口的主要方法

方法名	方法说明
public int getBufferSize()	返回用于该响应的实际缓冲区大小。如果未使用任何缓冲，则此方法返回 0
public void setBufferSize(int size)	设置响应正文的首选缓冲区大小
public String getCharacterEncoding()	返回用于此响应中发送的正文的字符编码
public void setCharacterEncoding(String charset)	设置将发送到客户端的响应的字符编码
public String getContentType()	返回用于此响应中发送的 MIME 正文的内容类型
public void setContentType(String type)	设置将发送到客户端的响应的内容类型
public void setLocale(java.util.Locale loc)	设置响应的语言环境
public java.util.Locale getLocale()	返回使用 setLocale 方法指定的响应的语言环境
public ServletOutputStream getOutputStream()	返回到客户端的输出字节流
public java.io.PrintWriter getWriter()	返回到客户端的输出字符流

5. HttpServlet 类

HttpServlet 类位于 javax.servlet.http 包内。这个包里包含了许多类和接口，其中既包括了专用于 HTTP 协议的 Servlet 类，也包括了 Servlet 容器中为这些类提供的与运行环境有关的类和接口。

HttpServlet 类提供了适用于 Web 站点的 Http Servlet 的抽象类。HttpServlet 的子类至少必须重写一个方法，该方法通常如下。

- doGet()，用于 HTTP GET 请求。
- doPost()，用于 HTTP POST 请求。
- doPut()，用于 HTTP PUT 请求。
- doDelete()，用于 HTTP DELETE 请求。

javax.servlet.http.HttpServlet 类的主要方法如表 4.5 所示。

表 4.5　　javax.servlet.http.HttpServlet 类的主要方法

方法名	方法说明
protected void doGet(HttpServletRequest req, HttpServletResponse resp)	由服务器调用（通过 service 方法），以允许 Servlet 处理 GET 请求。重写此方法用于支持用户的 GET 请求
protected void doHead(HttpServletRequest req, HttpServletResponse resp)	接收来自受保护的 service()方法的 HTTP HEAD 请求并处理该请求
protected void doPost(HttpServletRequest req, HttpServletResponse resp)	由服务器调用（通过 service()方法），以允许 Servlet 处理 POST 请求。HTTP POST 方法允许客户端将不限长度的数据发送到 Web 服务器一次
protected void doPut(HttpServletRequest req, HttpServletResponse resp)	由服务器调用（通过 service()方法），以允许 Servlet 处理 PUT 请求。PUT 操作允许客户端将文件放在服务器上，类似于通过 FTP 发送文件
protected void doOptions(HttpServletRequest req, HttpServletResponse resp)	由服务器调用(通过 service()方法),以允许 Servlet 处理 OPTIONS 请求。OPTIONS 请求可确定服务器支持哪些 HTTP 方法，并返回相应的头部
protected void doTrace(HttpServletRequest req, HttpServletResponse resp)	由服务器调用（通过 service()方法），以允许 Servlet 处理 TRACE 请求。TRACE 将随 TRACE 请求一起发送的头部返回给客户端，以便在调试中使用它们。无须重写此方法
protected void service(HttpServletRequest req, HttpServletResponse resp)	Servlet 对客户请求提供服务，可在用户定义 servlet 中重写，也可以不重写，而直接使用 doGet()方法等实现对客户请求提供服务
protected long getLastModified(HttpServlet Request req)	返回上次修改 HttpServletRequest 对象的时间

6. HttpServletRequest 接口

HttpServletRequest 接口位于 javax.servlet.http 包内，继承了 ServletRequest 接口，但只支持 HTTP 协议。Servlet 容器创建了 HttpServletRequest 对象，并将该对象作为参数传递给 Servlet 的 service()方法（doGet、doPost 等）。

javax.servlet.http.HttpServlet Request 接口的主要方法如表 4.6 所示。

表 4.6　　javax.servlet.http. HttpServletRequest 接口的主要方法

方法名	方法说明
public Cookie[] getCookies()	返回包含客户端随此请求一起发送的所有 Cookie 对象的数组。如果没有发送任何 Cookie，则返回 null
public long getDateHeader(String name)	以表示 Date 对象的 long 值的形式返回指定请求头部的值
public String getHeader(String name)	返回指定请求头的值
public Enumeration getHeaderNames()	返回此请求包含的所有头名称的枚举
public Enumeration getHeaders(String name)	返回指定请求头的所有值
public int getIntHeader(String name)	以 int 的形式返回指定请求头的值
public String getMethod()	返回用于发出此请求的 HTTP 方法的名称
public String getPathInfo()	返回与客户端发出此请求时发送的 URL 相关联的额外路径信息
public String getQueryString()	返回包含在请求 URL 中路径后面的查询字符串
public String getRequestedSessionId()	返回客户端指定的会话 ID

续表

方法名	方法说明
public String getRequestURI()	返回此请求 URL 的一部分，从协议名称一直到 HTTP 请求的第一行中的查询字符串
public HttpSession getSession()	返回与此请求关联的当前会话，如果该请求没有会话，则创建一个会话
public String getContextPath()	返回上下文资源路径

【例 4.4】显示 HTTP 请求头部的部分信息。

程序代码如下。

```
import java.io.*;
import java.util.*;
import javax.servlet.*;
import javax.servlet.http.*;
public class RequestHeaderExample extends HttpServlet {
   public void doGet(HttpServletRequest request, HttpServletResponse response)
   throws IOException, ServletException
   {  PrintWriter out = response.getWriter();
      Enumeration e = request.getHeaderNames();
      while (e.hasMoreElements()) {
      String name = (String)e.nextElement();
       String value = request.getHeader(name);//返回给定头部域的值
name="<font color=red>"+name+"</font>";//将头部名称设置为红颜色显示
out.println(name + " = " + value);
       out.println();
      }
 }
public void doPost(HttpServletRequest request, HttpServletResponse response)
   throws IOException, ServletException
 {
         doGet(request,response);
 }
 }
```

运行结果如图 4-5 所示。

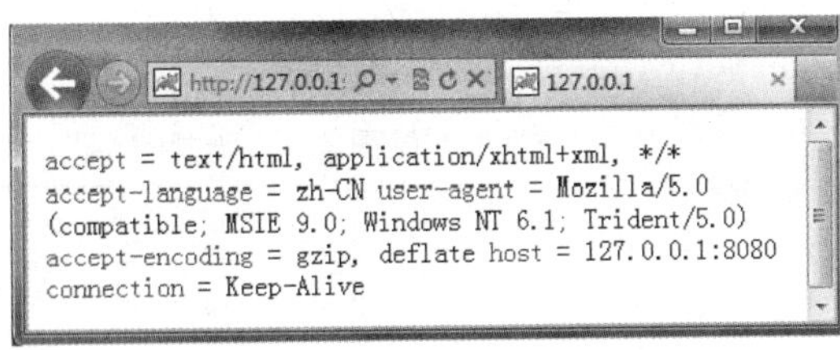

图 4-5 【例 4.4】运行结果

7. HttpServletResponse 接口

HttpServletResponse 接口位于 javax.servlet.http 包内，继承了 ServletResponse 接口，但只支持 HTTP 协议。javax.servlet.http.HttpServletResponse 接口的主要方法如表 4.7 所示。

表 4.7　　javax.servlet.http. HttpServletResponse 接口的主要方法

方法名	方法说明
public void addCookie(Cookie cookie)	将指定 Cookie 添加到响应

续表

方法名	方法说明
public void addHeader(String name, String value)	用给定名称和值添加响应头。此方法允许响应头有多个值
public void addIntHeader(String name, int value)	用给定名称和整数值添加响应头。此方法允许响应头有多个值
public boolean containsHeader(String name)	返回一个 boolean 值，指示是否已经设置指定的响应头
public String encodeRedirectURL(String url)	对指定 URL 进行编码
public void sendRedirect(String location)	使用指定重定向位置 URL 将临时重定向响应发送到客户端
public void setHeader(String name, String value)	用给定名称和值设置响应头。如果已经设置了响应头，则新值将重写以前的值
public void setIntHeader(String name, int value)	用给定名称和值设置响应头。如果已经设置了响应头，则新值将重写以前的值
public void setStatus(int sc)	设置此响应的状态代码

4.1.5 Servlet 的应用举例

为了让用户对 Servlet 的应用有一个更为完整的了解，下面通过一个用户身份验证的例子来详细说明 Servlet 的设计与实现过程。

程序功能：用户登录的身份验证。

程序模块：程序共分 3 个部分，用户登录页面 login.html，验证码生成类 CheckCodeServlet.class，用户身份验证类 LoginServlet.class。

（1）用户登录页面 login.html。

在这个登录页面中，只包含 3 项内容：用户名、密码和验证码。其中验证码由 CheckCodeServlet.class 类自动生成。在这里只给出 HTML 页面的代码，有关 HTML 语言的详细内容请参考其他相关文献。

login.html 代码如下。

```
<HTML>
<HEAD>
<TITLE>用户登录</TITLE>
</HEAD>
<BODY bgColor=#ffffff leftMargin=0 text=#000000  topMargin=30><center>
<form action="/example/LoginServlet" method="get">
姓名<input maxlength=10 name=name size=8><br>
密码<input  type=password name=password size=8><br>
验证码<input  name=code size=8><br>
<img src="/example/CheckCodeServlet" onclick="self.location.reload();"/><br>
<input name=Submit type=submit value=提交>
<input name=Submit2 type=reset value=重置>
</form>
</BODY>
</HTML>
```

（2）验证码生成类 CheckCodeServlet.class。

该类用于在登录页面生成一个由 4 个数字或字符组成的验证码图片。

首先在一个由数字和字母组成的字符串中随机获取 4 个字符形成验证码字符串；然后利用 drawString()方法将验证码字符串画到图像对象上；接着将这个图像对象用 write()方法输出到客户端；最后将验证码字符串放入到 session 中，以便在身份验证页面比较验证码的一致性。

需要注意的是：在输出时，要将 ContentType 设置为“image/jpeg”类型，同时将 Cache 设为“no-cache”。

CheckCodeServlet.java 代码如下。

```
import java.awt.Color;
import java.awt.Font;
import java.awt.Graphics;
import java.awt.image.BufferedImage;
import java.io.IOException;
import java.io.OutputStream;
import javax.imageio.ImageIO;
import javax.servlet.*;
import javax.servlet.http.*;
public class CheckCodeServlet extends HttpServlet{
protected void doGet(HttpServletRequest req, HttpServletResponse resp) throws ServletException,IOException{
resp.setContentType("image/jpeg");
OutputStream out=resp.getOutputStream();
try{
        resp.setHeader("programa","no-cache");
resp.setHeader("Cache-Control","no-cache");
resp.setDateHeader("Expires",0);
BufferedImage image=new BufferedImage(50,18,BufferedImage.TYPE_INT_RGB);
Graphics g=image.getGraphics();
g.setColor(Color.LIGHT_GRAY);
g.fillRect(0,0,50,18);
g.setColor(Color.LIGHT_GRAY);
g.drawRect(0,0,50,18);
String str="0123456789ABCDEFGHIJKLMNOPQRSTUVWXYZ";
String code="";
for(int i=0;i<4;i++)
{
int k=(int)(Math.random()*36);
char c=str.charAt(k);
code+=c;
}
HttpSession session=req.getSession();
session.setAttribute("code",code);
g.setColor(Color.BLACK);
Font font=new Font("DIALOG",Font.ITALIC,15);
g.setFont(font);
g.drawString(code,3,15);
ImageIO.write(image,"JPEG",out);
out.flush();
out.close();
}finally{out.close();}
    }
protected void doPost(HttpServletRequest req, HttpServletResponse resp) throws ServletException,IOException
{doGet(req,resp);}
}
```

（3）用户身份验证类 LoginServlet.class。

该类用于对登录页面提交的信息进行验证。为了降低程序复杂度，待验证的用户信息没有从数据库中获取，而是以类的初始化参数方式进行传递。

LoginServlet.java 代码如下。

```
import java.io.*;
import javax.servlet.*;
import javax.servlet.http.*;
public class LoginServlet extends HttpServlet
{protected void doGet(HttpServletRequest req, HttpServletResponse resp) throws ServletException,IOException
{    resp.setContentType("text/html;charset=gbk");
     PrintWriter out=resp.getWriter();
try{
     String myUserName=this.getInitParameter("name");
     String myPassWord=this.getInitParameter("password");
     HttpSession session=req.getSession();
     String scode=(String)session.getAttribute("code");
     String userName=req.getParameter("name");
     String passWord=req.getParameter("password");
     String code=req.getParameter("code");
     out.println("<html><body>");
     out.println("<br/>");
     if(!code.toUpperCase().equals(scode)){out.println("验证码错误！");}
     else if(userName.equals(myUserName)&&passWord.equals(myPassWord))
          {out.println("登录成功！");}
               else{ out.println("登录失败！");}
}
     finally{out.close();}
}
protected void doPost(HttpServletRequest req, HttpServletResponse resp) throws ServletException,IOException{
doGet(req,resp);}
}
```

运行结果如图 4-6 和图 4-7 所示。

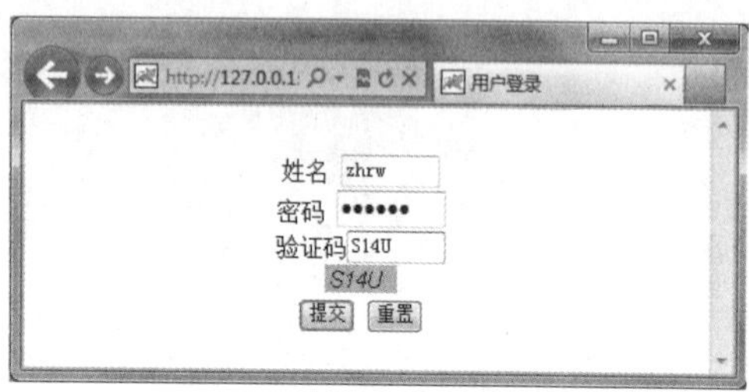

图 4-6　用户登录

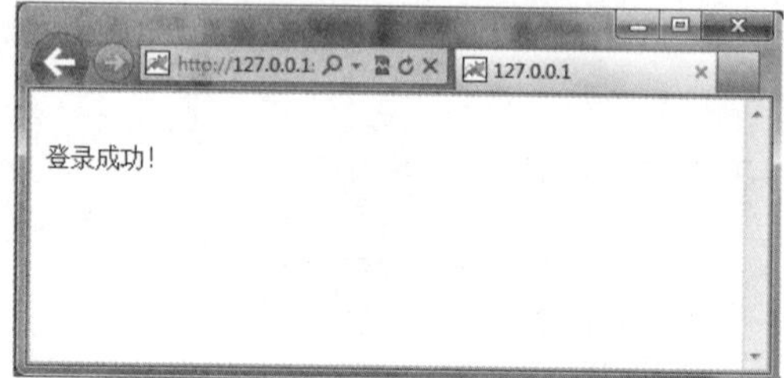

图 4-7　登录成功

4.1.6　Servlet 注解的使用

Servlet 3.0 之后的版本支持注解的使用，使用 Servlet 注解可以替代 web.xml 的作用。举以下例子进行说明。

```
import java.io.IOException;
import javax.servlet.ServletConfig;
import javax.servlet.ServletException;
import javax.servlet.annotation.WebInitParam;
import javax.servlet.annotation.WebServlet;
import javax.servlet.http.HttpServlet;
import javax.servlet.http.HttpServletRequest;import javax.servlet.http.HttpServletResponse;
```

```
//注解配置
@WebServlet(
displayName = "UserServlet" , //描述
name = "UserServlet", //Servlet 名称
urlPatterns = { "/user.do" }, //url
loadOnStartup = 1, //启动项
initParams = { @WebInitParam(name = "username", value = "张三") }
)//初始化参数
public class UserServlet extends HttpServlet {
    private String username;
    @Override
    public void init(ServletConfig config) throws ServletException {
      //获取初始化信息：张三
      username = config.getInitParameter("username");
    }
        @Override protected
        void doPost(HttpServletRequest req,HttpServletResponseresp) throws ServletException,
IOException {
          //具体操作对应代码
        }
}
```

上面的@WebServlet 用于告知 web 容器：类名为“UserServlet”的 Servlet 类，其访问名称是 UserServlet，这是由 name 属性指定的（如果没有指定 name 属性的话，name 属性默认为 Servlet 类的完整名称）。

如果客户端请求的 URL 是/user.do，则由具有 UserServlet 名称的 Servlet 来处理，这是由 urlpatterns 属性来指定的。

注解语句@WebServlet，作用相当于下面的 web.xml。所以说注解简化了开发任务。

```
<servlet>
    <servlet-name>myFirstServlet</servlet-name>
    <servlet-class>Test.myServlet</servlet-class>
  </servlet>
  <servlet-mapping>
    <servlet-name>myFirstServlet</servlet-name>
    <url-pattern>/aaa</url-pattern>
  </servlet-mapping>
```

当应用程序启动后，事实上并没有创建所有的 Servlet 实例。容器会在首次请求需要某个 Servlet 服务时，才将对应的 Servlet 类实例化，进行初始化操作，然后处理请求。这意味着第一次请求该 Servle 的客户端，必须等待 Servlet 类实例化，进行初始动作必须花费一定时间，才真正得到请求的处理。

如果希望应用程序启动时就把 Servlet 类载入、实例化并做好初始化动作，可以使用 loadOnStartup 设置。设置大于 0 的值（默认值-1），表示启动应用程序后就要初始化 Servlet（而不是实例化 Servlet）。数字代表了 Servlet 的初始顺序，容器必须保证有较小数字的 Servlet 先初始化，在使用标注的情况下，如果有多个 Servlet 在设置 loadOnStartup 时使用了相同的数字，则容器将决定如何载入 Servlet。

注解@WebInitParam 以“名-值对”方式设定初始化参数。

Servlet 的注解各有其功能，下面再列举其中常用的几个。

- Websocket：用于配置 socket。
- WebInitParam：用于配置初始化参数，往往和 Servlet 和 Filter 结合使用。
- WebListener：用于配置 Listener。
- WebFilter：用于配置 Filter。
- MultipartConfig：用于上传文件。

4.2 JSP 概述

使用 Servlet 构造服务器端程序受到自身特点的局限，尤其是涉及大量页面信息的时候。而 Web 应用程序总是有大量的信息需要处理，因此，需要替代 Servlet 的技术出现。

JSP 简介

4.2.1 JSP 简介

1. 什么是 JSP

JSP（Java Server Page）是由 Sun Microsystems 公司倡导、众多公司参与建立的一种动态技术标准。它是在 Servlet 技术基础上发展起来的，通过在传统的网页 HTML 文件中加入 Java 程序片段（Scriptlet）和 JSP 标签，构成的一个 JSP 网页。Java 程序片段完成的所有操作都在服务器端执行，执行结果通过网络传送给客户端，这样大大降低了对客户浏览器的要求，即使客户浏览器端不支持 Java，也可以访问 JSP 网页。

JSP 页面第一次被访问时，会由 JSP 引擎自动编译成 Servlet，然后开始执行。以后每次调用时，都是直接执行编译好的 Servlet 而不需要重新编译。从这一点来看，JSP 与 Java Servlet 从功能上完全等同，只是 JSP 的编写和运行更加简单和方便。

JSP 的模式允许将工作分成两个部分：组件开发和页面设计，使得业务逻辑和数据处理分开，提高了开发的效率和安全性。

2. JSP 的特点

JSP 技术具有以下特点。

（1）跨平台性。

作为 Java 应用平台的一部分，JSP 同样具有 Java 语言“一次编写，到处执行”的特性，这表现在一个 JSP 程序能够运行在任何支持 JSP 的应用服务器上，而不需要做修改。

（2）实现角色的分离。

使用 JSP 技术，Web 页面的开发人员可以使用 HTML 或 XML 标签来设计页面的显示格式，程序开发人员使用 JSP 标签或脚本代码来产生页面上的动态内容。这些产生内容的逻辑被封装在标签和 JavaBean 组件中，并在服务器端由 JSP 引擎编译并执行，并将产生的结果以 HTML 或 XML 页面的形式发送回浏览器。这种方式将页面设计人员和程序开发人员的工作进行了有效分离，提高了开发效率。

（3）组件的可重用性。

JavaBean 组件是 JSP 中的一个重要组成部分，程序通过 JavaBean 组件来执行所要求的更为复杂的处理。开发人员能够共享和交换执行这些组件，或者使得这些组件为更多的使用者所用，加快了应用程序的总体开发进程。

（4）采用标签简化页面开发。

JSP 为 Web 页面设计人员提供了一种新的标签：JSP 标签。JSP 通过封装技术将一些常用功能以 JSP 标准标签的形式提供给页面设计人员，他们就可以像用 HTML 标签一样使用这些 JSP 标签，而不需要关心该标签如何实现。

同时，JSP 也允许程序开发人员自定义 JSP 标签库，第三方开发人员和其他人员可以根据需要建立自己的标签库，从而通过开发定制标签库的方式进行功能扩充。

3. JSP 入门

下面是一个简单的 JSP 代码，实现从 1 到 100 的累加。通过该示例了解 JSP 页面的结构和用法。

【例 4.5】求 1 到 100 的累加和。

exmaple4_5.jsp 代码如下。

```
<%@ page contentType="text/html;charset=gb2312"%>
 <html>
<body>
<%  int sum=0;
    int n=100;
    for (int i=1;i<=n;i++)
     sum+=i;
    out.print("<br>"+"从 1 到 100 的累加和是："+sum);
%>
<br>通过表达式显示累加和结果：<%=sum%>
</body>
</html>
```

从上面的代码中可以看出，JSP 页面由 HTML 标签、JSP 指令和嵌入 HTML 标签的 JSP 脚本代码构成。

HTML 标签主要进行网页的显示，本例中使用了<html>、<body>、
等 3 个 HTML 标签，其中
标签实现换行输出。

JSP 指令用于告诉 JSP 容器如何处理 JSP 网页，本例中 page 指令用于指定该网页编码格式为 gb2312。

JSP 脚本代码实现了从 1 到 100 的累加，它包含在由<%%>标签括起来的区域中，其语句用法与 Java 语言完全一致。

JSP 文件以.jsp 作为扩展名。将本例保存为 example4_5.jsp，然后将该文件直接放在 Tomcat 的 root 目录下即可运行。打开浏览器，在地址栏输入：http://127.0.0.1:8080/example4_5.jsp，其运行结果如图 4-8 所示。

从上例中不难发现，JSP 的开发和运行比起 Java Servlet 要简单很多，这就是 JSP 的目的所在。

JSP 和 Servlet 在编程方式、编译与部署过程、运行速度等方面都不同。这是由于 JSP 代码需要由容器进行转换，用时间代价换取编程的方便性也是值得的。

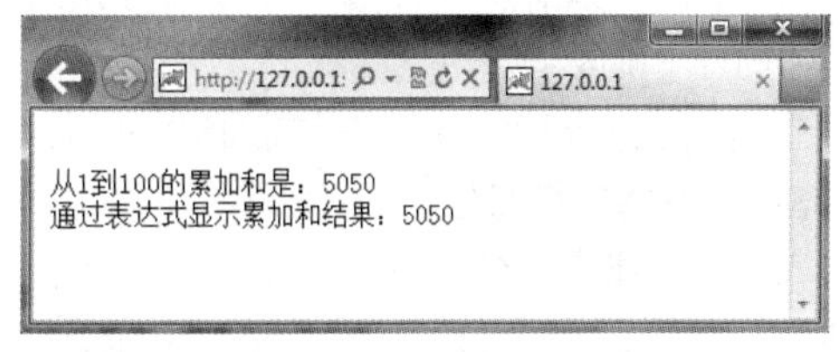

图 4-8 【例 4.5】运行结果

注意

JSP 本质上就是 Java Servlet，其 Java Servlet 源代码和编译后的类文件保存在/Tomcat/work/Catalina/localhost/_/org/apache/jsp 目录下，有兴趣的读者可以对比一下系统生成的.jsp 文件与例子中的.jsp 文件在内容上有哪些相同和不同之处。

4.2.2 JSP 基本语法

1. JSP 页面的基本组成

一个 JSP 页面有 4 种元素组成：HTML 标签、JSP 标签、JSP 脚本代码和 JSP 注释。

（1）HTML 标签。

HTML 标签在 JSP 页面中作为静态的内容，由浏览器识别并执行。在 JSP 的开发中，HTML 标签主要负责页面的布局和美观效果的设计，是一个网页的框架。

（2）JSP 标签。

JSP 标签是在 JSP 页面中使用的一种特殊标签，用于告诉 JSP 容器如何处理 JSP 网页或控制 JSP 引擎完成某种功能。根据应用作用的不同，JSP 标签分为 JSP 指令标签和 JSP 动作标签。

（3）JSP 脚本代码。

JSP 脚本代码是嵌入 JSP 页面的 Java 代码，简称 JSP 脚本，在客户端浏览器中是不可见的。它们需要被服务器执行，然后由服务器将执行结果与 HTML 标签一起发送给客户端进行显示。通过执行 JSP 脚本，可以在该页面生成动态的内容。

（4）JSP 注释。

JSP 页面中的注释是由程序员插入的用于解释 JSP 源代码的句子或短语。注释通常以简单明了的语句解释代码所执行的操作，其并不参与运行。

由于本书的重点在于 Java 语言的相关知识，因此对于 HTML 语言的部分不做介绍，请参阅其他书籍。

2. JSP 指令标签

JSP 标签分为两类：JSP 指令标签和 JSP 动作标签。JSP 指令标签是由 JSP 服务器解释并处理的用于设置 JSP 页面的相关属性或执行动作的一种标签，在一个指令标签中可以设置多个属性，这些属性的作用域范围是整个页面。

在 JSP 中主要包括 3 种指令标签，分别是 page 指令标签、include 指令标签和 taglib 指令标签。指令的通用格式如下。

```
<%@指令名称 属性 1="属性值"属性 2="属性值"……%>
```

在起始符号“<%@”之后和结束符号“%>”之前，可以加空格，也可以不加，但是在起始符号中的“<”和“%”之间、“%”和“@”之间，以及结束符号中的“%”和“>”之间不能有任何的空格。

JSP 也提供了对应的 XML 语法形式。

```
<jsp:directive.指令名称 属性 1="属性值"属性 2="属性值"……/>
```

下面分别对这 3 种指令标签进行介绍。

（1）page 指令标签。

page 指令标签作用于整个 JSP 页面，它定义了与页面相关的一些属性，这些属性将被用于和 JSP 服务器进行通信。

page 指令标签的语法如下。

```
<%@ page 属性 1="属性值"属性 2="属性值"……%>
```

XML 语法格式的 page 指令如下。

```
<jsp:directive.page 属性 1="属性值"属性 2="属性值"……/>
```

page 指令标签有 13 个属性，具体说明如下。

① language="scriptingLanguage"。

该属性用于指定在脚本元素中使用的脚本语言，默认值是 java。在 JSP 2.0 规范中，该属性的值只能是 java，以后可能会支持其他语言，例如 C、C++等。

② extends="className"。

该属性用于指定 JSP 页面转换后的 Servlet 类所继承的父类，属性的值是一个完整的类名。通常不需要使用这个属性，JSP 容器会提供转换后的 Servlet 类的父类。

③ import="importList"。

该属性用于声明在 JSP 页面中可以使用的 Java 类。属性的值和 Java 程序中的 import 声明类似，该属性的值是以逗号分隔的导入列表，例如：

```
<%@ page import="java.util.*" %>
```

也可以重复设置 import 属性，语法如下。

```
<%@ page import="java.util.Vector" %>
<%@ page import="java.io.*" %>
```

要注意的是：page 指令标签中只有 import 属性可以重复使用。如果不写该属性，import 默认引入 4 个包：java.lang.*、javax.servlet.*、javax.servlet.jsp.*和 javax.servlet.http.*。

④ session="true|false"。

该属性用于指定在 JSP 页面中是否可以使用 session 对象，默认值是 true。

⑤ buffer="none|sizeKB"。

该属性用于指定 out 对象（类型为 JspWriter）使用的缓冲区大小，如果设置为 none，将不使用缓冲区，所有的输出直接通过 ServletResponse 的 PrintWriter 对象写出。该属性的值以 KB 为单位，默认值是 8KB。

⑥ autoFlush="true|false"。

该属性用于指定当缓冲区满时，缓存的输出是否应该自动刷新。如果设置为 false，当缓冲区溢出时，一个异常将被抛出。默认值为 true。

⑦ isThreadSafe="true|false"。

该属性用于指定对 JSP 页面的访问是不是安全的线程。如果设置为 true，则向 JSP 容器表明这个页面可以同时被多个客户端请求访问。如果设置为 false，则 JSP 容器将对转换后的 Servlet 类实现 SingleThreadModel 接口。默认值是 true。

⑧ info="info_text"。

该属性用于指定页面的相关信息，该信息可以通过调用 Servlet 接口的 getServletInfo()方法得到。

⑨ errorPage="error_url"。

该属性用于指定当 JSP 页面发生异常时，将转向哪一个错误处理页面。要注意的是，如果一个页面通过使用该属性定义了错误处理页面，那么在 web.xml 文件中定义的任何错误处理页面将不会被使用。

⑩ isErrorPage="true|false"。

该属性用于指定当前的 JSP 页面是不是另一个 JSP 页面的错误处理页面。默认值是 false。

⑪ contentType="type"。

该属性用于指定响应的 JSP 页面的 MIME 类型和字符编码，也是中文页面中必然要设置的属性。例如：

```
<%@ page contentType="text/html; charset=gb2312" %>
```

⑫ pageEncoding="peinfo"。

该属性指定 JSP 页面使用的字符编码。如果设置了这个属性，则 JSP 页面的字符编码使用该属性指定的字符集；如果没有设置这个属性，则 JSP 页面使用 contentType 属性指定的字符集；如果这两个属性都没有指定，则使用字符集“ISO-8859-1”。

⑬ isELIgnored="true|false"。

该属性用于定义在 JSP 页面中是否执行或忽略 EL 表达式。如果设置为 true，EL 表达式将被容器忽略，如果设置为 false，EL 表达式将被执行。默认的值依赖于 web.xml 的版本。对于一个 Web 应用程序中的 JSP 页面，如果其中的 web.xml 文件使用 Servlet 2.3 或之前版本的格式，则默认值是 true；如果使用 Servlet 2.4 版本的格式，则默认值是 false。

以上属性中最常用的是 contentType 属性，通常在中文 JSP 页面中使用这一属性来保证页面显示的正确性。

无论将 page 指令放在 JSP 文件的哪个位置，它的作用范围都是整个 JSP 页面。然而，为了 JSP 程序的可读性，以及养成良好的编程习惯，应该将 page 指令放在 JSP 文件的顶部。

（2）include 指令标签。

include 指令标签用于在 JSP 页面中静态包含一个文件，该文件可以是 JSP 页面、HTML 网页、文本文件或一段 Java 代码。使用了 include 指令标签的 JSP 页面在转换时，JSP 服务器会在指令标签出现的位置插入所包含文件的文本或代码。include 指令标签的语法如下。

```
<%@ include file="relativeURL" %>
```

XML 语法格式的 include 指令标签如下。

```
<jsp:directive.include file="relativeURL"/>
```

file 属性值为相对于当前 JSP 文件的 URL。

【例 4.6】 include 指令的使用。

example4_6.jsp 代码如下。

```
<%@ page contentType="text/html;charset=gb2312" %>
<html>
<head><title>欢迎你</title></head>
<body>
欢迎你，现在的时间是
<%@ include file="date.jsp" %>
</body>
</html>
date.jsp:
<%
out.println(new java.util.Date().toLocaleString());
%>
```

访问 example4_6.jsp 页面，将输出下面的信息。

欢迎你，现在的时间是 2013-4-8 16:12:22。

由于 include 指令标签是一种静态文件包含指令标签，在被包含的文件中最好不要使用<html>、</html>、<body>、</body>等 HTML 标签，因为这可能会与原 JSP 文件中的相同标签重复，有时会导致出错。另外，由于原文件和被包含的文件可以互相访问彼此定义的变量和方法，所以在包含文件时要格外小心，避免在被包含的文件中定义了同名的变量和方法，而导致转换时出错；或者不小心修改了另外文件中的变量值，而导致出现不可预料的结果。

（3）taglib 指令标签。

taglib 指令标签允许页面使用用户自定义的标签。taglib 指令标签的语法如下。

```
<%@ taglib (uri="tagLibraryURI" | tagdir="tagDir") prefix="tagPrefix" %>
```

XML 语法格式的 taglib 指令如下。

```
<jsp:directive.taglib (uri="tagLibraryURI" | tagdir="tagDir") prefix="tagPrefix"/>
```

taglib 指令标签有以下 3 个属性。

① uri。

uri 属性唯一地标识和前缀（prefix）相关的标签库描述符，可以是绝对或者相对的 URI。这个 URI 被用于定位标签库描述符的位置。

② tagdir。

tagdir 属性指示前缀（prefix）将被用于标识在/WEB-INF/tags/目录或其子目录下的标签文件，一个隐含的标签库描述符被使用。下面 3 种情况将发生转换（translation）错误。

- 属性的值不是以/WEB-INF/tags/开始。
- 属性的值没有指向一个已经存在的目录。
- 该属性与 URI 属性一起使用。

③ prefix。

该属性定义一个 prefix:tagname 形式的字符串前缀，用于区分多个自定义标签。以 jsp:、jspx:、java:、javax:、servlet:、sun:和 sunw:开始的前缀会被保留。前缀的命名必须遵循 XML 名称空间的命名约定。在 JSP 2.0 规范中，空前缀是非法的。

关于自定义标签的详细用法请参看 4.2.6 小节的介绍。

3. JSP 动作标签

JSP 动作标签是 JSP 的另一种标签，它利用 XML 语法格式来控制 JSP 服务器实现某种功能。其遵循 XML 元素的语法格式，有起始标签、结束标签、空标签等，也可以有属性。

在 JSP 2.0 规范中定义了一些标准的动作，这些标准动作通过标签来实现，它们影响 JSP 运行时的行为和对客户端请求的响应，这些动作由 JSP 服务器来实现。在页面被转换为 Servlet 时，由 JSP 服务器用预先定义好的对应该标签的 Java 代码来代替它。

JSP2.0 规范中定义了 20 个标准的动作标签，常用的 JSP 动作标签如下。

- <jsp:param>：用于传递参数，必须与其他支持参数的标签一起使用。
- <jsp:include>：在页面被请求时动态引入一个文件。
- <jsp:forward>：把请求转到一个新的页面。
- <jsp:plugin>：用于产生与客户端浏览器相关的 HTML 标签（<OBJECT>或<EMBED>）。
- <jsp:useBean>：实例化一个 JavaBean。
- <jsp:setProperty>：设置一个 JavaBean 的属性。
- <jsp:getProperty>：获得一个 JavaBean 的属性。

<jsp:useBean>、<jsp:setProperty>和<jsp:getProperty>这 3 个动作元素用于访问 JavaBean，这里不做具体介绍。

（1）<jsp:param>。

<jsp:param>动作标签被用来以“名-值对”的形式为其他标签提供附加信息，如传递参数等。它和<jsp:include>、<jsp:forward>、<jsp:plugin>一起使用。它的语法格式如下。

```
<jsp:param name="name" value="value" />
```

它有两个必备的属性 name 和 value。

- name：给出参数的名字。
- value：给出参数的值，可以是具体的值也可以是一个表达式。

具体用法详见其他动作标签。

（2）<jsp:include>。

<jsp:include>动作标签用于在当前页面中动态包含一个文件，一旦被包含的文件执行完毕，请求处理将在调用页面中继续进行。被包含的页面不能改变响应的状态代码或者设置报头，防止对类似 setCookie()方法的调用，任何对这些方法的调用都将被忽略。

<jsp:include>动作标签可以包含一个静态文件，也可以包含一个动态文件。如果是一个静态文件，则直接输出到客户端由浏览器显示；如果是一个动态文件，则由 JSP 服务器负责执行，并将结果返回给客户端。

不带传递参数的<jsp:include>动作标签的语法如下。

```
<jsp:include page="url"flush="true|false"/>
```

带传递参数的<jsp:include>动作标签的语法如下。

```
<jsp:include page="url"flush="true|false">
{ <jsp:param…. /> }*
</jsp:include>
```

<jsp:include>动作标签有两个属性 page 和 flush，各自含义如下。

- page 属性。该属性指定被包含文件的相对路径，该路径是相对于当前 JSP 页面的 URL。
- flush 属性。该属性是可选的。如果设置为 true，当页面输出使用了缓冲区，那么在进行包含工作之前，先要刷新缓冲区。如果设置为 false，则不会刷新缓冲区。该属性的默认值是 false。

<jsp:include>动作标签可以在它的内容中包含一个或多个<jsp:param>标签，为包含的页面提供参数信息。被包含的页面可以访问 request 对象，该对象包含了原始的参数和使用<jsp:param>元素指定的新参数。如果参数的名称相同，原来的值保持不变，新的值的优先级比已经存在的值的优先级要高。例如，请求对象中有一个参数为 param=value1，然后在<jsp:param>标签中指定了一个参数 param=value2，在被包含的页面中，接收到的参数为 param=value2 和 value1，调用 javax.servlet.ServletRequest 接口中的 getParameter()方法将返回 value2。如需获取所有返回值，可以使用 getParameterValues()方法。

<jsp:include>动作标签和 include 指令的主要区别如表 4.8 所示。

表 4.8　　<jsp:include>和 include 指令的区别

语法	相对路径	发生时间	包含的对象	描述
<%@ include file="url" %>	相对于当前文件	转换期间	静态	包含的内容被 JSP 容器分析
<jsp:include page="url" />	相对于当前页面	请求处理期间	静态和动态	包含的内容不被分析，但在相应的位置被包含

注意

表 4.8 中 include 指令包含的对象为静态，并不是指 include 指令只能包含像 HTML 这样的静态页面，include 指令也可以包含 JSP 页面。所谓静态和动态指的是：include 指令将 JSP 页面作为静态对象，将页面的内容（文本或代码）包含在 include 指令的位置处，这个过程发生在 JSP 页面的转换阶段。而<jsp:include>动作标签把包含的 JSP 页面作为动态对象，在请求处理期间，发送请求给该对象，然后在当前页面对请求的响应中包含该对象对请求处理的结果，这个过程发生在执行阶段（即请求处理阶段）。

当采用 include 指令标签包含资源时，相对路径的解析在转换期间发生（相对于当前文件的路径找到资源），资源的内容（文本或代码）被包含在 include 指令标签的位置处，两者合并为一个整体，被转换为 Servlet 源文件进行编译。因此，如果其中一个文件有修改就需重新进行编译。而当采用<jsp:include>动作标签包含资源时，相对路径的解析在请求处理期间发生（相对于当前页面的路径找到资源），当前页面和被包含的资源是两个独立的个体，当前页面将请求发送给被包含的资源，被包含资源对请求处理的结果将作为当前页面对请求响应的一部分发送到客户端。因此，对其中一个文件的修改不会影响另一个文件。

（3）<jsp:forward>。

<jsp:forward>动作标签允许在运行时将当前的请求转发给另一个 JSP 页面或者 Servlet，请求被转向到的页面必须位于同 JSP 发送请求相同的上下文环境中。

<jsp:forward>动作标签会终止当前页面的执行，如果页面输出使用了缓冲，在转发请求之前，缓冲区将被清除；如果在转发请求之前，缓冲区已经刷新，将抛出 IllegalStateException 异常。如果页面输出没有使用缓冲，而某些输出已经发送，那么试图调用<jsp:forward>动作标签，将导致抛出 IllegalStateException 异常。这个动作的作用和 RequestDispatcher 接口的 forward()方法的作用是一样的。

不带参数的<jsp:forward>动作的语法格式如下。

```
<jsp:forward page="url"/>
```

带参数的<jsp:forward>动作的语法格式如下。

```
<jsp:forward page="url">
{ <jsp:param… /> }*
</jsp:forward>
```

<jsp:forward>动作标签只有一个 page 属性。page 属性指定请求被转向的页面的相对路径，该路径是相对于当前 JSP 页面的 URL，也可以是经过表达式计算得到的相对 URL。

下面是使用<jsp:forward>动作标签的一段程序片段。

```
<%String command=request.getParameter("command");
if(command.equals("reg")){%>
<jsp:forward page="reg.jsp"/>
<%}
else if(command.equals("logout")){%>
<jsp:forward page="logout.jsp"/>
<%}
else{%>
<jsp:forward page="login.jsp"/>
<%}
%>
```

该程序根据接收的 command 字符串结果转向对应的 JSP 页面。

（4）<jsp:plugin>、<jsp:params>和<jsp:fallback>。

- <jsp:plugin>动作标签：用于产生与客户端浏览器相关的 HTML 标签（<OBJECT>或<EMBED>），从而在需要时下载 Java 插件（Plug-in），并在插件中执行指定的 Applet 或 JavaBean。<jsp:plugin>动作标签将根据客户端浏览器的类型被替换为<object>或<embed>标签。在<jsp:plugin>动作标签的内容中可以使用另外两个动作标签：<jsp:params>和<jsp:fallback>动作标签。
- <jsp:params>：是<jsp:plugin>动作标签的一部分，并且只能在<jsp:plugin>动作标签中使用。<jsp:params>动作包含一个或多个<jsp:param>动作标签，用于向 Applet 或 JavaBean 提供参数。
- <jsp:fallback>：是<jsp:plugin>动作标签的一部分，并且只能在<jsp:plugin>动作标签中使用，主要用于指定在 Java 插件不能启动时显示给用户的一段文字。如果插件能够启动，但是 Applet 或 JavaBean 没有发现或不能启动，那么浏览器会有一个出错信息提示。

<jsp:plugin>动作标签的语法如下。

```
<jsp:plugin type="bean|applet" code="objectCode" codebase="objectCodebase"
{ align="alignment" } { archive="archiveList" } { height="height" } { hspace="hspace" }
{ jreversion="jreversion" } { name="componentName" } { vspace="vspace" }
{ width="width" } { nspluginurl="url" } { iepluginurl="url" }>
```

```
{ <jsp:params>
{ <jsp:param name="paramName" value= "paramValue" /> }+
</jsp:params> }
{ <jsp:fallback> arbitrary_text </jsp:fallback> }
</jsp:plugin>
```

<jsp:plugin>动作标签的属性含义如表 4.9 所示。

表 4.9　<jsp:plugin>动作标签的属性含义

属性名	属性值	说明
type	bean|applet	声明组件的类型，是 JavaBean 还是 Applet
code	组件类名	要执行的组件的完整类名，以.class 结尾
codebase	类路径	指定要执行的 Java 类所在的目录
align	left|right|bottom|top|texttop|middle|absmiddle|baseline|absbottom	指定组件对齐的方式
archive	文件列表	声明待归档的 Java 文件列表
height	高度值	声明组件的高度，单位为像素
width	宽度值	声明组件的宽度，单位为像素
hspace	左右空白空间值	声明组件的左右空白空间，单位为像素
vspace	上下空白空间值	声明组件的上下空白空间，单位为像素
jreversion	版本号	声明组件运行时需要的 JRE 版本
name	组件名称	声明组件的名字
nspluginurl	URL 地址	声明对于网景浏览器，可以下载 JRE 插件的 URL
iepluginurl	URL 地址	声明对于 IE 浏览器，可以下载 JRE 插件的 URL

【例 4.7】<jsp:plugin>动作标签的应用示例。

example4_7.jsp 代码如下。

```
<%@ page contentType="text/html;charset=gb2312" %>
<jsp:plugin type="applet" code="TestApplet.class" width="600" height="400">
<jsp:params>
<jsp:param name="font" value="楷体_GB2312"/>
</jsp:params>
<jsp:fallback>您的浏览器不支持插件</jsp:fallback>
</jsp:plugin>
TestApplet.java
import java.applet.*;
import java.awt.*;
public class TestApplet extends Applet
{
String strFont;
public void init()
{
strFont=getParameter("font");
```

```
}
public void paint(Graphics g)
{
Font f=new Font(strFont,Font.BOLD,30);
g.setFont(f);
g.setColor(Color.blue);
g.drawString("这是使用<jsp:plugin>动作元素的例子",0,30);
}
}
```

请读者自己运行该示例，观察运行结果。

4. JSP 脚本

在 JSP 页面中，其脚本包括 3 种元素：JSP 声明、JSP 表达式和 JSP 脚本程序。通过这些脚本，就可以在 JSP 页面中声明变量、定义方法或进行各种表达式的运算。

（1）JSP 声明。

JSP 声明用于定义页面范围内的变量、方法或类，让页面的其余部分能够访问它们。声明的变量和方法是该页面对应 Servlet 类的成员变量和成员方法，声明的类是 Servlet 类的内部类。

声明并不在 JSP 页面内产生任何输出。它们仅仅用于定义，而不生成输出结果。要生成输出结果，还需要用 JSP 表达式或脚本片段。

JSP 声明格式如下。

```
<! 变量声明|方法声明|类声明 %>
```

【例 4.8】JSP 声明示例。

example4_8.jsp 代码如下。

```
<%@page contentType="text/html;charset=GB2312"%>
<HTML>
<BODY>
<%! int number=0;
synchronized void countNumber(){number++;}
%>
<% countNumber(); %>
<P>
欢迎访问本页面,您是第<%=number%>位访问者。
</BODY>
</HTML>
```

运行结果如图 4-9 所示。

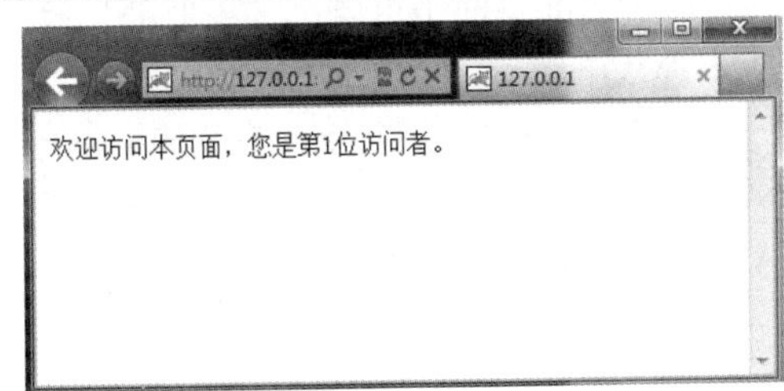

图 4-9 【例 4.8】运行结果

代码说明如下。

本例中声明了一个 number 变量和一个 countNumber()方法。当用户访问该页面时，会显示其是第几位访问者。其中，number 变量为声明变量，相当于 Java 中的静态变量，只初始化一次，以后就被访问该页面的所有访问用户共享。countNumber()方法的功能是对 number 共享变量进行加 1 操作，为保证线程安全，在方法名前用关键字 synchronized 进行了修饰。对方法的调用则通过脚本代码来实现。本示例实现了一个简单的当前页面访问量计数器功能，但由于服务器重启后 number 变量的值就会清零，因此可以将该值写入一个文件中以实现累计的功能，有兴趣的读者可以尝试一下。

（2）JSP 表达式。

JSP 表达式用于向页面输出表达式计算的结果，其功能与输出语句相当，但格式更简便。

JSP 表达式的语法形式如下。

```
<%=表达式%>
```

XML 语法格式的 JSP 表达式如下。

```
<jsp:expression>表达式</expression>
```

在一个表达式中可以包含：数字和字符串，算术运算符，基本数据类型的变量，声明类的对象，在 JSP 中声明方法的调用，声明类所创建对象的方法调用。

从上述的内容可以看出，JSP 表达式中可以包含任何 Java 表达式，只要表达式可以求值。JSP 表达式中的“<%=”是一个完整的符号，各符号之间不能有空格，而且表达式中不能插入语句，也不能以分号结束。

由于 JSP 表达式格式简单，书写方便，而且很容易嵌入 HTML 标签，所以得到了广泛应用。【例 4.8】就使用了 JSP 表达式来显示访问者数量，这里就不进行单独举例了。但对于一些比较复杂的输出，JSP 表达式还无法代替输出语句。

（3）JSP 脚本程序。

JSP 脚本程序就是一段包含在“<%”和“%>”之间的 Java 代码片段，代码中含有一个或多个完整而有效的 Java 语句。当服务器接收到客户端的请求时，由 JSP 服务器执行 JSP 脚本程序并进行输出。JSP 脚本程序是 JSP 动态交互的核心部分，其语法形式如下。

```
<%Java 代码%>
```

XML 的语法格式的 JSP 脚本程序如下。

```
<jsp:scriptlet>Java 代码</jsp:scriptlet>
```

例如：

```
<%
int sum=0;
for(int i=0;i<=10;i++)
{
sum+=i;
}
out.println("sum is"+sum);
%>
```

本例实现了从 1 到 10 的累加，其中在代码段里定义了一个 sum 变量，这个变量是一个局部变量，只对本次访问的用户有效，不会影响到其他用户。

一个 JSP 页面中可以包含多个 JSP 脚本，各脚本按照先后顺序执行。在脚本之间可以插入一些 HTML 标签来进行页面显示的定义，从而实现页面显示和代码设计的分离。

在 JSP 页面中通过 page 指令的 import 属性，可以在脚本代码内调用所有 Java API。因为 JSP 页面实际上都被编译成 Java Servlet，它本身就是一个 Java 类，所以在 JSP 中可以使用完整的 Java API，几乎没有任何限制。

JSP 脚本中定义的变量是局部变量，只对当前对象有效；而 JSP 声明中定义的变量是成员变量，相当于 Java 中的静态变量，对访问该页面的所有对象有效。所以在程序设计时要根据具体情况进行恰当的选择。

5. JSP 的注释

为方便开发人员对页面代码的阅读和理解，JSP 页面提供了多种注释，这些注释的语法规则和运行的效果有所不同，下面介绍 JSP 中的各种注释。

（1）HTML 注释。

HTML 注释是由“<!--”和“-->”标签创建的。这些标签出现在 JSP 中时，它们将不被改动地出现在生成的 HTML 代码中，并发送给浏览器。在浏览器解释这些 HTML 代码时忽略显示此注释。但查看 HTML 源代码时可见。

其语法格式如下。

```
<!--注释内容-->
```

（2）隐藏注释。

隐藏注释也称为 JSP 注释，其不会包含在回送给浏览器的响应中，只能在原始的 JSP 文件中看到。

其语法格式如下。

```
<%--注释内容--%>
```

JSP 服务器会忽略此注释的内容。由于在编译 JSP 页面时就忽略了此种注释，因此在 JSP 翻译成的 Servlet 中看不到隐藏注释。

（3）脚本注释。

脚本注释是指包含在 Java 代码中的注释，这种注释和 Java 中的注释是相同的。而且，该注释不仅在 JSP 文件中能看到，在 JSP 翻译成的 Servlet 中也能看到。

其语法格式如下。

```
单行注释：//注释内容
多行注释：/*注释内容*/
```

下面通过【例 4.9】来说明注释的使用方法和适用范围。

【例 4.9】输入一个数字，计算这个数的平方。

example4_9.jsp 代码如下。

```
<%@ page contentType="text/html;charset=gb2312"%>
<HTML>
<HEAD>JSP 注释示例</HEAD>
<BODY>
<!--这是 HTML 注释,不在浏览器页面中显示-->
欢迎学习 JSP!
<P> 请输入一个数:
<BR>
 <!-- 以下是一个 HTML 表单,用于向服务器提交这个数 -->
  <FORM action="example4_2.jsp" method=post name=form>
       <INPUT type="text" name="num">
        <BR>
       <INPUT TYPE="submit" value="提交" >
  </FORM>
 <%--获取用户提交的数据--%>
  <% String number=request.getParameter("num");
     double result=0;
  %>
<%--判断字符串是否为空,如果为空则初始化--%>
      <% if(number==null)
           {number="0"; }
      %>
  <%--计算这个数的平方--%>
       <% try{ result=Double.valueOf(number).doubleValue();//将字符串转换为 double 类型
```

```
                result=result*result;                   //计算这个数的平方
                out.print("<BR>"+number+" 的平方为: "+result);
              } catch(NumberFormatException e)
             {out.print("<BR>"+"请输入数字字符");
             }
       %>
</BODY>
</HTML>
```

请用户自行运行 example4_9.jsp，对比/Tomcat /work/Catalina/localhost/_/org/apache/jsp 目录下的 example4_009f9_jsp.java 以及运行后的网页源代码，找出其中各个注释显示的不同。

4.2.3 JSP 中的隐含对象

为了方便程序开发和信息交互，JSP 提供了 9 个隐含对象，这些对象不需要声明就可以在 JSP 脚本和 JSP 表达式中使用，大大提高了程序的开发效率。

隐含对象特点如下。

- 由 JSP 规范提供，不需编写者进行实例化。
- 通过 Web 容器实现和管理。
- 所有 JSP 页面均可使用。
- 可以在 JSP 脚本和 JSP 表达式中使用。

这些对象可分为以下 4 类。

（1）输出输入对象：request 对象、response 对象、out 对象。

（2）与属性作用域相关对象：pageContext 对象、session 对象、application 对象。

（3）Servlet 相关对象：page 对象、config 对象。

（4）错误处理对象：exception 对象。

1. out 对象

out 对象是 javax.servlet.jsp.jspWriter 类的实例，是向客户端输出内容常用的对象，与 Java 中的 System.out 功能基本相同。JSP 可以通过 page 指令中的 buffer 属性来设置 out 对象缓存的大小，甚至关闭缓存。

out 对象的主要方法如表 4.10 所示。

表 4.10　　out 对象的主要方法

方法名	方法说明
print()或 println()	输出数据
newLine()	输出换行字符
flush()	输出缓冲区数据
close()	关闭输出流
clear()	清除缓冲区中数据，但不输出到客户端
clearBuffer()	清除缓冲区中数据，输出到客户端
getBufferSize()	获得缓冲区大小
getRemaining()	获得缓冲区中没有被占用的空间
isAutoFlush()	是否为自动输出

out 对象的使用非常广泛，在这里只举【例 4.10】来展示 out 对象的主要方法。

【例 4.10】out 对象应用举例。

example4_10.jsp 代码如下。

```
<%@ page contentType="text/html;charset=GBK"%>
<html>
<body>
<% for (int i = 1; i < 4; i++)
{out.println("<h"+i+">JSP 页面显示</h"+i+">");}
out.println("<p>缓冲区的大小: " + out.getBufferSize());//获得缓冲区的大小
out.println("<p>缓冲区剩余空间的大小: " + out.getRemaining());//获得剩余的空间大小
out.flush();
out.clear();//清除缓冲区里的内容
//out.clearBuffer();
%>
</body>
</html>
```

运行结果如图 4-10 所示。

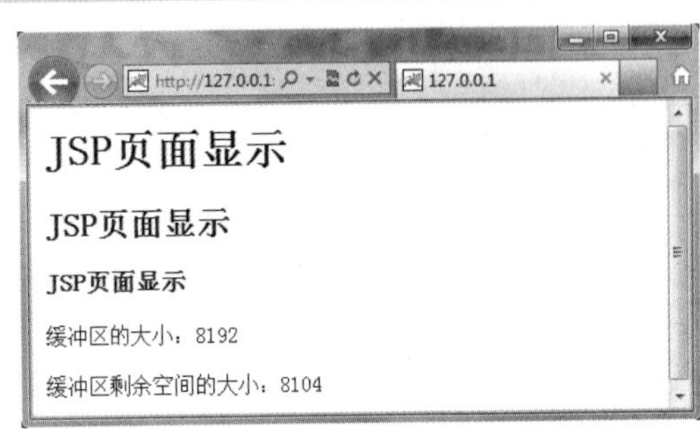

图 4-10 【例 4.10】运行结果

2. request 对象

request 对象在 JSP 页面中代表来自客户端的请求，通过它可以获得用户的请求参数、请求类型、HTTP 请求头等客户端信息。它是 javax.servlet.http.HttpServletRequest 接口类的实例。

request 对象是实现信息交互的一个重要对象，它的方法很多，在这里只列举常用的一些方法。

（1）获取访问请求参数的方法如表 4.11 所示。

表 4.11　request 对象获取请求参数的方法

方法名	方法说明
String getParameter(String name)	获得 name 的参数值
Enumeration getParameterNames()	获得所有的参数名称
String [] getParameterValues(String name)	获得 name 的所有参数值
Map getParameterMap()	获得参数的 map

（2）管理属性的方法如表 4.12 所示。

表 4.12　request 对象管理属性的方法

方法名	方法说明
Object getAttribute(String name)	获得 request 对象中的 name 属性值
void setAttribute(String name,Object obj)	设置名字为 name 的属性值 obj
void removeAttribute(String name)	移除 request 对象的 name 属性
Enumeration getAttributeNames()	获得 request 对象的所有属性名字
Cookie [] getCookies()	获得与请求有关的 cookies

（3）获取 HTTP 请求头的方法如表 4.13 所示。

表 4.13　　request 对象获取 HTTP 请求头的方法

方法名	方法说明
String getHeader(String name)	获得请求头中 name 头的值
Enumeration getHeaders(String name)	获得请求头中 name 头的所有值
int gtIntHeader(String name)	获得请求头中 name 头的整数类型值
long getDateHeader(String name)	获得请求头中 name 头的日期类型值
Enumeration getHeaderNames()	获得请求头中的所有头名称

（4）获取客户端信息的方法如表 4.14 所示。

表 4.14　　request 对象获取客户端信息的方法

方法名	方法说明
String getProtocol()	获得请求所用的协议名称
String getRemoteAddr()	获得客户端的 IP 地址
String getRemoteHost()	获得客户端的主机名
int getRemotePort()	获得客户端的主机端口号
String getMethod()	获得客户端的传输方法，get 或 post 等
String getRequestURL()	获得请求的 URL，但不包括参数字符串
String getQueryString()	获得请求的参数字符串（要求 get 传送方式）
String getContentType()	获得请求的数据类型
int getContentLength()	获得请求数据的长度

（5）其他常用方法如表 4.15 所示。

表 4.15　　request 对象的其他方法

方法名	方法说明
String getServerName()	获得服务器的名称
String getServletPath()	获得请求脚本的文件路径
int getServerPort()	获得服务器的端口号
String getRequestedSessionId()	获得客户端的 SessionID
void setCharacterEncoding(String code)	设定编码格式
Locale getLocale()	获得客户端的本地语言区域

【例 4.11】request 对象请求示例。

example4_11.jsp 代码如下。

```
<%@ page contentType="text/html;charset=gb2312"%>
<html>
<head>
<title>request 请求举例 </title>
</head>
<body>
<form action="" method="post">
  <input type="text" name="req">
  <input type="submit" value="提交">
</form>
```

```
获得请求方法：<%=request.getMethod()%><br>
获得请求的 URL：<%=request.getRequestURI()%><br>
获得请求的协议：<%=request.getProtocol()%><br>
获得请求的文件名：<%=request.getServletPath()%><br>
获得服务器的 IP：<%=request.getServerName()%><br>
获得服务器的端口：<%=request.getServerPort()%><br>
获得客户端 IP 地址：<%=request.getRemoteAddr()%><br>
获得客户端主机名：<%=request.getRemoteHost()%><br>
<%request.setCharacterEncoding("gb2312");%>
获得表单提交的值：<%=request.getParameter("req")%><br>
</body>
</html>
```

运行结果如图 4-11 和图 4-12 所示。

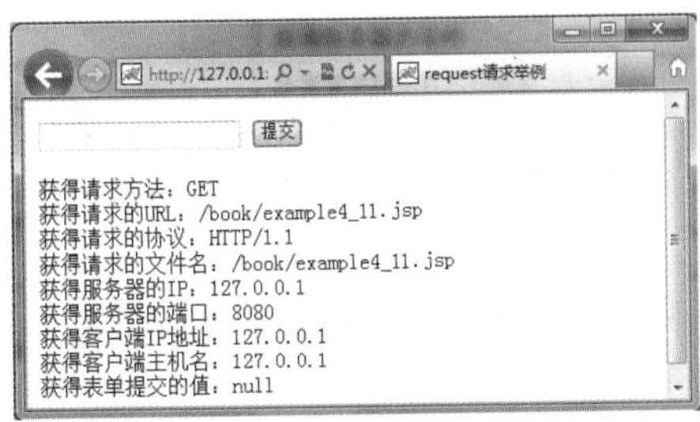

图 4-11　无表单提交内容结果

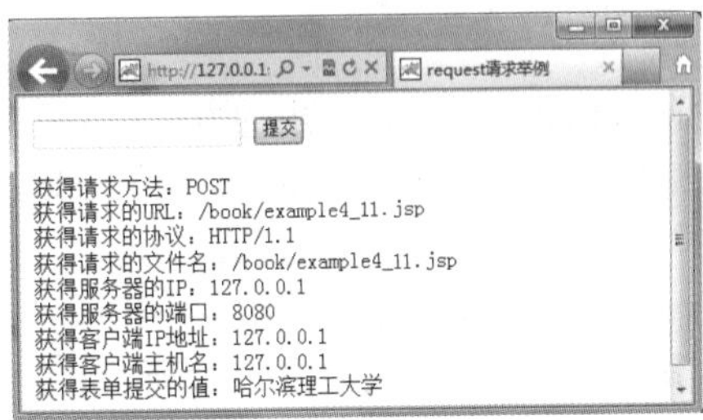

图 4-12　有表单提交内容结果

3. response 对象

response 对象与 request 对象相对应，其主要是用于响应客户端请求。它是 javax.servlet. http.HttpServletResponse 接口类的实例，封装了 JSP 产生的响应，并将其发送到客户端以响应客户端的请求。和 request 对象一样，response 对象的方法也有很多，在这里只列举常用的方法。

（1）设置 HTTP 响应报文头的方法。

HTTP 协议采用了请求/响应模型。客户端向服务器发送一个请求，服务器以一个状态行作为响应，相应的内容包括消息协议的版本，成功或者错误编码加上包含服务器信息、实体元信息以及可能的实体内容。response 对象可以根据服务器要求设置相关的响应报文头内容返回给客户端。

常用的 HTTP 响应报文头内容如表 4.16 所示。

表 4.16　HTTP 响应报文头

应答头	说明
Content-Encoding	文档的编码（Encode）方法
Content-Length	表示内容长度
Content-Type	表示后面的文档属于什么 MIME 类型
Date	当前的 GMT 时间
Expires	应该在什么时候认为文档已经过期，从而不再缓存它
Last-Modified	文档的最后改动时间
Location	表示客户应当到哪里去提取文档
Refresh	表示浏览器应该在多长时间之后刷新文档，单位为秒

对应这些报文头内容，response 对象提供了相应的方法来完成响应的设置。这些方法如表 4.17 所示。

表 4.17　　response 响应报文头的方法

方法名	方法说明
void addHeader(String name,String value)	添加字符串类型值的 name 头到报文头
void addIntHeader(String name,int value)	添加整数类型值的 name 头到报文头
void addDateHeader(String name,long value)	添加日期类型值的 name 头到报文头
void setHeader(String name,String value)	指定字符串类型的值到 name 头，如已存在则新值覆盖旧值
void setIntHeader(String name,int value)	指定整数类型的值到 name 头，如已存在则新值覆盖旧值
void setDateHeader(String name,long value)	指定日期类型的值到 name 头，如已存在则新值覆盖旧值
boolean containsHeader(name)	检查是否含有 name 名称的头
void setContentType(String type)	设定对客户端响应的 MIME 类型
void setContentLength(int leng)	设定响应内容的长度
void setLocale(Locale loc)	设定响应的地区信息

设置 HTTP 报文头最常用的方法是 setHeader()方法，其两个参数分别表示 HTTP 报文头的名字和值。例如，可以使用 response.setHeader("refresh", "1")实现当前页面每过 1 秒刷新一次。

（2）用于 URL 重定向的方法。

response 对象可以实现页面的重定向，与 forward 跳转类似可以根据需要将页面重定向到其他页面。其提供的主要方法如表 4.18 所示。

表 4.18　　response 对象的 URL 重定向方法

方法名	方法说明
Void sendRedirect(String location)	进行页面重定向，可使用相对 URL
String encodeRedirectURL(String url)	对使用 sendRedirect()方法的 URL 进行编码
Void sendError(int number)	向客户端发送指定的错误响应状态码
Void sendError(int number,String msg)	向客户端发送指定的错误响应状态码和描述信息
Void setStatus(int number)	设定页面响应的状态码

需要注意的是：response 重定向和 forward 跳转都能实现从一个页面跳转到另一个页面，但两者也有很多不同。

① response 重定向。

- 执行完当前页面的所有代码，再跳转到目标页面。
- 跳转到目标页面后，浏览器的地址栏中 URL 会改变。
- 它是在浏览器端重定向。
- 可以跳转到其他服务器上的页面。

② forward 跳转。

- 直接跳转到目标页面，当前页面后续的代码不再执行。
- 跳转到目标页面后，浏览器的地址栏中 URL 不会改变。
- 它是在服务器端重定向。
- 不能跳转到其他服务器上的页面。

③ 其他方法。

除了以上介绍的常用方法外，response 对象还提供了一些关于输出缓冲区的相关方法。通过这些方法，response 对象可以根据需要设置输出缓冲区的大小、清空缓冲区等，具体方法如表 4.19 所示。

表 4.19 response 对象的其他方法

方法	方法说明
ServletOutputStream getOutputStream()	获得返回客户端的输出流
void flushBuffer()	强制将缓冲区内容发送给客户端
int getBufferSize()	获得使用缓冲区的实际大小
void setBufferSize(int size)	设置响应的缓冲区大小
void reset()	清除缓冲区的数据和报头以及状态码

4. session 对象

HTTP 协议是一种无状态协议，当完成用户的一次请求和响应后就会断开连接，此时服务器端不会保留此次连接的有关信息。当用户进行下一次连接时，服务器无法判断这一次连接和以前的连接是否属于同一用户。为解决这一问题，JSP 提供了一个 session 对象，让服务器和客户端之间一直保持连接，直到客户端主动关闭或超时（一般为 30 分钟）无反应才会取消这次会话。

利用 session 对象的这一特性，可以在 session 对象中保存用户名、用户权限、订单信息等需要持续存在的内容，实现同一用户访问 Web 站点时在多个页面间共享信息。

session 对象是 javax.servlet.http.HttpSession 类的一个实例，用于存储有关会话的属性。session 对象的常用方法如表 4.20 所示。

表 4.20 session 对象的常用方法

方法名	方法说明
void setAttribute(Object name,Object value)	在 session 对象中保存指定名称 name 的属性值 value
Object getAttribute(Object name)	获取指定名称 name 的属性值
Enumeration getValueNames()	获取 session 对象中所有属性名
String getID()	获取 session 对象的唯一标识
void invalidate()	撤销 session 对象，删除会话中的全部内容
boolean isNew()	检测当前 session 对象是否是新建立的
long getCreationTime()	返回建立 session 对象的时间（毫秒）
long getLastAccessedTime()	返回客户端最后一次发出请求的时间（毫秒）
int getMaxInactiveInterval()	返回客户端 session 对象不活动的最大时间间隔（秒），超过该时间将取消本次 session 对象会话
void setMaxInactiveInterval(int interval)	设置 session 对象不活动的最大时间间隔（秒）

注意

如要在 JSP 网页中使用 session 对象，需要将 page 指令的 session 属性设为 true，否则使用 session 对象会产生编译错误。

当客户首次访问 Web 站点的 JSP 页面时，JSP 容器会产生一个 session 对象，并分配一个唯一的字符串 ID，保存到客户端的 Cookie 中，服务器就通过该 sessionID 作为识别客户的唯一标识。只要该客户没有关闭浏览器且没有超时访问，客户在该服务器的不同页面之间进行转换或从其他服务器再次切换回该服务器，都会使用同一个 sessionID。只有客户主动撤销 session 对象、关闭浏览器或超时没有访问，分配给客户的 session 对象才会取消。

session 对象中的常用方法是 setAttribute()和 getAttribute()，用于实现会话中的一些可持续信息，如用户名、访问权限的跨页共享。正是由于这一点，使得 session 对象在身份认证、在线购物等应用中得到广泛使用。下面通过一个简单的例子看一下 session 的应用。

login.jsp 用于显示 sessionID，并将用户信息写入 session 对象，check.jsp 用于显示用户信息，logout.jsp 用于注销 session 对象中的用户信息。

login.jsp 代码如下。

```
<%@ page contentType="text/html;charset=GBK"%>
<% String name="";
if(!session.isNew())
{name=(String)session.getAttribute("username");
if(name==null) name="";
}%>
<p>欢迎访问! </p>
<p>Session ID:<%=session.getId()%></p>
<form name="loginForm" method="post" action="check.jsp">
用户名:
<input type="text" name="username" value=<%=name%>>
<input type="Submit"name="Submit"value="提交">
</form>
check.jsp:
<%@ page contentType="text/html;charset=GBK"%>
<%String name=null;
name=request.getParameter("username");
if(name!=null)
session.setAttribute("username",name);%>
<p>当前用户为: <%=name%> </P>
<a href="login.jsp">登录</a>   <a href="logout.jsp">注销</a>
logout.jsp:
<%@ page contentType="text/html;charset=GBK"%>
<%String name=(String)session.getAttribute("username");
session.invalidate();
%>
<%=name%>,再见!
```

运行结果如图 4-13 ~ 图 4-15 所示。

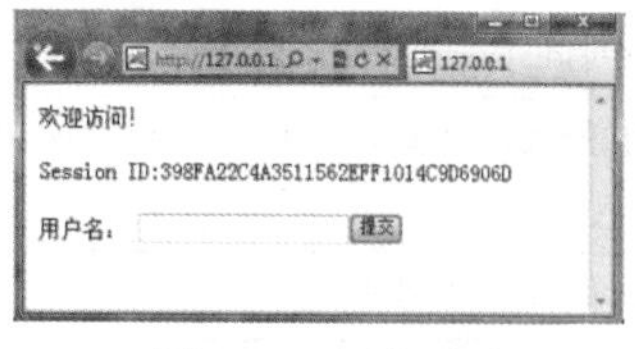

图 4-13　用户登录

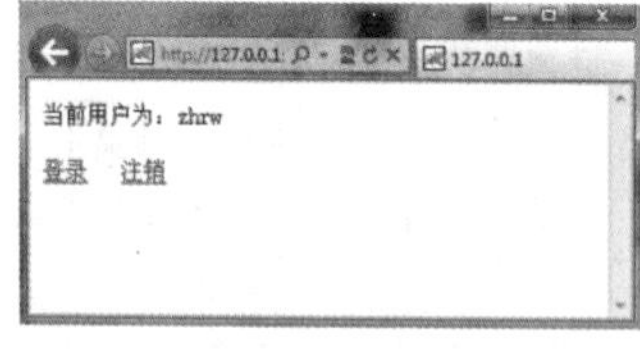

图 4-14　登录成功

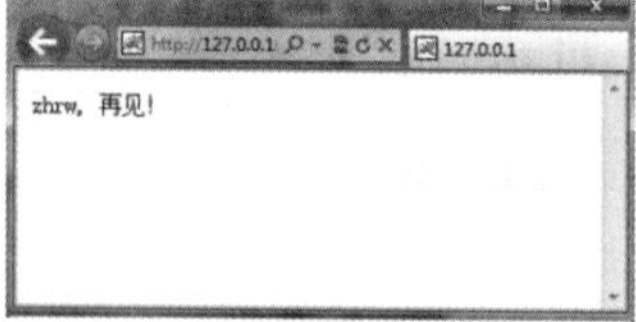

图 4-15　退出登录

5. application 对象

application 对象用于保存应用程序在服务器上的全局数据。服务器启动时就会创建一个 application 对象，只要没有关闭服务器，该对象就一直存在，而且所有访问该服务器的客户共享同一个 application 对象。

application 对象是 javax.servlet.ServletContext 类的实例，其主要方法如表 4.21 所示。

表 4.21　　application 对象的主要方法

方法名	方法说明
Object getAtrribute(Object,name)	获得 application 对象中 name 名称的属性值
void setAttribute(Object name,Object value)	设置 application 对象中 name 名称的属性值
Enumeration getAttributeNames()	获得 application 对象中所有的属性名称
void removeAttribute(String name)	删除 name 名称的属性及其属性值
ServletContext getContext(String uripath)	获得指定 WebApplication 的 application 对象
String getInitParameter(String name)	获得 name 名称的初始化参数值
Enumeration getInitParameterNames()	获得所有应用程序初始化参数的名称
String GetServerInfo()	获得服务器信息
String getMimeType()	获得指定文件的 MIME 类型
String getRealPath(path)	将 path 转换成文件系统路径名
String getResource(path)	获得指定 path 的 URL 地址
void log(message)	向日志中写消息
RequestDispatcher getRequestDispatcher(path)	获得指定 path 的请求分发器
int getMajorVersion()	获得 Servlet 的主要版本

下面这个示例片段通过 application 对象来实现网站访问量的计数功能。

```
<%! synchronized void count(){
Integer number=(Integer)application.getAtrribute("CountNumber");
if (number==null){
number=new Integer(1);
application.setAttribute("CountNumber",number);
}
else{
number=ner Integer(number.intValue()+1);
application.setAttribute("CountNumber",number);
}
}%>
<%
if(session.isNew()){
count();
out.println("<p>欢迎访问本网页！");
}%>
<p>您是第<%=((Integer)application.getAtrribute("CountNumber")).intValue()%>位访问本网页的客户。
```

6. 其他对象

在 JSP 的隐含对象中，pageContext、page、config 和 exception 对象是不经常使用的，下面分别对这几个对象进行简要介绍。

（1）pageContext 对象。

pageContext 对象是一个比较特殊的对象，它相当于页面中所有其他对象功能的集合，使用它可以访问到本页中的所有对象。

pageContext 对象是 javax.servlet.jsp.PageContext 类的实例，其主要方法是获得其他隐含对象和对象属性，分别如表 4.22 和表 4.23 所示。

表 4.22　　pageContext 对象的常用方法

方法名	方法说明
JspWriter getOut()	获得当前页面的输出流，即 out 对象
Object getPage()	获得当前页面的 Servlet 实体（instance），即 page 对象
ServletRequest getRequest()	获得当前页面的请求，即 request 对象
ServletResponse getResponse()	获得当前页面的响应，即 response 对象
HttpSession getSession()	获得当前页面的会话，即 session 对象
ServletConfig getServletConfig()	获得当前页面的 ServletConfig 对象，即 config 对象
ServletContext getServletContext()	获得当前页面的执行环境，即 application 对象
Exception getException()	获得当前页面的异常，即 exception 对象

表 4.23　　pageContext 对象对属性的处理方法

方法名	方法说明
Object getAttribute(String name, int scope)	获得 name 名称，范围为 scope 的属性值
Enumeration getAttributeNamesInScope(int scope)	获得所有属性范围为 scope 的属性名称
void setAttribute(String name, Object value, int scope)	设置属性对象的名称为 name、值为 value、范围为 scope
int getAttributesScope(String name)	获得属性名称为 name 的属性范围
void removeAttribute(String name)	移除属性名称为 name 的属性对象
void removeAttribute(String name, int scope)	移除属性名称为 name、范围为 scope 的属性对象
Object findAttribute(String name)	寻找在所有范围中属性名称为 name 的属性对象

其中，scope 可以设置为分别代表 4 种范围的参数：PAGE_SCOPE、REQUEST_ SCOPE、SESSION_SCOPE 和 APPLICATION_SCOPE。

（2）page 对象。

page 对象表示的是 JSP 页面本身，它代表 JSP 被编译成的 Servlet，可以使用它来调用 Servlet 类中所定义的方法，等同于 Java 中的 this。

（3）config 对象。

config 对象代表当前 JSP 配置信息，其方法如表 4.24 所示。

表 4.24　　config 对象的常用方法

方法名	方法说明
String getInitParameter(name)	获得名字为 name 的初始化参数值
Enumeration getInitParameterNames()	获得所有初始化参数的名字
Sring getServletName()	获得 Servlet 名字

通常，Servlet 的初始化参数信息放在 web.xml 文件中，利用 config 对象就可以完成对 Servlet 的读取。

例如，web.xml 文件中的 servlet 配置如下。

```
<servlet>
    <description> Servlet Example</description>
    <display-name>Servlet</ </display-name>
    <servlet-name>HelloWorld</servlet-name>
    <servlet-class>HelloWorld</servlet-class>
```

```
    <init-param>
        <param-name>user</param-name>
        <param-value>alex</param-value>
    </init-param>
    <init-param>
        <param-name>address</param-name>
        <param-value>http://www.hrbust.edu.cn</param-value>
    </init-param>
    <load-on-startup>1</load-on-startup>
</servlet>
<servlet-mapping>
    <servlet-name>HelloWorld </servlet-name>
    <url-pattern>/servlet/HelloWorld</url-pattern>
</servlet-mapping>
```

我们可以直接使用语句 String user_name=config.getInitParameter("user")来取得名称为 user、值为 alex 的参数。

（4）exception 对象。

exception 对象是一个例外对象。当一个页面在运行过程中发生例外时，就产生这个对象。如果一个 JSP 页面要应用此对象，就必须把 isErrorPage 设为 true，否则无法编译。exception 对象的常用方法如表 4.25 所示。

表 4.25　　exception 对象的常用方法

方法名	方法说明
String getMessage()	返回描述异常的消息
String toString()	返回关于异常的简短描述消息
void printStackTrace()	显示异常及其栈轨迹
Throwable FillInStackTrace()	重写异常的执行栈轨迹

4.2.4　EL 表达式语言

EL（Expression Language）表达式是 JSP 2.0 中提出的一种计算和输出 Java 对象的简单语言。它为不熟悉 Java 语言的页面开发人员提供了一个开发 JSP 应用的新途径。

EL 表达式语言是一种类似于 JavaScript 的语言，主要用于在网页上显示动态内容，替代 Java 脚本完成复杂功能。

EL 表达式的特点如下。

- 在 EL 表达式中可以获得命名空间。
- 可以访问一般变量。
- 可以使用算术运算符、关系运算符、逻辑运算符。
- 可以访问 JSP 的作用域（page、request、session 和 application）。

由于 EL 表达式是在 JSP 2.0 之后出现的，为了与以前的规范兼容，可以通过设置 page 指令标签的 isELIgnored 属性来声明是否忽略 EL 表达式，语法格式如下。

```
<%@page isELIgnored="true|false"%>
```

如果设置为 true 则忽略，只将表达式作为一个字符串输出。如果设置为 false，则解析页面中的 EL 表达式。

1. EL 表达式的简单应用

（1）语法结构。

EL 表达式语法很简单，它的特点就是使用很方便。其语法格式如下。

```
${expression}
```

在上面的语法中，expression 为待处理的表达式。由于“${”符号是表达式的起始符号，所以要想在网页中显示“${”字符串，需要进行字符转换。一种方式是在前面加上“\”字符，即“\${”，另一种方式是写成“${'$'}”，也就是用表达式来输出“${”符号。

（2）“[ ]”与“.”运算符。

EL 提供“[ ]”和“.”两种运算符来存取数据或对象的属性。大部分情况下，这两种运算符可以互换使用，但下面两种情况下只能使用“[ ]”运算符：

① 当要存取的属性名称中包含一些特殊字符时，如“.”或“?”等并非字母或数字的符号，要使用“[ ]”。例如，${ user. My-Name}应当改为${user["My-Name"] }。

② 如果需要动态取值时，要用“[ ]”来完成。例如，${sessionScope.user[data]}，其中 data 是一个变量，当值为“name”时，该式等价于${sessionScope.user.name}；当值为 password 时，该式等价于${sessionScope.user.password}。

（3）变量。

EL 表达式存取变量数据的方法很简单，例如，${username}的意思是取出某一范围中名称为 username 的变量值。

因为没有指定哪一个范围的 username，所以它会依序从 page、request、session、application 范围内查找。如果查找过程中找到 username，就直接回传，不再继续找下去，如果全部的范围内都没有找到时，就回传 null。

属性范围 page、request、session、application 在 EL 表达式中的名称分别是 PageScope、RequestScope、SessionScope、ApplicationScope。

2. 运算符

EL 表达式语言提供了表 4.26 所示的运算符，其中大部分是 Java 中常用的运算符。

表 4.26 EL 表达式运算符

类型	运算符号
算术型	+、-（二元）、*、/、div、%、mod、-（一元）
逻辑型	and、&&、or、||、!、not
关系型	==、eq、!=、ne、、gt、<=、le、>=、ge。可以与其他值进行比较，或者与布尔型、字符串型、整型或浮点型文字进行比较
空	空操作符是前缀操作，可用于确定值是否为空
条件型	A ?B :C。根据 A 赋值的结果来赋值 B 或 C

3. 隐含对象

EL 表达式语言定义了一组隐含对象，如表 4.27 所示，其中许多对象在 JSP 脚本和 EL 表达式中都可用，并且与 JSP 的隐含对象功能相近，因此不做详细介绍。

表 4.27 EL 表达式的隐含对象

对象	说明
pageContext	JSP 页面的上下文。它可以用于访问 JSP 隐式对象，例如，${pageContext.response} 为页面的响应对象赋值

续表

对象	说明
param	将请求参数名称映射到单个字符串参数值。表达式 $(param . name) 相当于 request.getParameter (name)
paramValues	将请求参数名称映射到一个数值数组。它与 param 隐含对象非常类似，但它检索一个字符串数组而不是单个值。表达式 ${paramvalues. name} 相当于 request.getParamterValues(name)
header	将请求头名称映射到单个字符串头值。表达式 ${header. name} 相当于 request.getHeader(name)
headerValues	将请求头名称映射到一个数值数组。它与头隐式对象非常类似。表达式 ${headerValues. name} 相当于 request.getHeaderValues(name)
cookie	将 cookie 名称映射到单个 cookie 对象。向服务器发出的客户端请求可以获得一个或多个 cookie。表达式 ${cookie. name .value} 返回带有特定名称的第一个 cookie 值。如果请求包含多个同名的 cookie，则应该使用 ${headerValues. name} 表达式
initParam	将上下文初始化参数名称映射到单个值
pageScope	将页面范围的变量名称映射到其值。例如，EL 表达式可以使用 ${pageScope.objectName} 访问 JSP 页面范围的对象，还可以使用 ${pageScope .objectName. attributeName} 访问对象的属性
requestScope	将请求范围的变量名称映射到其值。该对象允许访问请求对象的属性。例如，EL 表达式可以使用${requestScope. objectName}访问一个 JSP 请求范围的对象，还可以使用${requestScope. objectName. attributeName}访问对象的属性
sessionScope	将会话范围的变量名称映射到其值。该对象允许访问会话对象的属性。例如，${sessionScope. name}

4.2.5　JSTL 标签库

1. 概述

JSP 标准标签库（JSP Standard Tag Library，JSTL）是一个实现 Web 应用程序中常见的通用功能的定制标签库集，这些功能包括迭代和条件判断、数据管理格式化、XML 操作以及数据库访问。它是由 JCP（Java Community Process）制定的一种标准规范，由 Apache 的 Jakarta 小组负责维护。

通过使用 JSTL 标签库和 EL 表达式，程序员可以取代传统的向 JSP 页面中嵌入 Java 代码的做法，大大提高了程序的可维护性、可阅读性和方便性。

JSTL 标签库包括：核心标签库、I18N 与格式化标签库、数据库访问标签库、XML 处理标签库、函数标签库。

（1）核心标签库：主要用于完成 JSP 页面的基本功能，包括基本输入输出、流程控制、迭代操作和 URL 操作。

（2）I18N 与格式化标签库：包含国际化标签和格式化标签，用于对经过格式化的数字和日期的输出结果进行标准化。

（3）数据库访问标签库：包含对数据库访问和更新的标签，可以方便地对数据库进行访问。

（4）XML 处理标签库：包含对 XML 操作的标签，使用这些标签可以很方便地开发基于 XML 的 Web 应用。

（5）函数标签库：包含对字符串处理的常用函数标签，包括分解和连接字符串、返回子串、确定字符串是否包含特定子串等。

使用这些标签之前需要在 JSP 页面中使用<%@taglib%>指令定义标签库的位置和访问前缀。同时还需要下载 jstl.jar 和 standard.jar 文件并将其复制到 Web 应用目录\WEB-INF\lib 下。

各个标签库的 taglib 指令格式如表 4.28 所示。

表 4.28　　JSTL 标签库的指令格式

JSTL	taglib 指令格式
核心标签库	<%@taglib prefix="c"uri="http://java.sun.com/jsp/jstl/core"%>
I18N 与格式化标签库	<%@taglib prefix="fmt"uri="http://java.sun.com/jsp/jstl/fmt"%>
数据库访问标签库	<%@taglib prefix="sql"uri="http://java.sun.com/jsp/jstl/sql"%>
XML 处理标签库	<%@taglib prefix="xml"uri="http://java.sun.com/jsp/jstl/xml"%>
函数标签库	<%@taglib prefix="fn"uri="http://java.sun.com/jsp/jstl/functions"%>

下面举个例子进行说明。

jstlTest.jsp 的代码如下。

```
<%@ page contentType="text/html;charset=GB2312" isELIgnored="false"%>
<%@ taglib prefix="c" uri="http://java.sun.com/jsp/jstl/core"%>
<html><head>
<title>测试你的第一个 JSTL 网页</title>
</head>
<body>
<c:out value="欢迎测试你的第一个 JSTL 网页"/>
</br>你使用的浏览器是：</br>
<c:out value="${header['User-Agent']}"/></br>
<c:set var="user" value="Jack" />
<c:out value="JSTL 测试成功！" escapeXml="true"/>
</body></html>
```

运行结果如图 4-16 所示。

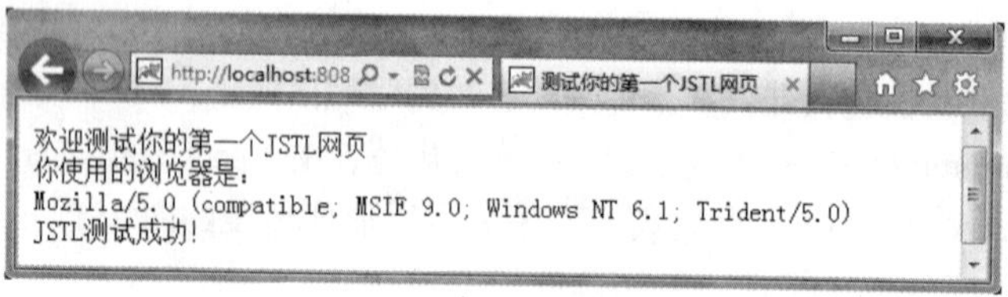

图 4-16　JSTL 示例运行结果

这段程序代码主要使用了核心标签库 core 的 out 标签，配合 EL 表达式显示了浏览器的类型。

2. 核心标签库

JSTL 核心标签库标签共有 13 个，从功能上分为以下 4 类。

（1）表达式控制标签：out、set、remove、catch。

（2）流程控制标签：if、choose、when、otherwise。

（3）循环标签：forEach、forTokens。

（4）URL 操作标签：import、url、redirect。

使用标签时，一定要在 JSP 文件头加入以下代码。

```
<%@taglib prefix="c" uri="http://java.sun.com/jsp/jstl/core" %>
```

下面对这些标签进行说明。

（1）<c:out>。

<c:out> 标签是一个最常用的标签，用来显示数据对象（字符串、表达式）的内容或结果。它的作用是用来替代通过 JSP 隐含对象 out 或者 <%=%> 标签来输出对象的值。

其语法格式如下。

语法 1：没有 body 体。

```
<c:out value="value" [escape Xml ="{true|false}"] [default="defaultValue"]/>
```

语法 2：有 body 体。

```
<c:out value="value" [escape Xml ="{true|false}"]>
body 体内容
</c:out>
```

各属性说明如表 4.29 所示。

表 4.29　<c:out>的属性说明

属性名	类型	必须	默认值	说明
value	Object	Y	无	用来定义需要求解的表达式
escape xml	boolean	N	true	用于指定在使用 <c:out> 标签输出特殊字符时是否应该进行转义。如果为 true，则会自动进行编码处理
default	Object	N	无	当求解后的表达式为 null 或者 String 为空时将打印这个缺省值

说明：假若 value 为 null，会显示 default 的值；假若没有设定 default 的值，则会显示一个空的字符串。

代码片段如下。

```
<body>
  <c:out value="&lt 欢迎使用标签（未使用转义字符）&gt" escapeXml="true" default="
  默认值"></c:out><br/>
  <c:out value="&lt 欢迎使用标签（使用转义字符）&gt" escapeXml="false" default="
  默认值"></c:out><br/>
 <c:out value="${null}" escapeXml="false">若表达式结果为 null,则输出此默认值
 </c:out><br/>
</body>
```

其显示结果如图 4-17 所示。

图 4-17　<c:out>示例运行结果

（2）<c:set>。

<c:set>标签是对某个范围中的名字设置值，也可以对某个已经存在的 JavaBean 对象的属性设置值，其功能类似于<%request.setAttrbute("name","value");%> 语句。

其语法格式如下。

语法 1：没有 body 体，将 value 的值存储到范围为 scope 的 varName 变量中。

```
<c:set value="value" var="varName" [scope="{page|request|session|application}"]/>
```

语法 2：有 body 体，将 body 内容存储至范围为 scope 的 varName 变量中。

```
<c:set value="value" [scope="{page|request|session|application}"]>
body 体内容
</c:set>
```

语法 3：将 value 的值存储至 target 对象属性中。

```
<c:set value="value" target="target" property="propertyName"/>
```

语法 4：将 body 体内容的数据存储至 target 对象属性中。

```
<c:set target="target" property="propertyName">
body 体内容
</c:set>
```

说明：如果 value 值为 null 时，<c:set>将由设置变量改为移除变量。

target 是要设置属性的对象，必须是 JavaBean 对象或 java.util.Map 对象。如果 target 为 Map 类型，则执行 Map.remove(property)；如果 target 为 JavaBean，property 指定的属性值为 null。

需要注意的是：var 和 scope 这两个属性不能用表达式表示，不能写成 scope="${ourScope}"或 var="${a}"。

（3）<c:remove>。

<c:remove>标签用于删除存在于 scope 中的变量。其实现功能类似于 <%session.removeAttribute("name")%>。

其语法格式如下。

```
<c:remove var="varName" [scope="{page|request|session|application}"]/>
```

（4）<c:catch>。

<c:catch>标签用来处理 JSP 页面中产生的异常，并存储异常信息。当异常发生在<c:catch>和</c:catch>之间时，只有<c:catch>和</c:catch>之间的程序会被中止忽略，整个网页不会被中止。<c:catch>包含一个 var 属性，是一个描述异常的变量，该变量可选。若没有 var 属性的定义，那么仅仅捕捉异常而不需要做任何事情。若定义了 var 属性，则可以利用 var 属性所定义的异常变量进行判断，转发到其他页面或提示报错信息。

其语法格式如下。

```
<c:catch [var="var"]>
```

可能产生异常的代码

```
</c:catch>
```

（5）<c:if>。

<c:if>动作仅当所指定的表达式计算为 true 时才计算其主体。计算结果也可以保存为一个 Boolean 变量。

其语法格式如下。

语法 1：无 body 体。

```
<c:if test="booleanExpression"
 var="var"[scope="page|request|session|application"]/>
```

语法 2：有 body 体。

```
<c:if test="booleanExpression">
 body 体内容
</c:if>
```

var 用来存储 test 运算后的结果，true 或 false。

例如：

```
<c:if test="${empty param.empDate}">
<jsp:forward page="input.jsp">
<jsp:param name="msg" value="Missing the Employment Date" />
</jsp:forward>
</c:if>
```

上面的代码表示的是如果参数 empDate 为空则转向 input.jsp 页面。

（6）<c:choose><c:when><c:otherwise> 标签。

<c:choose>标签用于控制嵌套<c:when>和<c:otherwise>的动作，它只允许第一个测试表达式计算为 true 的<c:when>动作得到处理；如果所有<c:when>动作的测试表达式都计算为 false，则会处理一个<c:otherwise>动作。<c:choose>标签类似于 Java 中的 switch 语句，其作为父标签使用，<c:when><c:otherwise>作为其子标签使用。

其语法格式如下。

```
<c:choose>
body(<when>和<otherwise>)
</c:choose>
```

<c:choose>标签的内容只能是如下值。

- 空。
- 1 或多个<c:when>。
- 0 或多个<c:otherwise>。

<c:when>标签等价于 if语句，它包含一个 test 属性，该属性表示需要判断的条件。

其语法格式如下。

```
<c:when test="testCondition">
Body
</c:when>
```

<c:otherwise>标签没有属性，它等价于 else 语句。

其语法格式如下。

```
<c:otherwise>
conditional block
</c:otherwise>
```

说明如下。

<c:when>和<c:otherwise>标签只能是<c:choose>的子标签，不能独立存在。

在<c:choose>中，<c:when>要出现在<c:otherwise>之前，如果有<c:otherwise>标签，<c:otherwise>标签一定是<c:choose>中的最后一个标签。

在<c:choose>中，如果多个<c:when>同时满足条件，只有第一个<c:when>被执行。

（7）<c:forEach>。

<c:forEach>标签功能类似于 Java 中的 for 循环语句，根据循环条件遍历集合 Collection 中的元素。当条件满足时，就会重复执行标签中的 body 体内容。

其语法格式如下。

语法 1：基于集合元素的迭代。

```
<c:forEach items="collection" [var="var"] [varStatus="varStatus"]
[begin="startIndex"] [end="stopIndex"] [step="increment"]>
body 体内容
</c:forEach>
```

语法 2：迭代固定次数。

```
<c:forEach [var="var"] [varStatus="varStatus"]
begin="startIndex" end="stopIndex" [step="increment"]>
body 体内容
</c:forEach>
```

<c:forEach>标签各属性说明如表 4.30 所示。

表 4.30　<c:forEach>的属性说明

属性名	类型	默认值	说明
begin	int	0	结合集合使用时的开始索引，从 0 计起。对于集合来说默认为 0
end	int	最后一个成员	结合集合使用时的结束索引（开始索引要小于等于此结束索引），从 0 计起。默认为集合的最后一个元素。如果 end 小于 begin，则根本不计算此集合，迭代即要针对此集合进行
items	Collection, Iterator, Enumeration, Map, String, Arrays，数组	无	集合，迭代即要针对此集合进行
step	int	1	每次迭代时索引的递增值，默认值为 1
var	string	无	保存当前元素的嵌套变量的名字
varStatus	string	无	保存 LoopTagStatus 对象嵌套变量的名字

说明如下。

假若 items 为 null 时，则表示为一空的集合对象。

假若 begin 大于或等于 items 时，则迭代不运算。

注意

varName 的范围只存在<c:forEach>的 body 体中，如果超出了 body 体，则不能取得 varName 的值。

例如：

```
<c:forEach items="${atts}" var="item"> </c:forEach>
${item}</br>
```

${item}不会显示 item 的内容。

<c:forEach>除了支持数组，还包括标准的 J2SE 的结合类型，如 ArrayList、List、LinkedList、Vector、Stack 和 Set 等；还包括 java.util.Map 类的对象，如 HashMap、Hashtable、Properties、Provider 和 Attributes。

此外，<c:forEach>还提供了 varStatus 属性，主要用来存放现在所指成员的相关信息。varStatus 属性的含义如表 4.31 所示。

表 4.31　varStatus 属性的含义

属性	类型	含义
index	number	现在所指成员的索引
count	number	总共成员的总和
first	boolean	现在所指成员是否为第一个
last	boolean	现在所指成员是否为最后一个

<c:forEach>示例如下。

```
<%@ page contentType="text/html;charset=GBK"  isELIgnored="false"%>
<%@page import="java.util.List"%>
<%@page import="java.util.ArrayList"%>
<%@ taglib prefix="c" uri="http://java.sun.com/jsp/jstl/core" %>
```

```
<html>
<head>
    <title>JSTL: -- forEach 标签实例</title>
</head>
<body>
<h4><c:out value="forEach 实例"/></h4>
<hr>
    <%
        List a=new ArrayList();
        a.add("贝贝");
        a.add("晶晶");
        a.add("欢欢");
        a.add("莹莹");
        a.add("妮妮");
    request.setAttribute("a",a);
%>
    <B><c:out value="不指定 begin 和 end 的迭代: " /></B><br>
    <c:forEach var="fuwa" items="${a}">
     <c:out value="${fuwa}"/><br>
    </c:forEach>
    <B><c:out value="指定 begin 和 end 的迭代: " /></B><br>
    <c:forEach var="fuwa" items="${a}" begin="1" end="3" step="2">
     <c:out value="${fuwa}" /><br>
    </c:forEach>
    <B><c:out value="输出整个迭代的信息: " /></B><br>
    <c:forEach var="fuwa" items="${a}" begin="3" end="4" step="1" varStatus="s">
     <c:out value="${fuwa}" />的四种属性: <br>
      所在位置,即索引: <c:out value="${s.index}" />;
      总共已迭代的次数: <c:out value="${s.count}" /><br>
      是否为第一个位置: <c:out value="${s.first}" />;
      是否为最后一个位置: <c:out value="${s.last}" /><br>
    </c:forEach>
</body>
</html>
```

其运行结果如图 4-18 所示。

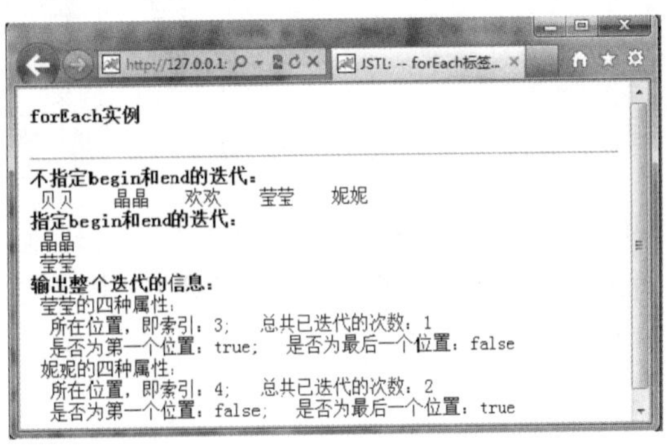

图 4-18　<c:forEach>示例运行结果

（8）<c:forTokens>标签。

<c:forTokens>标签用于遍历字符串中的成员，成员之间通过 delimis 属性设置的符号进行分

割。其相当于 java.util.String Tokenizer 类。

其语法格式如下。

```
    <c:forTokens items="stringOfTokens" delims="delimiters" [var="name" begin="begin"
end="end" step="len" varStatus="statusName"]>
    body 体内容
    </c:forTokens>
```

<c:forTokens>各属性含义如表 4.32 所示。

表 4.32　<c:forTokens>各属性含义

属性名	类型	是否必须	默认值	说明
var	String	否	无	用来存放现在指定的成员
items	String	是	无	被迭代的字符串
delims	String	是	无	定义用于分割字符串的字符
varStatus	String	否	无	用来存放指定的相关成员信息
begin	int	否	0	开始的位置
end	int	否	最后一个成员	结束的位置
step	int	否	1	每次迭代步长

说明如下。

<c:forTokens>中的 begin、end、step、var 和 varStatus 属性用法与<c:forEach>标签相同，只是要求 items 必须是字符串，delims 是分隔符。

如果有 begin 属性，begin 必须大于等于 0；如果有 end 属性，end 必须大于 begin；如果有 step 属性，step 必须大于等于 1。

如果 itmes 为 null，则表示为空的集合对象。如果 begin 大于等于 items，则迭代不运算。

例如：

```
    <c:forToken items="A,B,C,D,E,F,G" delims="," var="item>
    ${item}
    </c:forToken>
```

items 属性也可以用 EL 表达式，例如：

```
    <%
     String phonenumber="123-456-7899";
     request.setAttribute("userPhone",phonenumber);
    %>
    <c:forTokens items="${userPhone}" delims="-" var="item">
    ${item}
    </c:forTokens>
```

（9）<c:import>。

<c:import>标签用于把其他静态或动态文件包含到 JSP 页面。其与<jsp:include>标签功能基本相同，主要的区别是：<c:import>标签不仅能包含同一个 Web 应用中的文件，还可以包含其他 Web 应用中的文件，甚至是网络上的资源。

其语法格式如下。

语法 1：

```
    <c:import url="url" [context="context"]
    [var="varName"] [scope="{page|request|session|application}"] [charEncoding="charEn
coding"]>
    body 体内容
```

```
</c:import>
```

语法 2：

```
<c:import url="url" [context="context"]
varReader="varReaderName" [charEncoding="charEncoding"]>
body 体内容
</c:import>
```

说明如下。

<c:import>中必须有 url 属性，它用来设定被包含网页的地址，可以是绝对地址或相对地址。当使用相对地址访问外部 context 资源时，context 指定了这个资源的名字。

属性 var 和 varReader 的区别在于 var 是一个字符串参数，而 varReader 是 Reader 对象。

（10）<c:url>。

<c:url>标签主要用来产生一个 URL。

其语法格式如下。

语法 1：没有 body 体内容。

```
<c:url value="value" [context="context"] [var="varName"]
[scope="{page|request|session|application}"] />
```

语法 2：body 体内容代表查询字符串（Query String）参数。

```
<c:url value="value" [context="context"] [var="varName"]
[scope="{page|request|session|application}"] >
<c:param> 标签
</c:url>
```

例如：

```
<c:url value="http://www.javafan.net" >
<c:param name="param" value="value"/>
</c:url>
```

上面代码的执行结果将会产生一个网址为 http://www.javafan.net?param=value 的 URL，我们可以搭配 HTML 的<a>标签使用。

```
<a href="<c:url value="http://www.javafan.net" >
<c:param name="param" value="value"/>
</c:url>">Java 爱好者</a>
```

如果<c:url>有 var 属性，则网址会被存到 varName 中，而不会直接输出网址。

（11）<c:redirect>。

<c:redirect>标签用来实现请求的重定向。例如，对用户输入的用户名和密码进行验证，不成功则重定向到登录页面。或者实现 Web 应用不同模块之间的衔接。

其语法格式如下。

语法 1：没有 body 体内容。

```
<c:redirect url="url" [context="context"] />
```

语法 2：body 体内容代表查询字符串（Query String）参数。

```
<c:redirect url="url" [context="context"] >
<c:param>
</c:redirect >
```

例如：

```
<%@ page contentType="text/html;charset=GBK"%>
<%@ taglib prefix="c" uri="http://java.sun.com/jsp/jstl/core"%>
<c:redirect url="http://127.0.0.1:8080">
    <c:param name="uname">user</c:param>
    <c:param name="password">123456</c:param>
```

```
</c:redirect>
```

运行上面的代码后，页面跳转为：http://127.0.0.1:8080/?uname=user&password=123456。

（12）<c:param>。

<c:param>标签可以作为<c:import><c:url>和<c:redirect>标签的子标签，用于传递相关参数。其语法格式如下。

```
<c:param name="参数名"value="参数值"/>
<c:param name="参数名">体内容</c:param>
```

4.2.6 自定义标签

除了标准的 JSP 标签以外，JSP 还允许用户定义自己的标签，通过自定义标签来封装用户特定的动作和行为，从而扩展标签的功能。自定义标签的使用方法和 JSP 标准标签一样，但其需要完成以下 4 个方面的定义。

（1）标签处理类。

标签处理类（Tag Handle Class）是一个 Java 类，这个类继承了 TagSupport 或者扩展了 SimpleTag 接口，通过这个类可以实现自定义 JSP 标签的功能。

（2）标签库描述文件。

标签库描述（Tag Library Descriptor，TLD）文件是一个 XML 文件，这个文件描述了标签库中的类和 JSP 中对标签引用的映射关系。它是一个配置文件，和 web.xml 类似。JSP 容器在遇到标签库中的自定义标签时需要使用该文件找到对应的标签处理器类来决定如何处理。

（3）web.xml 文件中对标签库的描述。

对标签库描述文件的定位和描述需要在 web.xml 文件中指明。在 web.xml 文件中使用 taglib 标签及其子标签 taglib-uri 和 taglib-location 来实现这个目的。

（4）在 JSP 页面中使用自定义标签。

在 JSP 页面中使用 taglib 指令声明自定义标签。

```
<%@taglib uri="taglibURI"prefix="tagPrefix"@%>
```

其中，uri 是用户自定义标签库描述文件的 URL 地址，prefix 是标签库描述文件的前缀。

1. 标签处理类的定义

标签处理类就是一个 Java 类，只是需要继承 TagSupport 类或扩展 SimpleTag 接口。

```
package tag;
import java.io.IOException;
import javax.servlet.jsp.*;
import javax.servlet.jsp.tagext.*;
public class TagTest extends TagSupport
{
    public int doStartTag() throws JspTagException
    {
    return EVAL_BODY_INCLUDE;
}
public int doEndTag() throws JspTagException
{
    try{
pageContext.getOut().write("Welcome to TagTest!<br/>"+
"  class name is   "+getClass().getName());
}
        catch(IOException e){}
        return EVAL_PAGE;
```

```
}
}
```

说明如下。

doStartTag()：在自定义标签开始时调用，返回在标签接口中定义的 int 常量。doStartTag()方法覆盖了 TagSupport 类中的此方法，会抛出 JspTagException 异常。

doEndTag()：在自定义标签结束时调用，返回在标签接口中定义的 int 常量。

完成类的编写后编译生成 TagTest.class。

2. 标签库描述文件的定义

编写标签库描述文件 tagLib.tld，它是一个 XML 文档。

```
<?xml version="1.0" encoding="ISO-8859-1" ?>
<!DOCTYPE taglib
        PUBLIC "-//Sun Microsystems, Inc.//DTD JSP Tag Library 1.1//EN"
        "http://java.sun.com/Java EE/dtds/web-jsptaglibrary_1_1.dtd">
<taglib>
  <tlibversion>1.0</tlibversion>
  <jspversion>1.1</jspversion>
  <shortname>TagExample</shortname>
  <info>Simple example library.</info>
  <tag>
    <name>tagTest</name>
    <tagclass>tag.tagTest</tagclass>
    <bodycontent>JSP</bodycontent>
    <info>Taglib example</info>
  </tag>
</taglib>
```

说明如下。

<tlibversion>为标签库的版本号，不能忽略。

<jspversion>为 JSP 规范的版本号，缺省为 1.1。

<shortname>为标签库命名空间前缀，一般与 taglib 指令中的 prefix 属性值一致。该项不能忽略。

<info>为标签库的描述信息。

在一个标签库描述文件中可以出现任意多个<tag></tag>标签，用于声明自定义的标签。

<name>为标签名称，即标签后缀。

<tagclass>为自定义标签类。

<bodycontent>表示用户自定义标签是否包含 body 体内容。值为 JSP 表示 Servlet 容器对 body 体内容求值。

<tag>标签中的<name>和<tagclass>子标签是不能省略的。

3. web.xml 文件的描述

在 web.xml 文件中需要配置对标签库描述文件的描述和定位，具体操作是在配置文件中增加以下语句。

```
<taglib>
   <taglib-uri>/TagTest</taglib-uri>
   <taglib-location>/WEB-INF/tlds/tagLib.tld</taglib-location>
</taglib>
```

说明如下。

<taglib>标签用于说明标签库描述文件的所在位置和相关 URI。

<taglib-uri>子标签中定义的内容要与 JSP 文件中<%@taglib uri="taglibURI"prefix="tagPrefix"@%>的 uri 属性值一致。

<taglib-location>子标签指出标签库描述文件的所在位置。

4. JSP 文件的编写

下面编写一个 JSP 文件，应用自定义标签。

```
<%@ taglib uri="/TagTest" prefix="TagExample"%>
<html>
<head>
    <title>tag Example</title>
</head>
<body>
<h1>TagLib Example:</h1>
The Taglib content is<br/>
<b><examples:tagTest>
</examples:tagTest>
</b><br/>
content end
</body>
</html>
```

运行结果如图 4-19 所示。

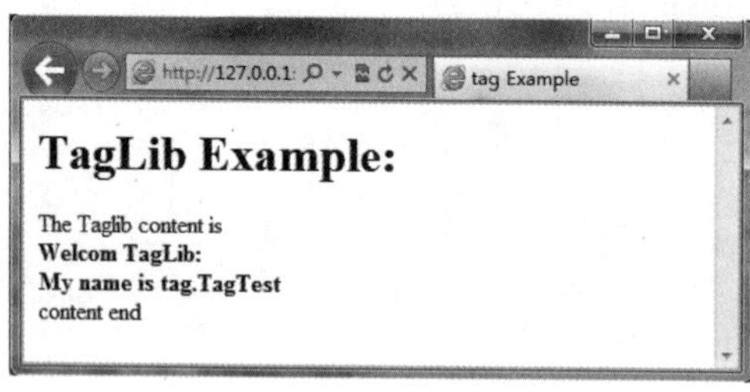

图 4-19　TagLib 示例运行结果

4.3 小　　结

本章 4.1 节首先介绍了 Servlet 的一些基础知识，包括 Servlet 技术的简介、功能、特点；接着举例描述了 Servlet 的开发过程和运行环境及相关的配置；然后对 Servlet 的生命周期和工作原理做了一个概要介绍；其次，重点介绍了 Servlet 编程常用的接口和类功能及用法，并对一些重要方法做了程序示例的演示；最后通过 Servlet 开发了用户身份验证这个实例。通过对本章的学习，读者可以熟悉 Servlet 并掌握 Servlet 的开发和使用，为以后深入地学习打好基础。

本章 4.2 节围绕 Java EE 中的一个重要的组成部分——JSP，进行了详细讲解，包括 JSP 的基本语法结构、JSP 指令、JSP 动作、JSP 的隐含对象以及 EL 表达式、JSTL 标签等。每个部分都进行了简单举例，以方便读者对各个知识点的理解，读者如果需要熟练掌握本章内容还要自己动手多做编程练习。

4.4 习　　题

【思考题】

1. 什么是 Java Servlet，有何特点？

2. Java Servlet 有哪几个生命周期？请简述 Java Servlet 的注册过程。
3. Java Servlet 针对 HTTP 协议提供的专门类和接口有哪些？
4. JSP 有哪些内置对象?作用分别是什么?
5. JSP 有哪些动作?作用分别是什么?
6. JSP 中动态 include 与静态 include 的区别是什么？
7. 简述 JSP 的执行过程。
8. <jsp:forward>与 response.sendRedirect()实现页面转向有什么区别？

【选择题】

1. 在 JSP 的小脚本中，使用以下（　　）语句可以使浏览器重定向到另一个页面。（选 1 项）
   A. request.sendRedirect("http://www.jobseek.com.cn")
   B. request.sendRedirect()
   C. response.sendRedirect("http://www.jobseek.com.cn")
   D. response.sendRedirect()

2. JSP 页面中使用表达式求值，并将数据输出到 HTML 页面。关于 JSP 表达式下列描述错误的是（　　）。（选 2 项）
   A. 使用 JSP 表达式可生成动态代码
   B. JSP 表达式后面不能加分号
   C. JSP 表达式的基本语法为<%!代码>
   D. 一个表达式标签内可以编写多个 Java 表达式

3. JSP 文件 test.jsp 内容如下，则在尝试运行时将发生（　　）。（选 1 项）

```
<html>
    <%{%>
    <% String str ;%>
    <%}%>
    Str is <%=str%>
</html>
```

   A. 编译错
   B. 编译 Java 源码时发生错误
   C. 执行编译后的字节码时发生错误
   D. 运行时在浏览器显示 Str is null

（注：选择题为公司笔试题）

【实践题】

设计一个班级网站，使其具有聊天室功能、文件上传下载功能。

第 5 章 Web Service 技术

本章内容

- Web Service 概念
- Web Service 相关协议
- Web Service 应用
- Axis 2 的应用

本章介绍 Web Service 的基本概念、相关协议和应用开发方法。学习本章内容，需要进行概念的辨析，要搞清网络应用编程的不同逻辑结构及其区别，了解 Web Service 的适用情况，了解 Web Service 技术和其他技术规范的异同点和配合使用方法。

5.1 Web Service 概述

Web 应用是个相当宽泛的概念，有许多企业应用相当复杂，其部署跨越许多同构或异构的网络，有大量的组件，这样的系统如何架构？如何实现？本节将介绍这方面的知识。

5.1.1 服务相关的概念

1. 什么是 Web Service

Web Service 是一个平台独立的、松耦合的、自包含的、基于可编程的 Web 应用程序，使用 XML 标准来描述、发布、发现、协调和配置这些应用程序，用于开发分布式的互操作的应用程序。

简单地说，一个 Web Service 就是一个应用程序，它有一些为外界所知的能够通过 Web 进行调用的 API。换句话说，用编程的方法可以通过 Web 来调用这个应用程序和它的 APIs。我们把调用这个 Web Service 的应用程序叫作客户。例如，你要创建一个 Web Service，它的作用是返回当前的天气情况。那么你可以建立一个页面，接受邮政编码作为查询字符串，返回一个查询结果字符串，其中包含了邮政编码所在地区当前的气温和天气。这个简单的例子包含了建立与提供 Web Service 的一方和使用 Web Service 的一方。

2. SOA

面向服务架构（Service-Oriented Architecture，SOA）是指为了解决在 Internet 环境下业务集成的需要，通过连接 Internet 独立完成特定任务的一种软件系统架构。SOA 核心思想是：让应用不受限于技术，让企业轻松应对业务服务变化和发展的需要。目前，SOA 的实现手段主要包括：Web Service（网络服务）、CORBA（公共对象请求代理体系结构）和 JINI（Java 智能网络基础架构）等。

3. 为何要使用 SOA

SOA 可解决多服务混乱问题，因此也称为服务治理。在系统有高复杂度的情况下，如果划分为多个子系统，子系统之间直接交互，相互调用服务，结构非常混乱，导致性能低下。为了提升系统性能，可采用 SOA 架构，将服务之间调用的混乱状态治理好。

SOA 具有如下好处。

- 降低用户成本，用户不需要关心各服务之间是什么语言，也不需要知道如何调用它们，只要通过统一标准找数据总线就可以了。
- 程序之间关系服务简单。
- 可识别哪些程序有问题。

4. ESB

企业服务总线（Enterprise Service Bus，ESB）是从面向服务架构（SOA）发展而来的，是传统中间件技术与 XML、Web Service 等技术结合的产物。

ESB 的作用可用图 5-1 和图 5-2 对比阐释。

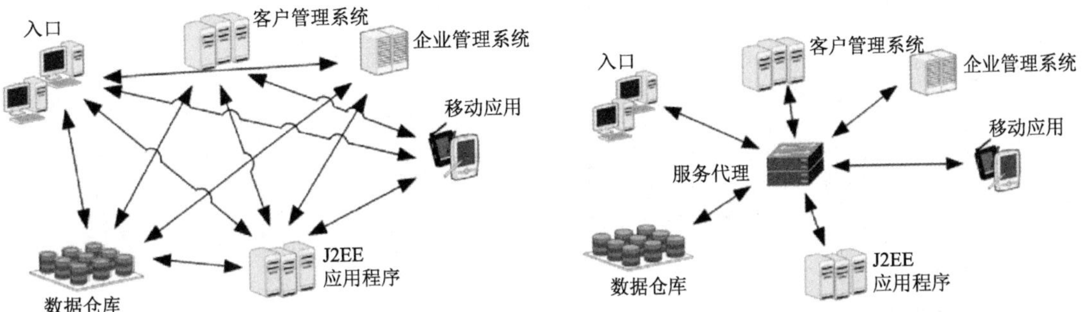

图 5-1　未使用 ESB 的应用架构　　图 5-2　使用 ESB 中介和代理的应用架构

目前主流的 ESB 产品包括 Oracle 的 OSB（Oracle Service Bus）、IBM 的 WebSphere Message Broker、Mulesoft 的 Mule 等。

5. SOA、ESB 及 Web Service 的关系

SOA 不是 Web Service，Web Service 是实现 SOA 的方式之一。SOA 架构实现不依赖于技术，因此能够使用各种不同的技术实现，例如 REST、SOAP、RPC、RMI、DCOM 等。SOA 的意义在于指导系统设计可重用，ESB 则建立在 SOA 基础之上，将众多系统进行集成。因此三者关系可以概括如下。

- SOA 是方法论，就像建筑学一样，具有指导性质。
- ESB 是建筑图纸，用于理顺整个建筑中不同系统间关系的架构。
- Web Service 是具体的建筑材料，就好像预制板，预制板之外还有别的材料。

5.1.2 Web Service 相关协议

1. XML

XML（eXtensible Markup Language）即扩展的标记语言，已在第 3 章讲解。Web Service 的协议都是用 XML 描述的。查看 SOAP、WSDL、UDDI 的文件格式便可知 XML 的作用了。

2. WSDL

WSDL（Web Service Description Language）即 Web Service 描述语言，是一门基于 XML 的

语言，用于描述及定位 Web Service。

表 5.1 所示为 WSDL 元素及定义。

表 5.1　　WSDL 元素及定义

元素	定义
<portType>	Web Service 执行的操作
<message>	Web Service 使用的消息
<types>	Web Service 使用的数据类型
<binding>	Web Service 使用的通信协议

WSDL 文档结构代码如下。

```
<definitions>
   <types>
      data type definitions...
   </types>
   <message>
      definition of the data being communicated...
   </message>
   <portType>
      set of operations...
   </portType>
   <binding>
      protocol and data format specification...
   </binding>
</definitions>
```

3. UDDI

通用描述发现与集成服务（Universal Description Discovery and Integration，UDDI）是一种规范，主要提供基于 Web Service 的注册和发现机制，为 Web Service 提供三个重要的技术支持：标准、透明、专门描述 Web Service 的机制；调用 Web Service 的机制；可以访问的 Web Service 注册中心。UDDI 规范由 OASIS（Organization for the Advancement of Structured Information Standards）标准化组织制定。

4. SOAP

SOAP（Simple Object Access Protocol）是一种简单的基于 XML 的协议，它使应用程序通过 HTTP 来交换信息。

对于应用程序开发来说，使程序之间进行因特网通信是很重要的。SOAP 提供了一种标准的方法，使得运行在不同操作系统并使用不同技术和编程语言的应用程序可以互相通信。

SOAP 建立在 HTTP 基础之上。SOAP 方法指的是遵守 SOAP 编码规则的 HTTP 请求/响应。即：HTTP + XML = SOAP。

下面是一个 SOAP 请求报文与一个 SOAP 响应报文的格式，从中可见 SOAP 与 HTTP 的关系。

SOAP 请求代码如下。

```
POST /InStock HTTP/1.1
Host: www.example.org
Content-Type: application/soap+xml; charset=utf-8
Content-Length: nnn
<?xml version="1.0"?>
<soap:Envelope
```

```
xmlns:soap=http://www.w3.org/2001/12/soap-envelope
soap:encodingStyle="http://www.w3.org/2001/12/soap-encoding">
<soap:Body xmlns:m="http://www.example.org/stock">
  <m:GetStockPrice>
  <m:StockName>IBM</m:StockName>
    </m:GetStockPrice>
</soap:Body>
</soap:Envelope>
```

SOAP 响应代码如下。

```
HTTP/1.1 200 OK
Content-Type: application/soap+xml; charset=utf-8
Content-Length: nnn
<?xml version="1.0"?>
<soap:Envelope
xmlns:soap=http://www.w3.org/2001/12/soap-envelope
soap:encodingStyle="http://www.w3.org/2001/12/soap-encoding">
<soap:Body xmlns:m="http://www.example.org/stock">
  <m:GetStockPriceResponse>
<m:Price>34.5</m:Price>
 </m:GetStockPriceResponse>
</soap:Body>
</soap:Envelope>
```

5. 各个协议的角色

概括地说，在一个 Web Service 应用中，HTTP 为传输信道、SOAP 是封装格式、XML 是数据格式、WSDL 是描述方式、UDDI 是一种目录服务，企业可以使用各协议对 Web Service 进行注册和搜索。

我们用一个救援服务类比一个 Web Service 进行说明。它有三个重要的"部门"：WSDL、UDDI、SOAP。WSDL 是业务部门，明确可以提供哪些救援服务，都叫什么名字，使用什么设备等；UDDI 是对外宣传部门，负责告知外部世界的服务需求者，我们可提供哪些服务，每种服务的请求办法，包括办公地址、电话号码、微信公众号等； SOAP 则是后勤车队，负责制订救援设备的封装方式、运输方式，它根据需要与具体的公共交通部门联络，例如 HTTP 类比于公路交通，SOAP 要遵守公路交通的规则，同时还需要保持自己车队的统一行动步调。上述所有的交流都离不开语言，即 XML。WSDL 用 XML 说明服务，UDDI 用 XML 对服务广而告之、SOAP 用 XML 与 HTTP 协调一致。

事实上，计算机网络上的应用与人类活动的规则协议是高度契合的，人类社会本来就是互联互通互帮互助的一个巨大的网络。

5.2　Web Service 应用开发

本节用实例介绍 Web Service 应用的开发方法，介绍一个可用的框架 Axis 2 的下载、安装、组成及使用方法。

Web Service 应用开发

5.2.1　Axis 2 的下载和安装

Axis 2 是目前比较流行的 Web Service 引擎。从官网下载 Axis 2 的某个版本的安装包，例如 axis2-1.7.4。在 axis2-1.7.4-bin.zip 中包含 Axis 2 中

所有的 jar 文件。在 axis2-1.4.1-war.zip 中包含将 Web Service 发布到 Web 容器中的项目内容。将 axis2-1.4.1-war.zip 文件解压到相应的目录，将目录中的 axis2.war 文件放到 Tomcat 安装目录:\webapps 中，并启动 Tomcat。在浏览器地址栏中输入 URL：http://localhost:8080/axis2/。如果在浏览器中显示图 5-3 所示的页面，则表示 Axis 2 安装成功。

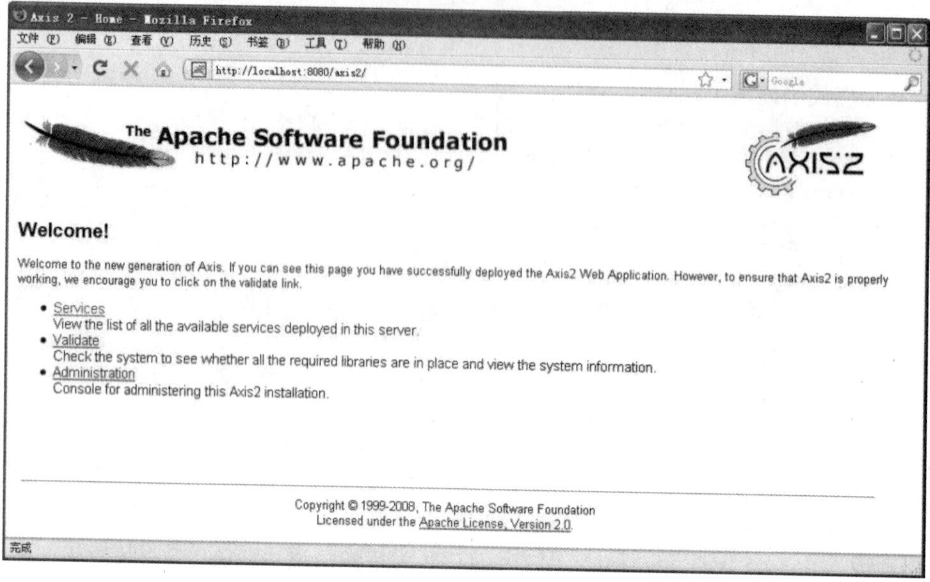

图 5-3 Axis 2 初始页面

5.2.2 Web Service 简单应用

在 Axis 2 中不需要进行任何配置，就可以直接将一个简单的 POJO 发布成 Web Service。其中 POJO 中所有的 public 方法将被发布成 Web Service 方法。

下面我们来实现一个简单的 POJO，代码如下。

```
public class FirstService
  {
  public String getGreeting(String name)
  {
     return "Hello  " + name;
  }
  public int getSequenceNumber()
  {
     return new java.util.Random().nextInt(1000);
  }
  }
```

在 FirstService 类中有两个方法，由于这两个方法都是 public 方法，因此，它们都将作为 Web Service 方法被发布。

编译 FirstService 类后，将 FirstService.class 文件放到 Tomcat 安装目录:\webapps\axis2\WEB-INF\pojo 中（如果没有 pojo 目录，则建立该目录）。现在我们已经成功将 FirstService 类发布成了 Web Service。在浏览器地址栏中输入 URL：http://localhost:8080/axis2/services/FirstServices。

需要注意的是：创建类的时候不要使用语句 package。

这时当前页面将显示所有在 Axis 2 中发布的 Web Service，如图 5-4 所示。

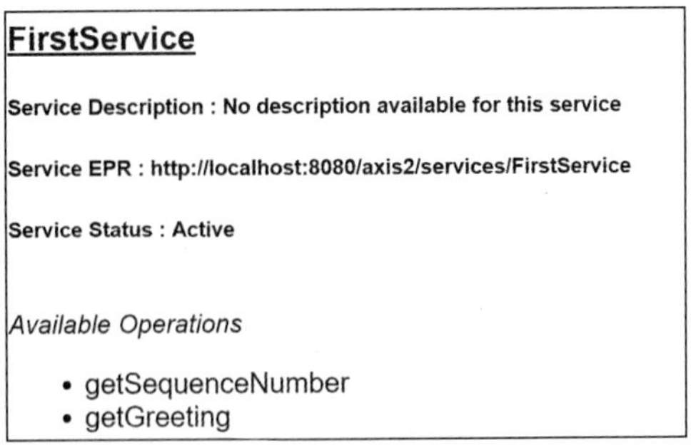

FirstService

Service Description : No description available for this service

Service EPR : http://localhost:8080/axis2/services/FirstService

Service Status : Active

Available Operations

- getSequenceNumber
- getGreeting

图 5-4　发布的服务

图 5-4 中显示的 Available Operations 包括 getSequenceNumber 和 getGreeting，即在类 FirstService 中定义的两个方法。所以，Web Service 本质上即发布到网络上可供远程调用的一系列类方法以及保证它们可被调用的基础架构和操作平台。

在浏览器地址栏中输入以下的两个 URL 来分别测试 getGreeting 和 getSequenceNumber 方法。

（1）键入 http://localhost:8080/axis2/services/FirstService/getGreeting?name=Tom ，可见如图 5-5 所示的结果页面。

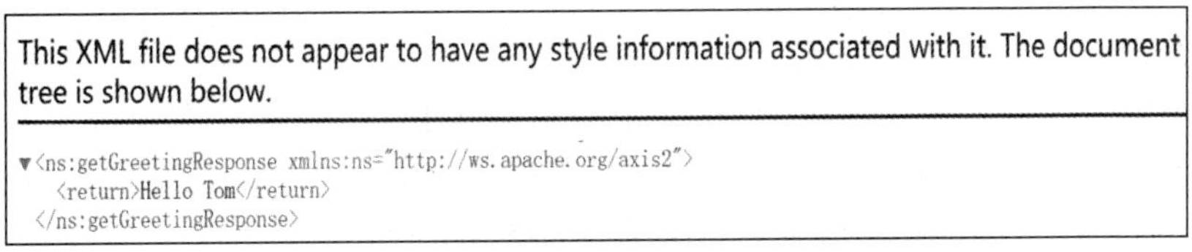

This XML file does not appear to have any style information associated with it. The document tree is shown below.

```
▼<ns:getGreetingResponse xmlns:ns="http://ws.apache.org/axis2">
   <return>Hello Tom</return>
 </ns:getGreetingResponse>
```

图 5-5　调用服务 getGreeting 的结果

（2）键入 http://localhost:8080/axis2/services/SimpleService/getSequenceNumber，可见如图 5-6 所示的结果。

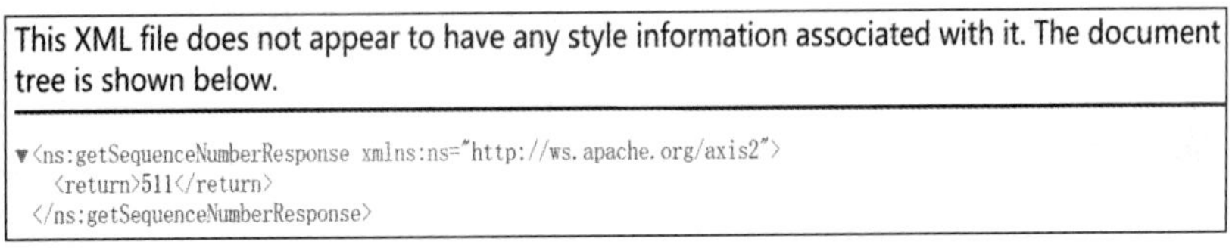

This XML file does not appear to have any style information associated with it. The document tree is shown below.

```
▼<ns:getSequenceNumberResponse xmlns:ns="http://ws.apache.org/axis2">
   <return>511</return>
 </ns:getSequenceNumberResponse>
```

图 5-6　调用服务 getSequenceNumber 的结果

5.2.3　服务发布与调用问题

在服务发布和调用操作中，需要注意的问题如下。

（1）热发布问题：Axis 2 在默认情况下可以热发布（也称为部署）Web Service，也就是说，将 Web Service 的.class 文件复制到 pojo 目录中时，Tomcat 不需要重新启动就可以自动发布 Web Service。如果想取消 Axis 2 的热发布功能，可以打开 Tomcat 安装目录:\webapps\axis2\WEB-INF\conf\axis2.xml，找到配置代码<parameter name="hotdeployment">true</parameter>，将 true 改为 false 即可。

（2）热更新问题：Axis 2 在默认情况下是热发布，但不是热更新，也就是说，一旦成功发布了 Web Service，再想更新该 Web Service，就必须重启 Tomcat。这对于开发人员调试 Web Service 非常不方便，因此，在开发 Web Service 时，可以将 Axis 2 设为热更新。在 axis2.xml 文件中找到代码<parameter name="hotupdate">false</parameter>，将 false 改为 true 即可。

（3）调用参数问题：在浏览器中测试 Web Service 时，如果 Web Service 方法有参数，需要使用 URL 的请求参数来指定该 Web Service 方法参数的值，请求参数名与方法参数名要一致，例如，要测试 getGreeting 方法，请求参数名应为 name，如上面的 URL 所示。如果名字不一致，就会出现显示 null 的现象。这种情况下，可以在浏览器地址栏键入 http://localhost:8080/axis2/services/FirstService?wsdl，查看服务相关的元素属性，如果看到的属性为图 5-7 所示，则调用该方法的 URL 应改为 http://localhost:8080/axis2/services/FirstService/getGreeting?args0=Tom，否则会出现参数值为 null 的情况。

```
▼<xs:element name="getGreeting">
  ▼<xs:complexType>
    ▼<xs:sequence>
        <xs:element minOccurs="0" name="args0" nillable="true" type="xs:string"/>
      </xs:sequence>
    </xs:complexType>
  </xs:element>
```

注意这个name的值，传参数要与之一致

图 5-7　WSDL 文件中服务信息

（4）发布 Web Service 的 pojo 目录只是默认的，如果读者想在其他目录发布 Web Service，可以打开 axis2.xml 文件，并在<axisconfig>元素中添加以下子元素。

```
<deployer extension=".class" directory="my" class="org.apache.axis2.deployment.POJODeployer"/>
```

上面的配置允许在 Tomcat 安装目录:\webapps\axis2\WEB-INF\my 中发布 Web Service。例如，将本例中的 FirstService.class 复制到 my 目录中也可以成功发布。注意，要在发布 my 目录的服务之前删除 pojo 目录中的 FirstService.class，否则 Web Service 会重名。

5.2.4　利用 Eclipse 和 Axis 2 开发 Web Service

利用 Axis 2 开发 Web Service 应用的主要步骤如下。

5.2.2 小节展示了一个简单的 Web Service 的基本操作方法。下面我们以 Eclipse + Axis 2 为环境说明 Web Service 开发的步骤。

1. 在 Eclipse 中配置 Axis 2

在 Tomcat 中部署 Axis 2，即将 axis2.war 文件放到 Tomcat 安装目录:\webapps 中。下载 axis2-eclipse-codegen-plugin-1.7.4.zip 和 axis2-eclipse-service-plugin-1.7.4.zip，解压后将 jar 包复制到 Eclipse 安装目录的 plugins 目录中。

2. 建立要发布的 Web Service

（1）在 Eclipse 中创建一个 Java Project，命名为 HelloWorld。在 Windows→Preferences 下创建一个 User Libraries（用户库），命名为 axis2，将 axis2-1.7.4-bin.zip 解压的 jar 包添加进来。将 axis2 用户库添加到项目的 Build Path 集合中。

（2）在 src 包创建 Services 包，在 Services 中创建类 Hello，在类中创建方法 sayHello（String user）。代码如下。

```
package services;

public class Hello {
    public String sayHello(String user) {
        return "Hi, "+ user;
    }
}
```

3. 发布 Web Service

（1）编译 Hello 类，结果在 workspace 项目目录的 bin 文件夹中生成了 Hello.class 文件。

（2）打包要发布的 Web Service。选择 File→New→Other→Axis2 wizards→Axis2 Services Archiver 命令，经过连续取默认值，单击 Next 按钮之后，完成发布。中间只有少数步骤需要采用 browse 方式选择，例如 class file location、service name、class name 等，按提示信息结合项目的具体实际做即可。

4. 测试服务

（1）启动 Tomcat 服务器。

（2）打开 http://localhost:8080/axis2/services/listServices 页面，可见一个新的服务，如图 5-8 所示。

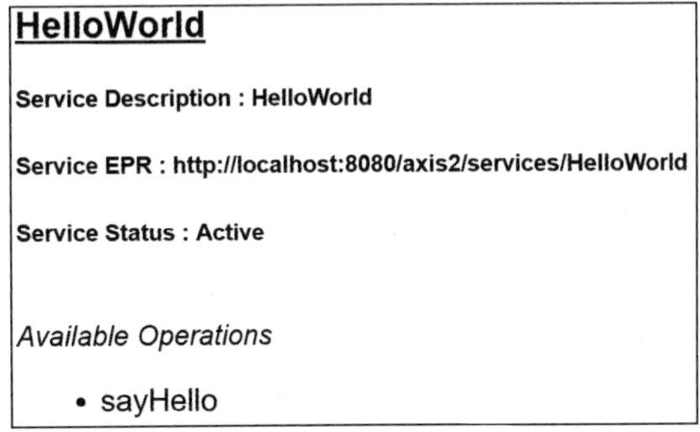

图 5-8　发布的服务 HelloWorld

（3）在浏览器中键入 http://localhost:8080/axis2/services/HelloWorld/sayHello?user=Tom，可以调用服务。

（4）更一般的方法是编写客户端程序，调用服务。

因为 Web Service 是为程序服务的，只在浏览器中访问 Web Service 意义不大。本例使用 Java 实现了一个控制台程序来调用 5.2.2 小节发布的 Web Service，意在演示说明实际应用的情形。调用 Web Service 客户端的代码如下。

```
package clients;

import javax.xml.namespace.QName;
import org.apache.axis2.addressing.EndpointReference;
import org.apache.axis2.client.Options;
import org.apache.axis2.rpc.client.RPCServiceClient;

 class RPCClient
{
    public static void main(String[] args) throws Exception
    {
        // 使用 RPC 方式调用 Web Service
        RPCServiceClient serviceClient = new RPCServiceClient();
        Options options = serviceClient.getOptions();
        // 指定调用 Web Service 的 URL
         EndpointReference targetEPR = new EndpointReference("http://localhost:8080/axis2/services/HelloWorld");
        options.setTo(targetEPR);
        // 指定 getGreeting()方法的参数值
        Object[] opAddEntryArgs = new Object[] {"Tom"};
```

```
        // 指定 getGreeting()方法返回值的数据类型的 Class 对象
        Class[] classes = new Class[] {String.class};
        // 指定要调用的 getGreeting()方法及 WSDL 文件的命名空间
        QName opAddEntry = new QName("http://Services", "sayHello");
       //命名空间，其实是包的名字
        // 调用 getGreeting()方法并输出该方法的返回值
          System.out.println(serviceClient.invokeBlocking(opAddEntry, opAddEntryArgs, classes)[0]);
      }
    }
```

运行上面的程序后，将在控制台输出图 5-9 所示信息。

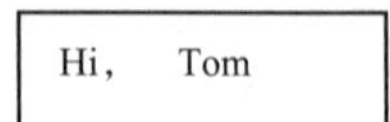

图 5-9　客户端程序执行结果

使用本例程序的说明如下。

（1）客户端代码需要引用很多 Axis 2 的 jar 包，如果读者不太清楚要引用哪个 jar 包，可以在 Eclipse 的工程中引用 Axis 2 发行包 lib 目录中的所有 jar 包。

（2）本例使用了 RPCServiceClient 类的 invokeBlocking()方法调用了 Web Service 中的方法。invokeBlocking()方法有三个参数，其中第一个参数的类型是 QName 对象，表示要调用的方法名；第二个参数表示要调用的 Web Service 方法的参数值，参数类型为 Object[]；第三个参数表示 Web Service 方法的返回值类型的 Class 对象，参数类型为 Class[]。当方法没有参数时，invokeBlocking()方法的第二个参数值不能是 null，而要使用 new Object[]{}。

（3）如果被调用的 Web Service 方法没有返回值，应使用 RPCServiceClient 类的 invokeRobust()方法，该方法只有两个参数，它们的含义与 invokeBlocking()方法的前两个参数的含义相同。

（4）在创建 QName 对象时，QName 类的构造方法的第一个参数表示 WSDL 文件的命名空间名，也就是<wsdl:definitions>元素的 targetNamespace 属性值。

（5）这样的方式调用服务有些烦琐，可以采用 wsdl2java 简化客户端程序的编写。

Axis 2 提供了一个 wsdl2java.bat 命令，可以根据 WSDL 文件自动产生调用 Web Service 的代码。wsdl2java.bat 命令在 Axis 2 安装目录的 bin 子目录中。在使用 wsdl2java.bat 命令之前需要设置 AXIS2_HOME 环境变量，该变量值是 Axis 2 安装目录。

5.3　小　　结

本章首先介绍了与 Web Service 有关联的几个重要的术语，然后简单介绍了软件架构知识。对 Web Service 的应用方法，结合开源框架 Axis 2 用实例进行了详细的讲解。本章的关键问题是理解 Web Service 的适用场合和开发方法。学习本章内容，应联系其他技术规范做对比学习，深入思考这些规范在技术应用和底层实现上的关系。

5.4 习　　题

【思考题】

1. 什么是 Web Service？有什么用途？在什么情况下使用？
2. 什么是 SOAP?与 HTTP 是什么关系？
3. 什么是 WSDL?什么是 UDDI?
4. WSDL 文档主要由哪几部分组成，分别有什么作用？（面试题）
5. 如何请求一个 Web Service？（面试题）

【选择题】

1. 在 Web Service 开发时，订阅者和发布者都需要和（　　）里的实体进行交互。

A. UDDI　　B. 底层类库　　C. Service　　D. 远程接口

2. 在面向 RPC 的 Web Service 中，对于 Greeting 远程接口来说，当定义其实现类时，下述代码片段下画线部分应该是（　　）。

public class GreetingImp implements ________

A. EJB Object　　B. EJB Remote　　C. Remote　　D. Greeting

3. 下列关于 Web Services 的描述（　　）是错误的。

A. Web Services 架构中有三个角色：服务请求者，服务提供者，服务注册处
B. 服务提供者向服务注册处发布服务的信息
C. 服务请求者需要向服务注册处查询其需要的服务信息
D. 服务请求者需要与服务注册处绑定以消费服务

4. Web Services 使用基于（　　）的标准和传输协议交换数据。

A. XSLT　　B. XML　　C. TCP/IP　　D. Java

5. 在 Java EE 体系架构中，客户层组件运行在（　　）上。

A. 客户机　　B. java EE 服务器　　C. 数据库服务器　　D. Web 服务器

6. JAva EE 程序可以使用（　　）API 查找服务和组件。

A. RMI-IIOP　　B. JMS　　C. JDBC　　D. JNDI

7. 下列（　　）是描述网络服务的标准 XML 格式。

A. WSDL　　B. UDDI　　C. SOAP　　D. LDAP

【实践题】

1. 利用 wsdl2java，参照教程中访问 Web Service 的客户端程序，给出一个简化的表达。
2. 利用 Axis 2 开发 Web Service，使客户端与其传递复杂类型数据，例如数组参数。
3. 利用 Axis 2 开发 Web Service，使客户端与其传递二进制数据，例如图片文件。

第 6 章 EJB 概述

本章内容

- EJB 概述
- 会话 Bean
- 消息服务和消息驱动 Bean
- EJB 生命周期

EJB（Enterprise JavaBean）的早期版本不是轻型框架，因其开发与部署的繁琐性阻碍了它的应用，但 EJB 3 之后，它的轻型化使其重获开发者关注。本章介绍 EJB 的基本原理，并用程序示例说明常用的 Bean 的应用开发方法。

6.1 EJB 简介

EJB 是 Sun 公司提出的服务器端组件模型，是 Java 技术中服务器端软件构件的技术规范和平台支持。其最大的用处是部署分布式应用程序，类似微软的.com 技术。凭借 Java 跨平台的优势，用 EJB 技术部署的分布式系统可以不限于特定的平台。和其他 Java EE 技术一样，EJB 大大增强了 Java 的能力，并推动了 Java 在企业级应用程序中的应用。

6.1.1 什么是 EJB

EJB 是使用 Java 语言构造的可移植、可重用和可伸缩的业务应用程序平台。从其诞生开始，EJB 就号称无须重新构造服务（如事务、安全性、自动持久化等构造应用程序所需的工作），即可构造企业 Java 应用程序的组件模型或框架。EJB 允许开发者集中精力构造业务逻辑，不必在构造基础结构代码上浪费时间。

EJB 自 1996 年发布以来，产生了不同的版本，到现在为止，已经成功地发布了 EJB 3.1 版本。采用 EJB 架构的目标如下。

- 减轻直接操作底层数据库的工作量。
- 为企业级开发引入了面向对象/面向服务的开发架构。
- 数据对象生命周期的自动管理。
- 分布式能力。
- 集成/声明式的安全/事务管理。

在 EJB 2.1 以前，EJB 实现了大部分的目标。但是，其自身的复杂性限制了它的普及应用。

它最大的缺陷是原有的模型在试图减轻数据访问工作量的同时也引入了更多复杂的开发需求。此外，它的缺点还表现在：EJB 模型需要创建若干个组件接口并实现若干个不必要的回调方法，部署复杂、容易出错、基于 EJB 模型容器管理的持久性复杂，不利于开发和管理、查找和调用复杂，用户必须了解 JNDI 的每个细节等。2004 年 9 月，Sun 公司在 Java EE 平台基础上集众家之所长，推出了跨越式的 Java EE5 规范，最核心的技术是全面引入了新的基于 POJO 和 IoC 技术的 EJB 3 模型。EJB 3 旨在解决原来 EJB 2 模型的复杂性问题，并且提高灵活性，具体体现在以下 8 个方面。

（1）消除了不必要的接口 Remote、Home，以及实现回调方法。

（2）实体 Bean 采用了 POJO 模型，一个简单的 Java Bean 就可以是一个实体 Bean，无须依赖容器运行和测试。

（3）全面采用 ORM 技术来实现数据库操作。

（4）实体 Bean 可以运用在所有需要持久化的应用上，不管是客户端还是服务器端，从而真正实现面向构件的开发。

（5）实体 Bean 支持继承和多态性。

（6）灵活丰富的 EJB 3 查询语言及对 SQL 的支持。

（7）使用元数据标注代替部署描述符，减少复杂配置，提高可维护性。

（8）将常规 Java 类用作 EJB，并将常规业务接口用于 EJB。

Java EE 6 新提出的 EJB 3.1 又引入了一些新特性。例如，单例会话 Bean、简化 EJB 打包、异步 Session Bean、在 Java SE 环境中运行 EJB 的能力和 EJB Lite 的概念。

6.1.2　EJB 组件类型

根据 Bean 的不同用途，将 EJB 组件分为 3 种类型：Sessin Bean（会话 Bean）、Entity Bean（实体 Bean）和 Message-Driven Bean（消息驱动 Bean）。在 EJB 3 中实体 Bean 已随 Java 持久化 API（JPA）独立出去了，因此它的有关内容在本章不做过多介绍，只做必要的提及。

给 Bean 分类的目的是保证它们不会过多地加载服务。Bean 分类也有助于开发人员能以有意义的方式了解和组织应用程序。

1. 会话 Bean

会话 Bean 是运行在 EJB 容器中的 Java 组件，根据其是否保存客户的状态，又分为有状态会话 Bean、无状态会话 Bean 和单例会话 Bean。

有状态会话 Bean 是一种保持会话状态的服务，每个实例都与特定的客户机相关联，在与客户机的方法调用之间维持对话状态。与之相反，无状态会话 Bean 不保存与特定客户的对话状态。因此，有状态会话 Bean 比无状态会话 Bean 具有更多的功能，而无状态会话 Bean 实例可以通过 EJB 容器自由地在客户机之间交换，从而少量的会话 Bean 就可以服务于大量的客户机，一个典型的应用例子就是网上商店的购物车。用户进入网上商店后，用户的账号、选购的商品均被存入购物车，购物车始终跟踪用户的状态，购物车与客户一一对应，此购物车就可以用有状态会话 Bean 实现；而无状态会话 Bean 在客户调用期间不维护任何有关客户的状态信息，可以构造无状态会话 Bean 实现管理商品或查询商品这样的业务处理。

单例会话 Bean 对每个应用只实例化一次，生命周期是整个应用。单例会话 Bean 用于客户交叉共享和同步访问的企业应用。单例会话 Bean 和无状态会话 Bean 提供类似的功能，但不同的是：对每个应用，单例会话 Bean 只有一个实例，不为用户提供可以请求的会话 Bean 池。和无状态会话 Bean 一样，单例会话 Bean 可以实现 Web 服务端点。有状态会话 Bean 在客户端之间的调用中保持它们的状态，但不要求在服务器崩溃或关机时保持状态。使用单例会话 Bean 的应用程序可以规定应用程序启动时实例化，允许单例会话 Bean 执行初始化任务。单例会话 Bean 也可以执行应用程序关闭清理任务，因为单例会话 Bean 将在整个应用程序的生命周期运行。

2. 消息驱动 Bean

消息驱动 Bean 是 EJB 2.0 开始引入的一种 Bean 类型，主要用于对传入的 JMS（Java Message Service）消息及时进行并发处理。它通常充当 JMS 消息监听者，类似于事件监听器，但它接收的是 JMS 消息而不是事件。JMS 消息可以由任何 Java EE 组件、JMS 应用程序或 Java EE 之外的系统发送。

消息驱动 Bean 和会话 Bean 的最明显区别是，客户端不通过接口访问消息驱动 Bean，客户端组件不定位消息驱动 Bean 和直接调用这些方法。相反，客户端访问一个消息驱动 Bean 是通过类似于 JMS 的方式发送消息到目的地，消息驱动 Bean 作为其监听者，允许在系统组件之间发送异步消息。消息驱动 Bean 通常被用于健壮系统的集成或异步处理。

3. 实体 Bean 与 JPA

实体 Bean 用于建模应用程序的持久化部分。JPA 是 EJB 3 的持久化框架。JPA 定义了如下标准。

- ORM 配置元数据：用于把实体映射到数据库表。
- Entity Manager API：用于对实体执行 CRUD（创建、读取、更新和删除）和持久化操作的标准 API。
- Java 持久化查询语言（JPQL）：用于搜索和检索持久化应用程序数据。

JPA 标准化了 Java 平台的 ORM 框架，可以插入 ORM 产品作为应用程序的底层 JPA "持久化提供器"。

6.1.3 EJB 3 的构成

EJB 3 的开发通常涉及以下 3 种不同的文件。

- 业务接口。
- Bean 类。
- 辅助类。

EJB 的名字一般需要符合规范：假设 Bean 名字为 Hello，则业务接口名字为 Hello，而 Bean 类的名字为 HelloBean，EJB 名字为 HelloBean，EJB JAR 名字为 HelloBean。

一个 Bean 类可有多个业务接口，这些接口按以下规则进行设计。

- 如果 Bean 类只有一个接口，则默认为业务接口。
- 如果没有在 Bean 类或接口上使用远程注释，也没有在部署描述符中声明这个接口为远程接口，则默认为本地接口。
- 如果 Bean 类有多个业务接口，必须明确使用本地或远程注释，或者用部署描述符说明业务接口。
- 同一个业务接口不能既为本地接口又为远程接口。

6.2 会话 Bean

6.2.1 创建无状态会话 Bean

无状态（Stateless）会话组件不保留客户程序调用的状态，这意味着客户程序对这类组件的两次方法调用之间是没有关联的。由于无状态会话组件无须维持与客户程序的会话状态，因此针对这类组件采用的实例池机制具有较高的性能和可伸缩性，非常适合以一定数量的实例支持大量并发客户程序的调用请求。无状态会话 Bean 一旦经过实例化就被加进会话池中，各个用户都可以使用。即使用户已经消亡，Bean 的生命期仍可能未结束，它可能依然存在于会话池中，供其他用户调用。无状态会话 Bean 一般由两种元素组成：一种是业务接口，包含对客户应用程序可见的业务方法的声明；另一种是 Bean 实现类，包含执行业务方法的实现。

1. 定义业务接口

使用@Remote 或@Local 标注，可声明是远程接口或本地接口。如果无状态会话 Bean 的客户端和它在相同容器中，可通过@Local 标注把接口指定为本地接口。否则，要通过@Remote 标注把接口指定为远程接口。相比之下，通过远程接口访问比通过本地接口访问的开销大，它适合分布式应用场合。

例如，下面分别是关于订单的本地业务接口和远程业务接口。

```
@Local
public interface OrderServiceLocal{
   ......
}
@Remote
public interface OrderServiceRemote{
   ......
}
```

2. 定义会话 Bean

一个无状态会话 Bean 必须使用@Stateless 标注，以此表明它是一个无状态会话 Bean。语法格式如下。

```
@Stateless
public class OrderService implements OrdrServiceLocal{
   ......
}
```

标注@Stateless 有三个属性：name、mappedName 和 description。name 属性指定组件的名称，使 JNDI 可以识别不同的 Bean，查找到某个 Bean；mappedName 属性定义 Bean 的一个全局 JNDI 名称，它专用于访问远程会话 Bean；description 属性则是对会话 Bean 的描述。

如果会话 Bean 实现了普通的接口（没有加@Local 或@Remote 标注），要想显式表明会话 Bean 是本地的还是远程的，可以在会话 Bean 定义时使用@Local 或@Remote 标注。例如：

```
public interface OrderServiceLocal{
   ......
}
public interface OrderServiceRemote{
   ......
}
@Remote({OrderServiceRemote.class})
@Local({OrderServiceLocal.class})
@Stateless
public class OrderService implements OrderServiceRemote,OrdrServiceLocal{
   ......
}
```

会话 Bean 实现接口不是必需的。没有实现接口的会话 Bean，或者虽然实现了接口，但所实现的接口没有加@Local 标注或@Remote 标注的会话 Bean，默认为本地会话 Bean。

6.2.2 访问无状态会话 Bean

1. 使用 JNDI

JNDI 要通过名称查找对象，JNDI Context 是命名与对象的集合，可应用 Context 提供的 lookup（String name）方法查找对象，例如：

```
InitialContext ctx = new InitialContext();
OrderServiceRemote osr = (OrderServiceRemote)ctx.lookup("OrderServiceRemote");
```

对于远程会话 Bean，如果只有一个接口，可以直接通过接口名查找。如果@stateless 指明一个 name，则名称格式如下。

```
java:global/工程名/EJB 项目名/BeanName
```

这里 BeanName 是@stateless 中的 name 值。如果会话 Bean 中实现了一个业务接口，可以不指明业务接口，如果实现了多个接口，需要指明业务接口，格式如下。

```
java:global/工程名/EJB 项目名/类名! 接口全名
```

2. 使用@EJB 自动注入

使用@EJB 标注可以自动注入对象。例如，在一个 Servlet 中，使用以下方式可以注入所需的对象。

```
@EJB
private OrderServiceLocal orderservice;
```

@EJB 标注常用的属性包括以下 3 种。

- name：指定引用 EJB 组件的名字。
- beanInterface：指定被引用的 EJB 组件的接口类型。
- beanName：如果两个以上的 Bean 实现了相同的接口，就要使用该属性来区分它们。

在 Servlet、Servlet 监听器、Servlet 过滤器、JSF 受管 Bean、EJB 拦截器以及 JAX-WS 服务端点中，都可以使用@EJB 注入对象。

6.2.3 有状态会话 Bean

对象的状态由实例变量的值描述。有状态的会话 Bean，实例变量描述了客户程序与 Bean 会话的状态。

有状态会话组件必须维持与客户程序的会话状态，并且这些状态又不是持久的，所以，在有状态会话组件的实例池中，不同的实例之间是有区别的。因此，针对有状态会话组件使用实例池机制的主要目的是实现缓存，而不是像实体组件技术或无状态会话组件那样，强调以少量实例为大量的并发客户请求服务。由于必须维持与客户端的联系，通常开销比较大。

对于有状态会话 Bean，每个用户自己都特有一个实例。在用户的生命周期内，Bean 保持了用户的信息，即状态，一旦用户不存在了（调用结束或实例结束），Bean 的生命周期也就结束了。

有状态会话 Bean 的开发步骤与无状态会话 Bean 的开发步骤基本相同，不同之处主要有以下两点。

- 有状态会话 Bean 要使用@Stateful 标注而不是使用@Stateless。
- 有状态会话 Bean 要实现 Serializable 接口。

6.3 Java 消息服务和消息驱动 Bean

6.3.1 什么是 Java 消息服务和消息驱动 Bean

Java 消息服务使 Java EE 应用程序组件可以生成、发送和读取消息，能够进行分布式、松耦合、可靠和异步的消息交流。EJB 中消息驱动 Bean 利用了 JMS 消息服务。

消息驱动 Bean 是设计用来处理基于消息请求的组件的。在以下 4 个方面，消息驱动 Bean 类似于无状态会话 Bean。

- 一个消息驱动 Bean 的实例不保留一个具体的客户数据或对话状态。
- 一个消息驱动 Bean 的所有实例都是等价的，EJB 允许分配一个信息到任何消息驱动 Bean 的实例容器，该容器可以集中这些实例，并且允许同时处理消息。
- 单一消息驱动 Bean 可以处理来自多个客户端的消息。
- 利用消息池技术，容器可以使用一定数量的 Bean 实例并发处理成百上千个 JMS 消息。

当消息到达时，容器调用消息驱动 Bean 的 onMessage()方法处理该消息。onMessage()方法可以调用其他辅助方法，也可以调用一个会话 Bean 来处理消息，或将消息数据存储到数据库中。消息可以在事务范围内被传递给一个消息驱动 Bean。因此，所有在 onMessage()方法中的操作均是单一事务的一部分。如果消息处理被回滚，该消息将被交还。

消息驱动 Bean 使用@MessageDriven 标注，并实现 MessageListener 接口。该接口的 onMessage()方法用来获得消息。

6.3.2 消息驱动 Bean 的应用

企业应用系统中利用消息驱动 Bean 的典型案例即保险公司的 CRM 系统，在日常运营中，借助红包奖励、卡券分享、消息通知、微信分享等手段，通过好的内容、好的活动、好的产品以及相应的精准营销来增强用户的黏性和活跃度。

公司公众号通过给用户下发营销或者科普类的消息来通知客户。消息发出后流量随时间推移逐步上升，在某个时间点到达峰值后又显著下降。在峰值前后，系统的压力会很大。

在系统设计和重构过程中，很多功能要异步化实现，这样既能够缩短主流程的处理时间，又能够通过异步队列进行一定程度的平峰错峰。

当一个业务执行的时间很长，而执行结果无须实时向用户反馈时，很适合使用消息驱动 Bean。如订单成功后给用户发送一封电子邮件或发送一条短信等。类似这样的例子举不胜举。总之，消息驱动 Bean 的异步性是很多应用之必需。

本小节通过一个模板式的应用例子说明消息驱动 Bean（采用 JMS 方式）的基本结构。各种应用均可参照此例进行设计实现。

消息驱动 Bean 需要以所用消息机制类型实现消息系统接口。这里以 JMS 为例（需要注意的是其他基于 Java 的消息传递系统也是可用的），它的业务接口是 javax.jms.MessageListener，其中定义了单一方法：onMessage()。

下面代码示例显示了一个采用 JMS 方式的消息驱动 Bean 的基本结构。

```
@MessageDriven(
    mappedName="destinationQueue",
```

```
    activationConfig = {
        @ActivationConfigProperty(propertyName="destinationType",
                                  propertyValue="javax.jms.Queue"),
        @ActivationConfigProperty(propertyName="messageSelector",
                                  propertyValue="RECIPIENT='ReportProcessor'")
})
public class ReportProcessorBean implements javax.jms.MessageListener {
    public void onMessage(javax.jms.Message message) {
        try {
            System.out.println("Processing message: " + ((TextMessage) message).getText());
        } catch (JMSException e) {
            e.printStackTrace();
        }
    }
}
```

在本例中，消息驱动 Bean 的消息来源于一个 Servlet，其核心代码如下。当然，消息来源是多种多样的。

```
public void doPost(HttpServletRequest request, HttpServletResponse response) throws ServletException, IOException {
        response.setContentType("text/html");
        PrintWriter out = response.getWriter();
        printHtmlHeader(out);
        // Servlet 如果收到客户端请求携带的消息,则向 JMS 消息队列发出该消息
        String messageText = request.getParameter("message");
        if (messageText != null) {
            try {
                QueueConnectionFactory factory = (QueueConnectionFactory)
                            new InitialContext().lookup("java:comp/env/jms/MyQueueConnectionFactory");
                Queue destinationQueue = (Queue)
                    new InitialContext().lookup("java:comp/env/jms/MyQueue");
                QueueConnection connection = factory.createQueueConnection();
                QueueSession session = connection.createQueueSession(false,
                                        Session.AUTO_ACKNOWLEDGE);
                QueueSender sender = session.createSender(null);
                Message message = session.createTextMessage(messageText);
                message.setStringProperty("RECIPIENT", "ReportProcessor");
                sender.send(destinationQueue, message);
                connection.close();
                out.println("Message \"" + messageText + "\" sent! See the console " +"or the log file at <EXAMPLES_HOME>/glassfish/domains/domain1/logs/server.log.");

            } catch (Exception e) {
                throw new ServletException(e);
            }
        }
        printHtmlFooter(out);
    }
```

@MessageDriven 注解把类标记为一个消息驱动 Bean。由@ActivationConfigProperty 注解定义的激活配置属性，将通知服务器该消息传递系统的类型（以 Queue 的方式）以及该系统所需要的任何配置的详细信息。在这种情况下，只有当 JMS 消息有一个名为 RECIPIENT 的属性，并且其值为 ReprotProcessor 时，才会调用消息驱动 Bean。这个例子中，需要在服务器中做 JMS 的配置。

相应地，每当服务器接受一个消息时，它将把消息作为参数调用 onMessage()方法。因为与客户端没有任何同步连接，所以 onMessage()方法不会返回任何内容。

显然，消息驱动 Bean 有 2 个关键词：一个是异步，另一个是消息。

6.4　EJB 生命周期

EJB 运行在 Java EE 服务器中，Bean 实例由容器管理。不同类型的 Bean 实例具有不同的生命周期。

下面按不同类型的 Bean，分别介绍其生命周期的状态及操作。

1. 有状态会话 Bean

有状态会话 Bean 的生命周期中有 3 种不同状态：不存在、准备就绪和挂起状态，如图 6-1 所示。

当客户端需要访问一个有状态会话 Bean 时，首先需要得到对有状态会话 Bean 的引用，并且使用依赖注入或调用@PostConstruct 方法使 Bean 实例由不存在状态转为准备就绪状态，然后就可以接受客户端的访问了。当客户端非常多的时候，容器为了合理利用内存，会把最近没有被访问过的 Bean 实例从内存转移到硬盘上，使其变成挂起状态。这时如果有@PrePassivate 方法存在，则容器会调用这个方法，通常用于存储一些状态信息。

如果客户端访问一个挂起的 Bean 实例时，容器会把硬盘中的这个 Bean 实例读入到内存，使其重新转为准备就绪状态，这个过程就是激活。这时若有@PostAcitivate 方法存在，则容器会调用这个方法，通常把存储的状态信息重新读入内存。

当不再需要访问 Bean 实例时，可以显式地调用@Remove 方法，在实例被删除前容器会调用@PreDestroy 方法做一些必要的处理工作。一个长时间未被访问的 Bean 实例达到设置的时间后也会被删除，此后将启动对该实例的垃圾回收机制。

2. 无状态会话 Bean

无状态会话 Bean 不跟踪用户的状态，不保存用户的状态信息，也就是没有挂起状态，即无状态会话 Bean 只有不存在和准备就绪两种状态，其生命周期如图 6-2 所示。

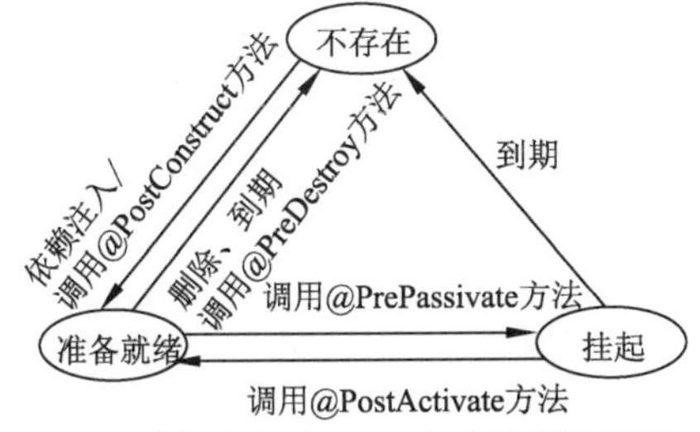

图 6-1　有状态会话 Bean 生命周期示意图

图 6-2　无状态会话 Bean 生命周期示意图

客户端通过获取一个对无状态会话 Bean 的引用完成无状态会话 Bean 的初始化。容器通过依赖注入，调用@PostConstruct 方法，使 Bean 进入准备就绪状态，为客户端调用做好准备。

在生命周期的最后，容器调用@PreDestroy 方法启动 Bean 实例的垃圾回收机制，最终将 Bean 实例从内存中清除。

3. 消息驱动 Bean

与无状态会话 Bean 相同，消息驱动 Bean 也从来不会被挂起。所以，同样只有不存在和准备就绪两种状态。

与无状态会话 Bean 不同的是，消息驱动 Bean 不需要专门的客户端，它通过事件触发执行。容器一般会创建一个消息驱动 Bean 的实例池，对于每个实例，容器会执行下面的操作。

- 如果消息驱动 Bean 使用依赖注入，容器会在实例化这些实例之前注入这些引用，然后容器会调用@PostConstruct 方法。
- 当有消息到达时，容器从 Bean 实例池中取得一个 Bean 实例，然后把该消息作为参数调用这个 Bean 实例的 onMessage()方法。

消息驱动 Bean 的生命周期如图 6-3 所示。

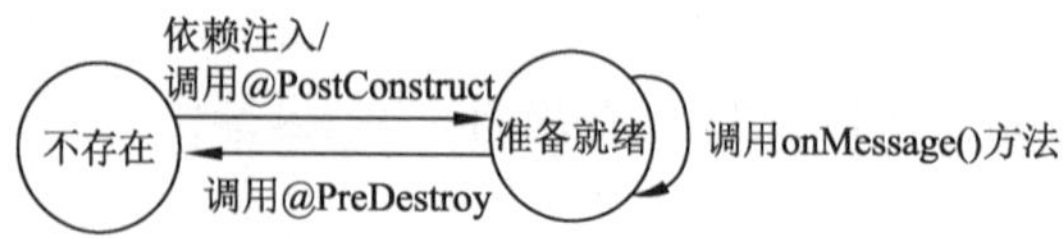

图 6-3　消息驱动 Bean 生命周期示意图

6.5　小　　结

本章介绍了 EJB 的基本概念和组成，阐明了 EJB 的主要特性。对无状态会话 Bean、有状态会话 Bean 和消息驱动 Bean 进行了详细介绍，并且从应用视角对各种 Bean 的特点做了对比。对 Bean 的原理机制和编程方法进行了说明。

6.6　习　　题

【思考题】

1. 什么是 EJB？它的作用是什么？
2. 简述 EJB 3 的构成及 EJB 组件的分类。
3. 何谓无状态会话 Bean？说明其生命周期。
4. 何谓有状态会话 Bean？说明其生命周期。
5. 何谓 Java 消息服务？何谓消息驱动 Bean？它与会话 Bean 有何不同点？
6. 简述消息驱动 Bean 的工作模型。
7. 提高 EJB 性能有哪些技巧？（面试题）
8. EJB 需要直接实现它的业务接口或 Home 接口吗？谈谈理由。（面试题）

【实践题】

设计一个利用 JMS 消息的消息驱动 Bean，实现书店按高校团体购书需求下单业务。

第 7 章 MyBatis 框架

本章内容

- MyBatis 入门知识
- 映射器
- 动态 SQL

MyBatis 是目前流行的一种 ORM 框架，和同类框架相比，MyBatis 被称为中间级别的框架（Intermediate Level）。这使开发者可以有更大余地对 SQL 查询语句的条件表达式进行优化组合，从而提高数据库存取效率。当然，这是在保持有效使用其他提高效率方案的前提下所做的进一步效率改善操作，因此受到开发者普遍青睐。

7.1 MyBatis 概述

本节介绍 MyBatis 的入门知识，包括 MyBatis 的特点，使用 MyBatis 开发的环境搭建，MyBatis 工作原理，并且用一个简单实例说明使用 MyBatis 进行开发的操作过程。

7.1.1 MyBatis 简介

MyBatis 简介

MyBatis 是 Apache 的一个开源项目 iBatis，2010 年这个项目由 Apache Software Foundation 迁移到了 Google code，并且改名为 MyBatis。

iBatis 这一名字是取自 internet 和 abatis 的组合，是一个基于 Java 的持久化框架。abatis 是铁丝网、鹿寨的意思，这个名字暗含了两方面含义：一是框架是独立的软件层，二是它在数据和处理数据的程序对象之间起到连接和转换作用，即具有映射功能，是个 ORM 框架。

什么是持久化？

持久化（Persistence），即把数据（如内存中的对象）保存到可永久保存的存储设备中（如磁盘）。持久化的主要应用是将内存中的对象存储在数据库中，或者存储在磁盘文件、XML 数据文件中等。

那么，什么是 ORM 呢？

ORM（Object Relational Mapping）框架采用元数据来描述对象-关系映射细节，元数据一般采用 XML 格式，并且存放在专门的对象-映射文件中。

ORM 框架支持在程序的对象和数据库表的记录行之间进行各种存取操作。

MyBatis 是一种 ORM 框架。Java 体系的 ORM 框架有 Hibernate、Apache OJB、EclipseLink、Speedment 等。

ORM 框架功能示意如图 7-1 所示。

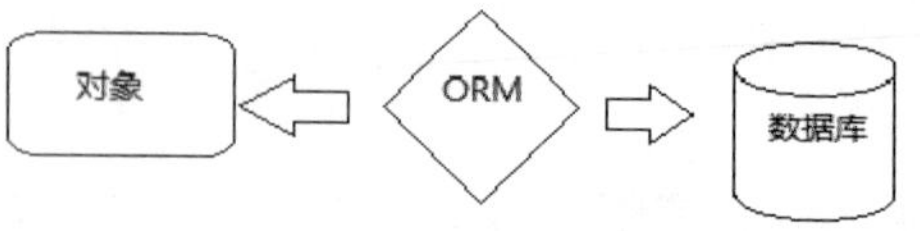

图 7-1　ORM 框架功能示意图

MyBatis 有什么优势？我们为什么要学习 MyBatis？

MyBatis 是半自动化的。其他的所谓全自动化的 ORM 框架，如 Hibernate，提供了完整的对数据库结构的封装和 POJO 到数据库表的映射机制，自动生成并执行程序语句对应的实现数据库操作的 SQL 命令。MyBatis 是半自动化的，是因为 MyBatis 着眼于在 POJO 与 SQL 之间建立映射，即由程序员编写具体的 SQL，通过映射文件，将 SQL 所需的参数以及返回的结果字段映射到指定的 POJO。

正如高级语言中的 C 被称为介于高级语言和机器语言的“中间语言”，因为它既有高级语言的语句、函数，又有直接访问内存这样的机器语言的特性。

既然有自动化的框架，使用半自动化的 MyBatis 有何必要呢？

在系统开发中，经常会遇到以下需求。

（1）系统的部分或全部数据来自现有的数据库，出于安全考虑，只对开发团队提供几条 select SQL 以获取所需数据，具体的表结构不予公开。

（2）开发规范中要求，所有涉及业务逻辑部分的数据库操作，必须在数据库层用存储过程实现。

（3）系统数据处理量巨大，性能要求极其苛刻，这意味着必须通过高度优化的 SQL 语句或者存储过程才能达到性能要求。

如何满足这样的需求？可以考虑不使用 ORM 框架而直接对 JDBC 进行数据库操作，这样固然在许多环节有优化的余地（如使用存储过程、编译预处理、数据库、SQL 语句优化等），但是这样开发未免过于机械乏味，类似于有高级语言不用，却使用汇编语言甚至机器语言这样的“低级语言”。

使用半自动化的 MyBatis，可以满足以上的需求。因为它作为框架，在提供 ORM 映射的同时，程序员可以通过优化 SQL 提高数据访问效率，达到系统性能要求。不像其他很多封装完全的自动化框架，程序员无法插手其中进行优化。

7.1.2　MyBatis 环境构建

从网站上可以下载一个较新版本的 MyBatis 压缩包，例如 mybatis-3.5.3.zip。解压到指定文件夹，例如 mybatis-3.5.3。

mybatis-3.5.3 文件夹中包含的文件如图 7-2 所示。

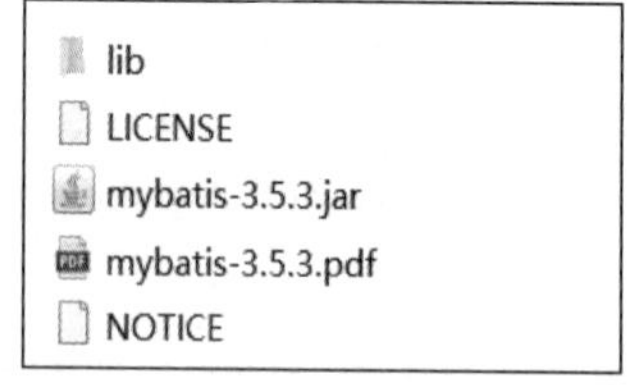

图 7-2　MyBatis 压缩包中的文件

其中，lib 是 MyBatis 依赖包，mybatis-3.5.3.jar 是 MyBatis 的核心包，mybatis-3.5.3.pdf 是使用手册。

使用 MyBatis，需要在项目中导入核心包和依赖包。

7.1.3　MyBatis 基本原理

1. MyBatis 运行所需要的类

（1）SQLSessionFactoryBuilder。

SQLSessionFactoryBuilder 使用 Builder 模式生成 SQLSessionFactory，因此只提供了多个 build 方法。这些方法可以接受 XML 配置文件的 Reader 或 InputStream 输入流，也可以传入 environment 指定环境或传入 Properties 作为属性。

在 build 方法中，首先根据传入的输入流、Environment 和 Properties 构建 XMLConfigBuilder 对象，然后调用 parse()方法解析 XML 文件得到 Configuration 对象，最后创建 SQLSessionFactory 对象并返回。

（2）SQLSessionFactory。

SQLSessionFactory 是一个工厂接口，默认实现 DefaultSQLSessionFactory。SQLSessionFactory 的作用是获取 SQLSession，因此提供了多个 openSession()方法，支持从数据源（DataSource）和一个给定的连接（Connection）中创建 SQLSession。

openSession()方法的底层实现可以分为以下 5 步。

① 从 Configuration 对象中获取环境配置（Environment）。

② 根据环境配置得到事务工厂（TransactionFactory）。

③ 从事务工厂得到事务（Transaction），Transaction 包装了数据库连接，处理数据库连接的创建、准备、提交、回滚和关闭。

④ 创建执行器（Executor）。

⑤ 创建 SQLSession，返回 DefaultSQLSession 的实例。

其中从数据源（DataSource）创建 SQLSession 的过程如下。

```
Transaction tx = null;
    try{
      final Environment env = configuration.getEnvironment();
         final TransactionFactory transactionFactory = getTransactionFactory
FromoEnvironment(env);
         tx = transactionFactory.newTransaction(env.getDataSource(),level,autoCommit);
         final Executor executor = configuration.newExecutor(tx,execType);
         return new DefaultSQLSession(configuration,executor,autoCommit);
        }catch(Exception e){
         closeTransaction(tx);
         throw ExceptionFactory.wrapException("Error opening a session. Cause: "+e,e);
        }finally{
        ErrorContext.instance().reset();
       }
```

（3）SQLSession。

SQLSession 是一个接口，默认实现是 DefaultSQLSession，提供了多种数据库操作方式，如 select()、selectOne()、selectList()、insert()、update()、delete()、commit()、rollback()和 getMapper()等方法。getMapper()方法用于获取 Mapper 接口的代理实现。在 MyBatis 中建议使用 Mapper 接口操作数据库。

数据库的增删改查和事务的提交回滚都是通过 Executor 执行的。Executor 有 SIMPLE、REUSE、BATCH 这 3 种类型，默认使用简易执行器 SIMPLE，REUSE 类型执行器重用预处理语句，BATCH 类型执行器重用预处理语句和批量更新。Executor 对象的创建在 Configuration 类型的 newExecutor()方法中进行。

Executor 在执行过程中，会用到 StatementHandler、ParameterHandler 和 ResultHandler 对象，其中 StatementHandler 封装了 java.SQL.Statement 的相关操作，ParameterHandler 封装了 SQL 对参数的处理，ResultHandler 封装了对返回数据集的处理。Executor 的执行过程，就是对这 3 个对象的调度过程。

（4）Mapper。

Mapper 是通过 JDK 动态代理实现的，在 MapperProxyFactory 中创建 MapperProxy 并进行接口代理封装。对 Mapper 接口的调用实际上是由 MapperProxy 实现的。

在 MapperProxy 中，实现了 InvocationHandler 的 invoke()方法。methodCache 是一个 ConcurrentHashMap，其中存储了方法与 MapperMethod 的对应关系。从 methodCache 缓存中获取或创建 MapperMethod 对象，然后调用 MapperMethod 对象的 execute()方法执行数据库操作。

```
protected T newInstance(MapperProxy<T> mapperProxy){
    return (T) Proxy.newProxyInstance(mapperInterface.getClassLoader(),
    new Class[] {mapperInterface},mapperProxy);
    }
    public T newInstance(SQLSession SQLSession){
      final MapperProxy<T> mapperProxy = new MapperProxy<T>(SQLSession,
      mapperInterface,methodCache);
      return newInstance(mapperProxy);
      }
```

创建 MapperMethod 对象时，会在构造函数中初始化 SQLCommand 和 MethodSignature。SQLCommand 包含了数据库操作的名称，格式为“接口名.操作名称”，以及 XML 中配置的操作类型，如 select、update 等，把一个 Mapper 接口与 XML 中的一个配置结合了起来。MethodSignature 是方法的签名，标记了方法的返回值类型，对于使用 RowBounds（offset 和 limit 配置）、ResultHandler（结果处理回调）作为参数的方法记录参数位置并初始化参数处理器。

在 MapperMethod 的 execute()方法中，根据 SQLCommand 中的配置选择 SQLSession 的方法，根据 MethodSignature 的配置处理传入的参数，调用 SQLSession 的方法进行数据库操作，最后根据 MethodSignature 的返回值类型返回操作结果。

2. 流程图

MyBatis 的执行流程如图 7-3 所示。

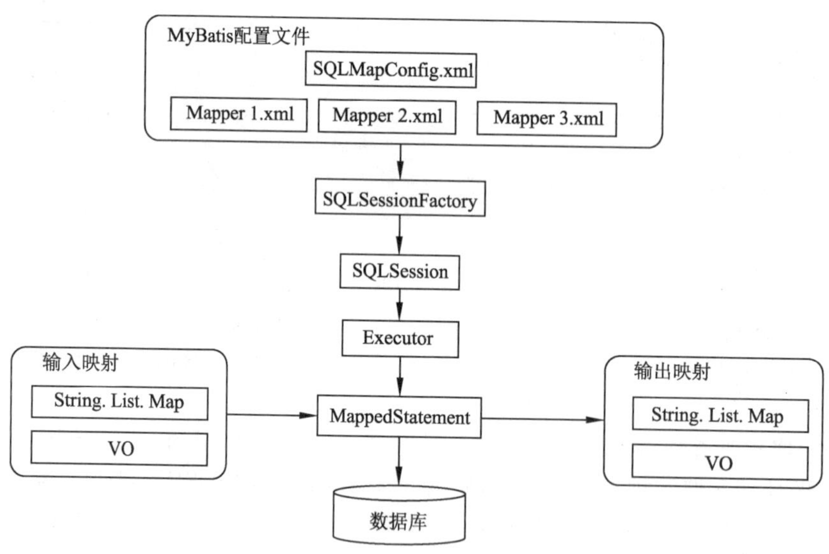

图 7-3　MyBatis 的执行流程

MyBatis 的执行流程可以概括为以下 5 个步骤。

（1）读取配置文件：mybatis-config.xml 为 MyBatis 的全局配置文件，配置了数据库连接等环境信息。

（2）加载映射文件：加载 SQL 映射文件，映射文件中配置了操作数据库的 SQL 语句，每个映射文件对应一个数据库表。映射文件在 MyBatis 中有非常重要的作用。

（3）会话管理：包括构造会话工厂和创建会话对象，会话对象包含执行 SQL 语句的具体方法。

（4）语句执行：用 Executor 操作数据库，MappedStatement 对象用于存储映射的 SQL 语句的 id、参数等。

（5）输入/输出映射：输入参数映射和输出结果映射。

7.1.4　MyBatis 示例

（1）数据库创建。

```
drop table if exists tb_user;

create table tb_user(
   id int primary key auto_increment comment '主键',
   username varchar(40) not null unique comment '用户名',
   password varchar(40) not null comment '密码',
   email varchar(40) comment '邮件',
   age int  comment '年龄',
   sex char(2) not null comment '性别'
);
```

（2）项目结构如图 7-4 所示。

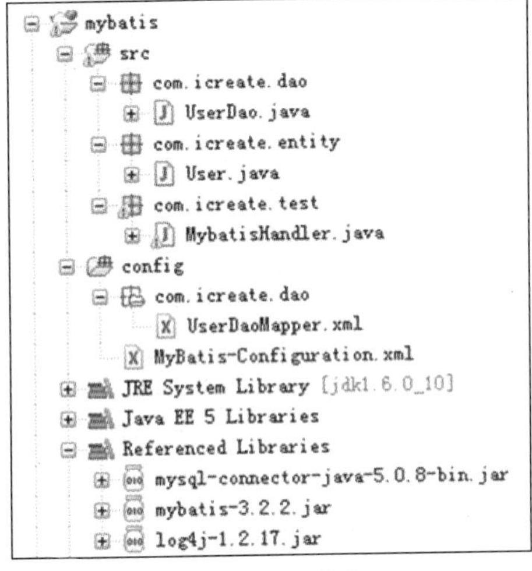

图 7-4　项目结构

（3）实体类 User。

```
public class User {

    private int id;
    private String username;
    private String password;
    private String sex;
    private String email;
    private int age;

}
```

（4）Dao 接口。

```
import java.util.List;
import com.icreate.entity.User;
```

```
public interface UserDao {
    public int insert(User user);
    public int update(User user);
    public int delete(String userName);
    public List<User> selectAll();
    public int countAll();
    public User findByUserName(String userName);
}
```

需要注意的是：这里的 id 应该与 UserDao 中定义的方法名相同，SQL 语句结尾不能用分号。

也可以在 UserDao 中使用注解，替代映射器的功能。

例如：

```
@Insert("insert into tb_user(username,password,email,sex,age) values(#{username},
#{password},#{email},#{sex},#{age})")
  public int insert(User user);

@Update("update tb_user set username=#{username},password=#{password},email=#{email},
sex=#{sex},
  age=#{age} where username=#{username}")
public int update(User user);
```

则在 MyBatis-Configuration.xml 文件中不必再指出 mapper 的相关信息。

（5）UserDaoMapper.xml 文件。

```
<?xml version="1.0" encoding="UTF-8" ?>
<!DOCTYPE mapper PUBLIC "-//mybatis.org//DTD Mapper 3.0//EN" "http://mybatis.org/
dtd/mybatis-3-mapper.dtd">
<mapper namespace="com.icreate.dao.UserDao">
    <select id="countAll" resultType="int"> <!-- 查询表中记录总数 -->
        select count(*) c from tb_user;
    </select>
    <!-- 查询表中的所有用户 -->
    <select id="selectAll" resultType="com.icreate.entity.User">
        select * from tb_user order by username asc
    </select>
     <!-- 向数据库中插入用户 -->
    <insert id="insert" parameterType="com.icreate.entity.User">
        insert into tb_user(username,password,email,sex,age) values(#{username}, #{password},
#{email},#{sex},#{age})
    </insert>
    <!-- 更新库中的用户 -->
    <update id="update" parameterType="com.icreate.entity.User">
       update tb_user set username=#{username},password=#{password},
email=#{email},sex=#{sex},age=#{age} where username=#{username}
    </update>
    <!-- 删除用户 -->
    <delete id="delete" parameterType="String">
        delete from tb_user where username=#{username}
    </delete>
    <!-- 根据用户名查找用户 -->
    <select id="findByUserName" parameterType="String" resultType="com.icreate. entity.
User">
        select * from tb_user where username=#{username}
    </select>
</mapper>
```

（6）配置文件 MyBatis-Configuration.xml 的内容。

```
<?xml version="1.0" encoding="UTF-8" ?>
<!DOCTYPE configuration PUBLIC "-//mybatis.org//DTD Config 3.0//EN"
"http://mybatis.org/dtd/mybatis-3-config.dtd">
<configuration>
    <environments default="development">
        <environment id="development">
            <transactionManager type="JDBC" />
            <dataSource type="POOLED">
                <property name="driver" value="com.mySQL.jdbc.Driver" />
                <property  name="url"  value="jdbc:mySQL://localhost:3306/db_mybatis?
useUnicode=true&amp;characterEncoding=UTF-8&amp;zeroDateTimeBehavior=convertToNull" />
                <property name="username" value="root" />
                <property name="password" value="root" />
            </dataSource>
        </environment>
    <mappers>
        <mapper resource="mybatis/mapper/UserDaoMapper.xml" />
    </mappers>
    </environments>
</configuration>
```

（7）测试文件。

```
import java.io.Reader;
import java.util.List;

import org.apache.ibatis.io.Resources;
import org.apache.ibatis.session.SQLSession;
import org.apache.ibatis.session.SQLSessionFactory;
import org.apache.ibatis.session.SQLSessionFactoryBuilder;
import sun.security.krb5.internal.UDPClient;
import com.icreate.dao.UserDao;
import com.icreate.entity.User;

public class Test {

    public static void main(String[] args) throws Exception {
        String resource = "MyBatis-Configuration.xml";   //MyBatis 配置文件的路径
        Reader reader = Resources.getResourceAsReader(resource);
        SQLSessionFactoryBuilder builfer = new SQLSessionFactoryBuilder();
        SQLSessionFactory factory = builfer.build(reader);
        SQLSession session = factory.openSession();
        UserDao userDao = session.getMapper(UserDao.class);
        //创建对象
        User user = new User();
        user.setUsername("苏若年");
        user.setPassword("dennisit");
        user.setEmail("dennisit@163.com");
        user.setSex("男");
        user.setAge(80);
        //增加用户
        userDao.insert(user);
        //查询数据库中记录总数
        System.out.println("数据库中的记录数:" + userDao.countAll());
```

```
        //根据用户名查找
        User usn = userDao.findByUserName("苏若年");
        if(null!=usn){
            System.out.println("根据用户名查找的信息[" +usn.getId() + "," + usn.
getUsername() + "," + usn.getEmail()+"]");
        }
        //更新用户
        User updUser = new User();
        updUser.setUsername("苏若年");
    //更新用户是按照用户名查找更新的，所以要修改的数据前后必须是同一个用户名
        updUser.setEmail("update@163.com");
        updUser.setPassword("update");
        updUser.setAge(20);
         //执行更新操作
        userDao.update(updUser);
        //查询所有用户记录
        List<User> list = userDao.selectAll();
        for(int i=0;i<list.size();i++){
           User us = list.get(i);
            System.out.println("[" + us.getId() + "," + us.getUsername() + "," +
us.getEmail()+"]");
        }
        userDao.delete("苏若年");
        System.out.println("执行删除后数据库中的记录数:" + userDao.countAll());
        session.commit();
      }
  }
```

7.2 映　射　器

映射器是 MyBatis 中最核心的组件之一，MyBatis 的早期版本只支持 XML 映射器，所有的 SQL 语句都必须在 XML 文件中配置。从 MyBatis 3 开始，还支持接口映射器，这种映射器允许以 Java 代码的方式注解定义 SQL 语句，其因格式简洁被应用得较多。

7.2.1 XML 映射器

XML 映射器是 MyBatis 原生支持的方式，功能非常强大。

1. 定义 XML 映射器

XML 映射器支持将 SQL 语句编写在 XML 格式的文件中。

```
<?xml version="1.0" encoding="UTF-8"?>
<!DOCTYPE mapper  PUBLIC "-//mybatis.org//DTD Mapper 3.0//EN"
     "http://mybatis.org/dtd/mybatis-3-mapper.dtd">
<mapper namespace="org.chench.test.mybatis.mapper">
        <select id="selectOneTest" resultType="org.chench.test.mybatis.model.Test">
            select * from test where id = #{id}
        </select>
</mapper>
```

2. 配置 XML 映射器

独立使用时注册 XML 映射器只能在 MyBatis 配置文件中（如：mybatis-config.xml）通过 mapper 节点实现，有 2 种配置方式，如与 Spring 框架整合使用，对应地也有 2 种可选的方式配置 XML 映射器。

```
<configuration>
  <mappers>
     <!-- 注册 XML 映射器：2 种方式 -->
     <!-- 方式一：使用相对于类路径的资源引用 -->
   <mapper resource="org/chench/test/mybatis/mapper/xml/
                                          TestMapper.xml"/>

     <!-- 方式二：使用完全限定资源定位符（URL） -->
     <!--<mapper url="file:///var/config/TestMapper.xml" />-->
  </mappers>
</configuration>
```

3. 使用 XML 映射器

对于 XML 映射器，如果使用 SQLSession 进行调用，独立使用或者在 Spring 框架中集成基本上是一致的。需要注意的是：当 MyBatis 在 Spring 框架中集成使用时，不需要直接从 SQLSessionFactory 中获取 SQLSession 对象，可以使用 Spring 管理的 SQLSession 对象。另外当在 Spring 框架中集成 MyBatis 时，还可以直接通过接口使用 XML 映射器。

```
独立使用 MyBatis 时，对于 XML 映射器只能使用 SQLSession 进行调用。
// 从类路径下的 XML 配置中构建 SQLSessionFactory
String resource = "mybatis-config.xml";
InputStream is = Resources.getResourceAsStream(resource);
SQLSessionFactory SQLSessionFactory = new SQLSessionFactoryBuilder().
                                           build(is);
// 从 SQLSessionFactory 中获取 SQLSession
// SQLSession 的作用域最好是请求或方法域，并且在使用完毕及时释放资源，而且一定要确保资源得到释放
SQLSession SQLSession = SQLSessionFactory.openSession();
// 从 XML 映射器配置中查询
Test test = SQLSession.selectOne(
              "org.chench.test.mybatis.mapper.selectOneTest", 1);
SQLSession.close();
```

7.2.2 接口映射器

接口映射器不需要 XML 文件格式的配置。但使用注解编写 SQL 语句的方式在某些场景下存在一定的限制，特别是在处理复杂 SQL 时。注解方式的简洁性也带来了局限性。因此，通常都是将 XML 映射器和接口映射器结合使用。

1. 定义接口映射器

定义接口映射器就是通过注解在 Java 接口方法上编写 SQL 语句，例如：

```
// 定义接口映射器
public interface TestMapper {
      // 通过 MyBatis 的注解在 Java 接口方法上编写 SQL 语句
      @Select("select * from test where id = #{id}")
      Test selectOneTest(long id);
}
```

2. 配置接口映射器

根据 MyBatis 是独立使用或与 Spring 框架整合使用这两种情况，注册接口映射器的方式各不相同。

（1）MyBatis 独立使用的情况。

在独立使用 MyBatis 时，接口映射器只能在 MyBatis 的配置文件中（如：mybatis-config.xml）通过 mapper 节点指定，例如：

```
<mappers>
    <!-- 注册接口映射器：2 种方式 -->
    <!-- 方式一：明确注册每一个接口 -->
    <!--
    <mapper class="org.chench.test.mybatis.mapper.impl.TestMapper" />
    <mapper class="org.chench.test.mybatis.mapper.impl.StudentMapper" />
    -->
    <!-- 方式二：指定接口映射器所在 Java 包,该包下所有接口映射器都会被注册 -->
    <package name="org.chench.test.mybatis.mapper.impl"/>
</mappers>
```

（2）在 Spring 框架中整合 MyBatis 的情况。

在 Spring 框架中集成 MyBatis 时，接口映射器只能通过 org.mybatis.spring.mapper.MapperScannerConfigurer 注册，指定其 basePackage 属性值为需要注册接口映射器所在的包，可以在该包及其子包下定义接口映射器。

```
<bean class="org.mybatis.spring.mapper.MapperScannerConfigurer">
        <!-- 定义接口映射器所在的 Java 包 -->
        <property name="basePackage" value="org.chench.test.mybatis.mapper.impl"/>
</bean>
```

这里仅指出方法的不同，不对整合内容展开，相关内容在第 10 章介绍。

3. 使用接口映射器

根据 MyBatis 的使用场景不同，使用接口映射器的方式也不同。

独立使用 MyBatis 时，只能通过 SQLSession 使用接口映射器，此时也需要开发者自己释放 SQLSession 资源。

```
// 从类路径下的 XML 配置中构建 SQLSessionFactory
String resource = "mybatis-config.xml";
InputStream is = Resources.getResourceAsStream(resource);
SQLSessionFactory SQLSessionFactory = new SQLSessionFactoryBuilder().build(is);
// 从 SQLSessionFactory 中获取 SQLSession
// SQLSession 的作用域最好是请求或方法域,并且在使用完毕及时释放资源,而且一定要确保资源得到释放
SQLSession SQLSession = SQLSessionFactory.openSession();
// 从接口映射器中查询
Test test = SQLSession.getMapper(TestMapper.class).selectOneTest(1);
SQLSession.close();
```

关于在 Spring 框架中整合 MyBatis 情况下使用接口映射器的方法，参见第 10 章框架整合的内容。

7.2.3 映射器主要元素

映射器以<mapper>作为根节点，在根节点中支持 9 个元素，分别为 select、insert、update、delete、SQL、resultMap、cache、cache-ref、parameterMap（现已废弃不用），如表 7.1 所示。

表 7.1 映射器主要元素

名称	描述	说明
select	查询语句	可以自定义参数、返回结果集等
insert	插入语句	执行返回一个表示插入行数的整数
update	更新语句	执行返回一个表示更新行数的整数
delete	删除语句	执行返回一个表示删除行数的整数
SQL	定义一部分 SQL，在不同位置被引用	对一个表的列名的一次定义可在多个 SQL 语句中使用
resultMap	从数据库结果集中加载数据	说明映射规则
cache	缓存	配置给定命名空间的缓存
Cache-ref	缓存引用	从其他命名空间引用缓存配置

下面对表中常用元素做详细说明。

1. select

查询语句是使用 MyBatis 时最常用的元素之一。

```
<select id="selectPerson" parameterType="int" resultType="hashmap">
   SELECT * FROM PERSON WHERE ID = #{id}
</select>
```

上述代码表示的是使用一个 int（或 Integer）类型的参数，并返回一个 HashMap 类型的对象，其中的键是列名，值是列对应的值。

select 元素有很多属性需要配置，用于决定每条语句的功能细节。

id="selectPerson"：是命名空间中唯一的标识符，可以被用来引用这条语句。

parameterType="int"：将会传入这条语句参数类的完全限定名或别名。

parameterMap="deprecated"：目前已废弃该用法。

resultType="hashmap"：从这条语句中返回的期望类型的类的完全限定名或别名。注意集合情形，那应该是集合可以包含的类型，而不能是集合本身。可使用 resultType 或 resultMap，但不能同时使用。

resultMap="personResultMap"：命名引用外部的 resultMap。返回 map 是 MyBatis 最具力量的特性之一，如果能对其有一个很好的理解的话，许多复杂映射的情形就能被解决了。可使用 resultMap 或 resultType，但不能同时使用。

flushCache="false"：将其设置为 true，不论语句什么时候被调用，都会导致缓存被清空。默认值：false。

useCache="true"：将其设置为 true，将会导致本条语句的结果被缓存。默认值：true。

timeout="10000"：这个设置驱动程序等待数据库返回请求结果，并且抛出异常时间的最大等待值。默认不设置（驱动自行处理）。

fetchSize="256"：这是暗示驱动程序每次批量返回的结果行数。默认不设置（驱动自行处理）。

statementType="PREPARED"：Statement Type 的值可为 STATEMENT、PREPARED、CALLABLE 中的一种。默认值：PREPARED。MyBatis 使用 Statement、PreparedStatement、CallableStatement。

resultSetType="FORWARD_ONLY"：resultSetType 的值可为 FORWARD_ONLY、SCROLL_SENSITIVE、SCROLL_INSENSITIVE 中的一种。默认不设置（驱动自行处理）。

2. insert、update、delete

数据变更语句 insert、update 和 delete 在实现中非常相似。

insert 标签的属性如下。

- id="insertAuthor"：在命名空间中唯一的标识符，可以被用来引用这条语句。
- parameterType="domain.blog.Author"：将会传入这条语句的参数类的完全限定名或别名。
- flushCache="true"：将其设置为 true，不论语句什么时候被调用，都会导致缓存被清空。默认值：false。
- statementType="PREPARED"：statementType 的值为 STATEMENT、PREPARED、CALLABLE 中的一种。这会让 MyBatis 选择使用 Statement、PreparedStatement 或 CallableStatement。默认值：PREPARED。
- keyProperty=""：（仅对 insert 有用）标记一个属性，MyBatis 会通过 getGeneratedKeys 或者通过 insert 语句的 selectKey 子元素设置它的值。默认：不设置。
- useGeneratedKeys=""：（仅对 insert 有用）告诉 MyBatis 使用 JDBC 的 getGeneratedKeys() 方法来取出由数据（如 MySQL 和 SQLServer 数据库管理系统的自动递增字段）内部生成的主键。默认值：false。
- timeout="20000"：设置驱动程序等待数据库返回请求结果，并且抛出异常时间的最大等待值。默认不设置（驱动自行处理）。

下面所列是 insert、update 和 delete 语句的示例。

```
<insert id="insertAuthor" parameterType="domain.blog.Author">
      insert into Author (id,username,password,email,bio)
      values (#{id},#{username},#{password},#{email},#{bio})
</insert>
<update id="updateAuthor" parameterType="domain.blog.Author">
    update Author set
    username = #{username},
    password = #{password},
    email = #{email},
    bio = #{bio}
    where id = #{id}
</update>
<delete id="deleteAuthor" parameterType="int">
     delete from Author where id = #{id}
</delete>
```

插入语句有一些属性和子元素用来处理主键的生成。如果所用的数据库支持自动生成主键的字段（如 MySQL 和 SQLServer），那么，可以设置 useGeneratedKeys="true"，并且设置 keyProperty 到已做好的目标属性上。例如，如果上面代码中的 Author 表已经对 id 使用了自动生成的列类型，那么语句可以做如下修改。

```
<insert id="insertAuthor" parameterType="domain.blog.Author"
 useGeneratedKeys="true" keyProperty="id">
 insert into Author (username,password,email,bio)
 values (#{username},#{password},#{email},#{bio})
</insert>
```

3. SQL

这个元素可以被用来定义可重用的 SQL 代码段，可以包含在其他语句中。

```
<select id="selectUsers" parameterType="int" resultType="hashmap">
    select <include refid="userColumns"/>
      from some_table
      where id = #{id}
</select>
```

4. resultMap

resultMap 表示结果映射集，是 MyBatis 最重要的元素之一。它的功能包括定义映射规则、级联更新以及类型转换器等。

resultMap 元素包含一些子元素，其结构如下。

```
<resultMap type="" id="">
    <construtor>    <!--类实例化时,用来注入结果到构造方法中-->
        <idArg/>    <!--ID 参数,标记结果作为 ID-->
        <arg/>      <!--注入构造方法的一个普通结果-->
    </construtor>
    <id/>           <!--用来表示哪个列是主键-->
    <result/>        <!--注入字段或 JavaBean 属性的普通结果-->
    <association property="" /> <!--用于一对一关系-->
    <collection property="" /> <!--用于一对多关系-->
    <discriminator javaType="" > <!--用结果决定使用哪个结果映射
        <case value="" />   <!--基于某些值的结果映射
    </discriminator>
</resultMap>
```

type 属性表示需要映射的 POJO，id 属性是这个 resultMap 的唯一标识，子元素 constructor 用于配置构造方法，子元素 id 用在主键对应的列，result 用来表示 POJO 和数据表普通列的映射关系。

下面是一个具体的示例。

```
<resultMap type="com.my.po.User" id="resultMap">
    <id property="id" column="t_id" />
    <result property="name" column="t_name" />
    <result property="age" column="t_age" />
</resultMap>
```

7.3 动态 SQL

传统的使用 JDBC 的方法，相信大家在组合复杂的 SQL 语句时，需要去拼接，稍不注意，哪怕少了个空格，都会导致出错。处理逻辑本身也可能由于具体参数取值的特殊情形导致结果出错。MyBatis 动态 SQL 功能正好解决了这种问题，其通过若干动态 SQL 标签，可组合成非常灵活的 SQL 语句，免去开发人员手工拼接的烦琐，从而提高开发人员的效率。

动态 SQL 本质上就是将一个包含复杂逻辑的大而全的表达式语句改为用若干语句序列完成。

动态 SQL 包括下列元素及其组合而成的语句。

- if 元素。
- if+where 元素。
- if+set 元素。
- choose(when,otherwise)元素。
- trim 语句。
- SQL 片段。
- foreach 元素。

1. if 元素

假设要求用 username 和 sex 来查询数据。如果 username 为空，那么只根据 sex 来查询；反之只根据 username 来查询。

实现查询的代码如下。

```
<select id="selectUserByUsernameAndSex"
            resultType="user" parameterType="com.my.po.User">
    select * from user where username=#{username} and sex=#{sex}
</select>
```

在查询语句中，如果 #{username} 为空，则查询结果也是空，那么如何解决这个问题呢？使用 if 来判断可以解决这个问题。

```
<select id="selectUserByUsernameAndSex" resultType="user" parameterType="com.my.po.
User">
    select * from user where
        <if test="username != null">
          username=#{username}
        </if>
        <if test="username != null">
          and sex=#{sex}
        </if>
</select>
```

可以从上面的代码中看到，如果 sex 等于 null，那么查询语句为 select * from user where username=#{username}，但是如果 usename 为空呢？那么查询语句为 select * from user where and sex=#{sex}。在标签生成的语句结构上，编译器有些“机械”。生成了一个前导 and，这就产生了错误的 SQL 语句，如何解决呢？使用 where 语句可以解决这个问题。

2. if+where 元素

<where>元素的作用是智能化处理其所包含的条件。如果它包含的标签中有返回值，就插入一个“where”。如果转换输出语句的条件部分以 and 或者 or 开头，则忽略这个 and 或者 or 。而且，在<where>元素中不需要考虑空格问题，空格能被智能地加上。

```
<select id="selectUserByUsernameAndSex" resultType="user" parameterType="com.my.po.User">
    select * from user
    <where>
        <if test="username != null">
          username=#{username}
        </if>
        <if test="username != null">
          and sex=#{sex}
        </if>
    </where>
</select>
```

3. if+set 元素

同理，上面的代码中，查询 SQL 语句包含 where 关键字，如果在进行更新操作时，含有 set 关键词，我们怎么处理呢？

```
<!-- 根据 id 更新 user 表的数据 -->
<update id="updateUserById" parameterType="com.my.po.User">
    update user u
        <set>
            <if test="username != null and username != ''">
                u.username = #{username},
            </if>
            <if test="sex != null and sex != ''">
                u.sex = #{sex}
            </if>
```

```
        </set>
      where id=#{id}
  </update>
```

这样写，如果第一个条件 username 为空，那么 SQL 语句为 update user u set u.sex=? where id=?。

如果第一个条件不为空，那么 SQL 语句为 update user u set u.username = ? ,u.sex = ? where id=?。

4. choose(when,otherwise) 元素

有时候，我们不想用到所有的查询条件，只想选择其中的一个，查询条件有一个满足即可，使用 choose 标签可以解决此类问题，类似于 Java 的 switch 语句。

```
<select id="selectUserByChoose" resultType="com.my.po.User" parameterType="com.my.po.User">
      select * from user
      <where>
          <choose>
              <when test="id !='' and id != null">
                  id=#{id}
              </when>
              <when test="username !='' and username != null">
                  and username=#{username}
              </when>
              <otherwise>
                  and sex=#{sex}
              </otherwise>
          </choose>
      </where>
  </select>
```

也就是说，这里我们有三个条件：id、username、sex，只能选择一个作为查询条件。如果 id 不为空，那么查询语句为 select * from user where id=?。如果 id 为空，那么判断 username 是否为空，如果不为空，那么语句为 select * from user where username=?；如果 username 为空，那么查询语句为 select * from user where sex=?。

5. trim 语句

trim 语句是一个格式化标签，可以完成 set 或者是 where 标签的功能。

（1）用 trim 语句改写上文 if+where 语句。

```
<select id="selectUserByUsernameAndSex"
          resultType="user" parameterType="com.my.po.User">
        select * from user
        <!-- <where>
            <if test="username != null">
               username=#{username}
            </if>

            <if test="username != null">
               and sex=#{sex}
            </if>
        </where>  -->
        <trim prefix="where" prefixOverrides="and | or">
            <if test="username != null">
               and username=#{username}
            </if>
            <if test="sex != null">
               and sex=#{sex}
```

```
        </if>
      </trim>
    </select>
```

prefix 为前缀，prefixCverrides 为去掉第一个 and 或 or。

（2）用 trim 语句改写上文 if+set 语句。

```
<!-- 根据 id 更新 user 表的数据 -->
    <update id="updateUserById" parameterType="com.my.po.User">
        update user u
            <!-- <set>
                <if test="username != null and username != ''">
                    u.username = #{username},
                </if>
                <if test="sex != null and sex != ''">
                    u.sex = #{sex}
                </if>
            </set> -->
            <trim prefix="set" suffixOverrides=",">
                <if test="username != null and username != ''">
                    u.username = #{username},
                </if>
                <if test="sex != null and sex != ''">
                    u.sex = #{sex},
                </if>
            </trim>

         where id=#{id}
    </update>
```

suffix 是后缀，suffixOverrides 是去掉最后一个逗号（也可以是其他的标记，就像是上一个代码中前缀的 and 一样）。

6. SQL 片段

有时候我们可能用某个 SQL 语句特别多，为了增加代码的重用性，简化代码，我们需要将这些代码抽取出来，然后使用时直接调用。

假如我们需要经常根据用户名和性别来进行联合查询，那么就要把这个代码抽取出来，如下。

```
<!-- 定义 SQL 片段 -->
<SQL id="selectUserByUserNameAndSexSQL">
    <if test="username != null and username != ''">
        AND username = #{username}
    </if>
    <if test="sex != null and sex != ''">
        AND sex = #{sex}
    </if>
</SQL>
    <!--引用 SQL 片段-->
<select id="selectUserByUsernameAndSex"
            resultType="user" parameterType="com.my.po.User">
        select * from user
       <trim prefix="where" prefixOverrides="and | or">
        <!-- 引用 SQL 片段,如果 refid 指定的不在本文件中,那么需要在前面加上 namespace -->
        <include refid="selectUserByUserNameAndSexSQL"></include>
        <!-- 在这里还可以引用其他 SQL 片段 -->
    </trim>
```

```
</select>
```

① 最好基于单表来定义 SQL 片段，提高片段的可重用性。

② 在 SQL 片段中最好不要包括 where。

7. foreach 元素

如果我们需要查询 user 表中 id 分别为 1、2、3 的用户，则对应的 SQL 语句如下。

```
select * from user where id=1 or id=2 or id=3
       select * from user where id in (1,2,3)
```

（1）建立一个 UserVo 类，里面封装一个 List<Integer> ids 的属性。

```
package com.ys.vo;

import java.util.List;
public class UserVo {
    //封装多个用户的 id
    private List<Integer> ids;
public List<Integer> getIds() {
        return ids;
    }

    public void setIds(List<Integer> ids) {
        this.ids = ids;
    }
 }
```

（2）我们用 foreach 来改写 select * from user where id=1 or id=2 or id=3。

```
<select id="selectUserByListId" parameterType=
          "com.ys.vo.UserVo" resultType="com.my.po.User">
        select * from user
        <where>
        <!--
            collection:指定输入对象中的集合属性
            item:每次遍历生成的对象
            open:开始遍历时的拼接字符串
            close:结束时拼接的字符串
            separator:遍历对象之间需要拼接的字符串
            select * from user where 1=1 and (id=1 or id=2 or id=3)
          -->
        <foreach collection="ids" item="id" open="and (" close=")" separator="or">
            id=#{id}
        </foreach>
    </where>
</select>
```

根据 id 集合查询 user 表数据的测试代码如下。

```
@Test
public void testSelectUserByListId(){
    String statement = "com.my.po.userMapper.selectUserByListId";
    UserVo uv = new UserVo();
    List<Integer> ids = new ArrayList<>();
    ids.add(1);
    ids.add(2);
```

```
        ids.add(3);
        uv.setIds(ids);
        List<User> listUser = session.selectList(statement, uv);
        for(User u : listUser){
            System.out.println(u);
        }
        session.close();
    }
```

（3）我们用 foreach 来改写 select * from user where id in (1,2,3)。

```
        <select id="selectUserByListId" parameterType=
                        "com.ys.vo.UserVo" resultType="com.my.po.User">
            select * from user
            <where>
                <!--
                    collection:指定输入对象中的集合属性
                    item:每次遍历生成的对象
                    open:开始遍历时的拼接字符串
                    close:结束时拼接的字符串
                    separator:遍历对象之间需要拼接的字符串
                    select * from user where 1=1 and id in (1,2,3)
                  -->
                <foreach collection="ids" item="id" open="and id in (" close=") " separator=
",">
                    #{id}
                </foreach>
            </where>
        </select>
```

其实动态 SQL 语句的编写往往就是一个拼接的问题，为了保证拼接准确，我们最好首先把原生的 SQL 语句写出来，然后通过 MyBatis 动态 SQL 对照改写，避免出错。

7.4 小　　结

本章通过大量实例介绍了 MyBatis 配置文件的配置项，映射器的分类和编写方法，以及映射器的主要元素的含义。介绍了动态 SQL 的意义和使用方法。关于 MyBatis 与其他框架整合的内容，将在第 10 章详细讲解。

7.5 习　　题

【思考题】

1. #{}和${}的区别是什么？
2. 如果实体类中的属性名和表中的字段名不一样，怎么办？
3. 模糊查询 like 语句该怎么写？
4. 通常一个 XML 映射文件，都会写一个 Dao 接口与之对应，请问，这个 Dao 接口的工作原理是什么？参数不同时，Dao 接口里的方法能重载吗？

5. MyBatis 是如何进行分页的？分页插件的原理是什么？
6. MyBatis 是如何将 SQL 执行结果封装为目标对象并返回的？都有哪些映射形式？
7. 如何执行批量插入？
8. 如何获取自动生成的(主)键值？
9. 在 mapper 中如何传递多个参数？
10. MyBatis 动态 SQL 是做什么的？都有哪些动态 SQL？简述一下动态 SQL 的执行原理。

第 8 章 Spring 框架

本章内容

- Spring 入门知识
- IoC 原理
- 依赖注入的形式
- IoC 装载机制
- AOP 原理
- AOP 应用

Spring 是一种开源框架。由 Rod Johnson 在其著作 *Expert One-On-One J2EE Development and Design* 中阐述的部分理念和原型衍生而来。Spring 可用一般的 JavaBean 完成过去由 EJB 完成的功能，因此可以大大降低企业应用开发的复杂性。Spring 具有简单、可测试和松耦合等特性，这些特性使之可用于更多的 Java 项目开发。

8.1 Spring 概述

Spring 以 IoC（控制反转）和 AOP（面向切面编程）两种先进的技术为基础，较为完美地简化了企业级开发的复杂度，从而使开发者不用担心工作量太大、开发进度难以控制和测试过程复杂等问题，同时也容易与 Struts、Tapestry、JSF 和 Hibernate 等多种流行框架进行集成开发，大大降低了基于 Java 语言的企业级软件的开发成本。本节介绍 Spring 框架的优点和框架的组成结构。

8.1.1 Spring 的特征

简单地说，Spring 就是一个轻量级的控制反转（IoC）和面向切面（AOP）的容器框架，它的主要特征如下。

Spring 的特征

1. 轻量级框架

从框架的大小与使用开销两方面来说，Spring 都是轻量级的。实际上，Spring 框架的核心包可以在一个很小的 JAR 文件里发布，并且 Spring 所需的处理开销也是微不足道的。可以用于移动设备的程序开发，也可以用于应用程序的中间件。此外，Spring 是非侵入式的。当使用 Spring 时，写的代码还是简单的 Java 类，完全不用继承和实现 Spring 的类和接口等。也就是说，采用 Spring 框架开发的应用程序并不依赖于 Spring 的特定类。

2. IoC 容器

IoC（控制反转）是 Spring 的核心概念，Spring 正是通过这种技术促进了对象之间的松耦合。传统程序设计中，应用程序要使用某个对象必须先编码创建它，使用完还要将对象销毁（如数据库的连接 Connection 等），程序中的对象和它所依赖的对象之间有紧密的耦合。采用 Spring 的 IoC 后，依赖的对象在程序运行期间由容器创建和销毁，即由容器来控制依赖对象的生命周期，称为控制反转，它使对象之间实现了松耦合。

3. AOP 实现

面向切面编程（AOP）是 Spring 的又一强大功能。AOP 可以将程序的业务代码和系统服务代码（如事务管理、日志记录等）分开，在业务逻辑完全不知道的情况下为其提供系统服务。这样，业务逻辑只需要负责和业务处理有关的操作，不用关心系统服务问题。通过 AOP 技术可以将业务与非业务分离。

4. 容器

Spring 包含并管理应用对象的配置和生命周期，从这个意义上讲它是一种容器，可以配置每个 Bean 被创建的方式——Bean 只创建一个单独的实例或者每次需要时都生成一个新的实例——以及它们是相互关联的方式。

5. 框架

Spring 可以将简单的组件进行配置，组合成复杂的应用。在 Spring 中，应用对象可以被声明为组合，一般是在一个 XML 文件中进行声明。此外，Spring 也提供了很多基础功能（事务管理、持久化框架集成等），使用户把更多的时间和精力花费在实现业务逻辑上。

6. 其他企业级服务

除以上功能外，Spring 还封装了一些企业级服务，它们拥有一致的使用模式，在使用上更为简化。这些企业服务包括：远程服务（Remoting）、电子邮件（E-mail）、JMS、JNDI、Web Services 和任务调试等。

所有 Spring 的这些特征都能够帮助我们编写更干净、更易于管理、更易于测试的代码，也为 Spring 中的各种模块提供了基础支持。

8.1.2 Spring 的优点

在介绍了 Spring 的特征以后，下面我们看一下 Spring 的优点。

（1）降低组件间的耦合度：借助 Spring，实现依赖注入、AOP 应用和面向接口编程，可以降低业务组件之间的耦合度，增强系统的扩展性。

（2）AOP 编程的支持：通过 Spring 提供的 AOP 功能，可以方便地进行面向切面的编程，许多不容易用传统 OOP 实现的功能可以通过 AOP 轻松应付，让程序员可以集中精力处理业务逻辑。

（3）声明式事务的支持：在 Spring 中，可以从单调乏味的事务管理代码中解脱出来，通过声明方式灵活地进行事务的管理，提高开发效率和质量。

（4）方便程序的测试：可以用非容器依赖的编程方式进行几乎所有的测试工作，在 Spring 里，测试不再是昂贵的操作，而是随手可做的事情。

（5）方便集成各种优秀框架：Spring 不排斥各种优秀的开源框架，相反 Spring 可以降低各种框架的使用难度，Spring 提供了对各种优秀框架（如 Struts、Hibernate 等）的直接支持。

（6）降低 Java EE API 的使用难度：Spring 对很多难用的 Java EE API（如 JDBC、JavaMail、远程调用等）提供了一个封装层，通过 Spring 的简易封装，这些 Java EE API 的使用难度大为降低。

总之，采用 Spring 并不是完全要取代那些已有的框架，而是实现与它们的整合，降低这些框架的使用难度。所以，Spring 的重要目标之一就是整合和兼容。

8.1.3 Spring 框架结构

Spring 框架的主要优势之一就是分层架构，分层架构允许用户选择使用某一个组件，同时为 Java EE 应用程序开发提供集成的框架。Spring 框架主要由 7 大模块组成，它们提供了企业级开发需要的所有功能，而且每个模块既可以单独使用，也可以和其他模块组合使用，灵活且方便的部署可以使开发的程序更加简洁、灵活。如图 8-1 所示，Spring 框架的许多功能被组织在这 7 个模块中。

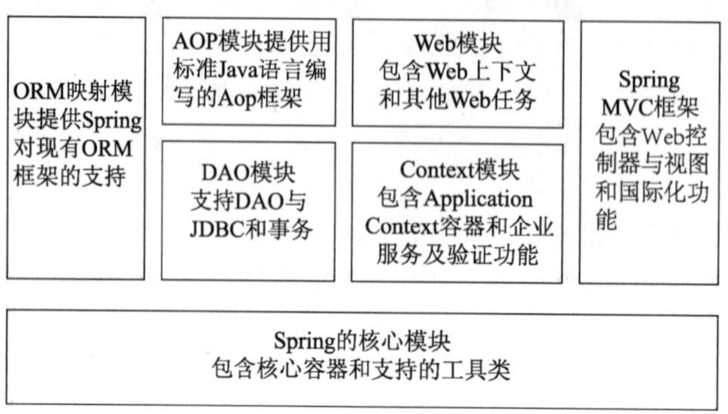

图 8-1 Spring 的 7 个模块

1. Spring 的核心模块

核心模块是 Spring 的核心容器，它实现了 IoC 模式，提供了 Spring 框架的基础功能。此模块中包含的 BeanFactory 类是 Spring 的核心类，负责 JavaBean 的配置与管理。它采用 Factory 模式实现了 IoC 容器，即依赖注入。

2. Context 模块

Spring Context 模块继承自 Spring 核心类 BeanFactory，并且添加了事件处理、国际化、资源装载、透明装载以及数据校验等功能，它还提供了框架式的 Bean 访问方式和很多企业级的功能，如 JNDI、EJB 支持、远程调用、集成模板框架、E-mail 和定时任务调度等。

3. AOP 模块

Spring 集成了所有 AOP 功能。通过事务管理，可以使任意 Spring 管理的对象 AOP 化。Spring 提供了用标准 Java 语言编写的 AOP 框架，它的大部分内容都是基于 AOP 联盟的 API 开发的。它使应用程序抛开 EJB 的复杂性，但拥有传统 EJB 的关键功能。

4. DAO 模块

DAO 模块提供了 JDBC 的抽象层，简化了数据库厂商的异常错误（不再从 SQLException 继承大批代码），大幅度减少代码的编写，并且提供了对声明式事务和编程式事务的支持。

5. ORM 映射模块

Spring ORM 模块提供了对现有 ORM 框架的支持，各种流行的 ORM 框架已经做得非常成熟，并且拥有大规模的市场（如 Hibernate）。Spring 没有必要开发新的 ORM 工具，它为 Hibernate 提供了完美的整合功能，同时也支持其他 ORM 工具。

6. Web 模块

Spring Web 模块建立在 Spring Context 基础之上，它提供了 Servlet 监听器的 Context 和 Web 应用的上下文，为现有的 Web 框架（如 JSF、Tapestry、Struts 等）提供了集成功能。

7. MVC 模块

Spring Web MVC 模块建立在 Spring 核心功能之上，这使它能拥有 Spring 框架的所有特性，能够适应多种视图、模板技术、国际化和验证服务，实现控制逻辑和业务逻辑的清晰分离。

8.2　Spring 快速入门

8.2.1　手动搭建 Spring 开发环境

通过前面的介绍，我们对 Spring 已经有了一个大体的了解，下面将介绍 Spring 开发环境的搭建。为了手工搭建 Spring 开发环境，需要先安装 JDK 和 MyEclipse （本章的所有示例都基于 JDK8.0 和 MyEclipse 2017）。

Spring 应用示例

1. 获取 Spring 发布包

Spring 是 SourceForge 发布的一个开源框架。Spring 的版本较多，本节将以 Spring 5.0.3 版为例介绍其使用方法。

2. 在项目中应用 Spring

（1）创建一个 Java 项目。

创建一个名为 IoC 的 Java 项目，依次单击或输入如下。

单击“File”→“New”→“Java Project”，输入项目名：IoC，单击“Finish”按钮，完成 Java 项目的创建。

（2）引入 Spring 的开发包。

项目中使用 Spring 时，可以直接将需要的 jar 文件复制到工程 CLASSPATH 指定的目录中即可。本例中，在 Java 项目下创建一个 lib 文件夹，把 Spring 框架需要的包 spring-beans-5.0.3.RELEASE.jar、spring-context-5.0.3.RELEASE.jar、spring-core-5.0.3.RELEASE.jar 、 spring-expression-5.0.3.RELEASE.jar 和 commons-logging-1.2.jar 复制到该文件夹下，然后在项目中引用该 JAR 文件，如图 8-2 所示。其中，前 4 个包则包含了所有 Spring 标准模块，commons-logging-1.2.jar 是 Spring 用于输出日志信息的包。它是 Apache commons 类库中的一员，可以到 http://commons.apache.org/proper/commons-logging/download_logging.cgi 下载。

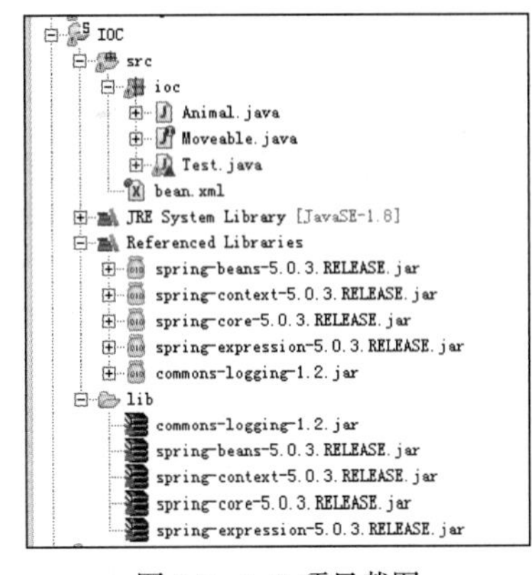

图 8-2　IoC 项目截图

这样，就完成了 Spring 开发环境的最简单的配置。

下载包 lib 文件夹中除上面的几个 JAR 文件外，还有一些 jar 包。如果需要使用其他功能，可以再酌情加入 lib 文件夹下的依赖包。

对于 Web 应用，必须将需要的 JAR 文件复制到 Web 应用的 WEB-INF 文件夹下的 lib 文件夹中，Web 服务器启动时会自动装载 lib 文件夹中所有的 JAR 文件。如果要使 Web 服务器的所有应用都支持 Spring，需要根据不同服务器进行设置。

3. 创建 Spring 的配置文件

一个 Spring 项目需要创建一个或多个 Bean 配置文件，这些配置文件用于在 Spring 容器里配置应用程序中的 JavaBean，Bean 的配置文件可以放在 CLASSPATH 下，也可以放在其他目录下。

配置信息用 XML 文件存贮，可以从 Spring 用户手册中查到，然后手动创建它。这里，我们采用手动创建的方法，并改名为 bean.xml，如图 8-2 所示。

8.2.2 应用 MyEclipse 工具搭建 Spring 开发环境

8.2.1 小节手动搭建了一个简单的 Spring 环境，接下来利用 MyEclipse IDE 来配置 Spring 开发环境。

首先，建立一个 Java 项目，然后右键单击项目名称，找到“Configure Facets...”→“Install Spring Facets”（添加 Spring 环境支持），在弹出的对话框中选择“4.1”版本，再选择虚拟机版本，并单击“Finish”按钮，完成搭建过程，如图 8-3 所示。

在源代码 src 文件夹下，MyEclipse 自动为我们创建了 Spring 的配置文件 application Context.xml，项目的名称上也多了一个 Spring 项目标志 s。

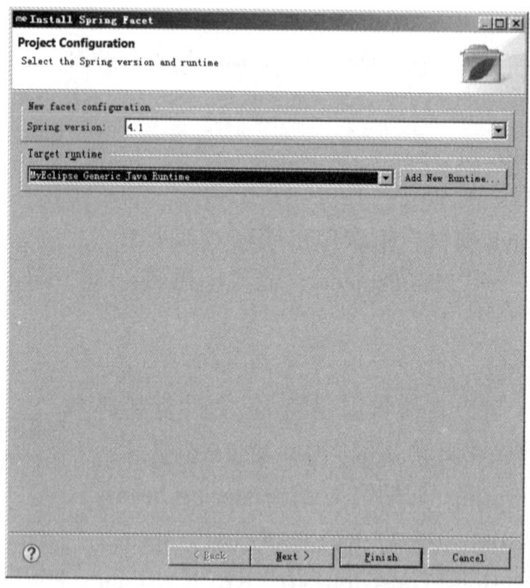

图 8-3　Add Spring Capabilities 对话框

8.3　IoC 的基本概念

本节将使用一个简单的示例来测试开发环境是否搭建成功，并通过这个例子引入 Spring 的核心功能 IoC。

8.3.1 什么是 IoC

在实际应用开发中，需要尽量避免和降低对象之间的依赖关系，即降低耦合度。一般的业务对象之间、业务对象与持久层等之间都存在这样或那样的依赖关系。那么，如何降低对象之间的依赖关系？IoC 正是为了解决这一问题而出现的。

在传统的实现中，由程序内部的代码来控制对象之间的关系。当一个对象需要依赖另一个对象时，我们用 new 来创建它的依赖对象，实现两个组件间的组合关系，这种实现方式会造成组件之间的耦合。控制反转（Inversion of Control，IoC），是指应用程序中对象的创建、销毁等不再由程序本身编码实现，而是由外部的 Spring 容器在程序运行时根据需要注入程序中，也就是对象的生命周期不是由程序本身决定，而是由容器来控制，所以称为控制反转。这种控制权的转移带来的好处是降低了对象间的依赖关系，即实现了解耦。

IoC 的这种设计思想符合好莱坞设计原则“Don’t call us，we’ll call you”（不要打电话给我们，需要时我们会打电话给你）[1]。

【例 8.1】不同的动物，它们移动的方式各不相同，有的跑（Run），有的飞（Fly）。

（1）创建接口 Moveable。

在 Moveable 接口中定义一个 move()方法，实现该接口的对象将提供具体的方法实现。

Moveable.java 代码如下。

```
public interface Moveable {
     void move();
}
```

（2）创建一个类 Animal。

Animal 类实现了 Moveable 接口，提供 move()方法的具体实现。

Animal.java 代码如下。

```
public class Animal implements Moveable {
    private String animalType;  //何种动物

    public void setAnimalType(String animalType) {
        this.animalType = animalType;
    }

    private String moveMode;  //如何 move

    public void setMoveMode(String moveMode) {
        this.moveMode = moveMode;
    }

    @Override
    public void move() {  //move 接口的实现
    String moveMessage= animalType + " can " + moveMode;
        System.out.println(moveMessage);
    }
}
```

（3）添加 Spring 配置信息。

建立 Spring 的配置文件 bean.xml，其内容如下。

bean.xml 代码如下。

```
<?xml version="1.0" encoding="UTF-8"?>
<beans xmlns="http://www.springframework.org/schema/beans"
    xmlns:xsi="http://www.w3.org/2001/XMLSchema-instance"
    xmlns:p="http://www.springframework.org/schema/p"
    xsi:schemaLocation="http://www.springframework.org/schema/beans
    http://www.springframework.org/schema/beans/spring-beans-4.1.xsd">
    <bean id="animal" class="ioc.Animal">
        <property name="animalType">
```

1 在美国好莱坞，众多电影工厂在寻找演员时通常奉行这么一个原则：不要打电话我们，需要时我们会打电话给你。这种思想用到软件设计领域则称为好莱坞原则，即告诉开发者不要主动去构造依赖，而是需要时由容器将对象注入进来。

```
                <value>Bird</value>
            </property>
            <property name="moveMode">
                <value>fly</value>
            </property>
        </bean>
</beans>
```

该配置文件的模板可以从 Spring 的参考手册或 Spring 的例子中得到，配置文件的名称可以自己指定，配置文件可以存放在任何目录下，但文件扩展名必须为 xml。这里，将配置文件存放在 src 文件夹中，即 CLASSPATH 路径下。

该配置文件的作用是将 ioc.Animal 类实例化为对象，该对象可以通过 id 值 animal 来获取，并且设置对象的 animalType 属性值为 Bird，设置其 moveMode 属性值为 fly。

（4）创建测试类 Test。

Test.java 代码如下。

```
class Test{
    public static void main(String []args){
        //创建 Spring 容器
        ApplicationContext ctx = new ClassPathXmlApplicationContext("bean.xml");
        //从容器中获取 Animal 类的实例
        Moveable animal = (Moveable) ctx.getBean("animal");
        //调用 move()方法
        animal.move();
    }
}
```

代码创建完成，程序的文件结构如图 8-2 所示。这段代码的作用为：首先加载 Spring 容器，然后通过键值 animal 在容器中获取 Animal 类的 JavaBean 实例，同时将 animalType 和 moveMode 的属性值注入该对象，最后调用对象的 move()方法。

程序 Test 的运行结果如下。

```
Bird can fly
```

我们对 bean 配置节中的 moveMessage 和 moveMode 的值稍做修改。

```
<bean id="animal" class="ioc.Animal">
    <property name="animal Type">
        <value>Dog</value>
    </property>
    <property name="moveMode">
        <value>run</value>
    </property>
</bean>
```

再次运行程序，结果变为：Dog can run。

通过上面的例子，可以看到。

（1）除测试代码之外，所有程序代码中，并没有依赖 Spring 中的任何组件。由于不依赖框架，可以轻松地将组件从 Spring 中脱离。

（2）Animal 类的 animalType 和 moveMode 属性均由 Spring 通过读取配置文件（bean.xml）动态设置。由于属性是程序运行期间需要时才注入，减少了 Animal 类对这些属性的依赖，降低了耦合性。

因为 Animal 类属性的值不是由硬编码产生，而是由 Spring 容器注入，不依赖于自身而依赖于外部容器，由容器控制，所以称之为控制反转（IoC）。

（3）在不改变 Animal 类任何代码的情况下，可以通过简单地修改配置文件来实现了不同类型动物的 move 行为。

当我们开发一个应用系统时，通常需要大量的 JavaBean，这些 Bean 之间通过互相调用产生了依赖。在一个系统中，可以将所有的类分成两类：调用者和被调用者。在软件设计方法和设计模式中，共出现了 3 种不同的类间调用模式：自己创建、工厂模式和外部注入。其中，外部注入就是 IoC 模式。可以用 3 个形象的动词来分别表示这 3 个调用方法，即 new、get 和 set。new 表示对象由自己通过 new 创建，get 表示从别人（即工厂）那里取得，set 表示由别人推送进来（注入）。其中，get 和 set 分别表示了主动去取和等待送来两种截然不同的方式，这 3 个动词代表了这 3 种方式的精髓。

不管是哪一种方式，都存在两个角色，那就是调用者和被调用者。下面，以一个例子来讲解这 3 种方式的具体含义。

【例 8.2】对【例 8.1】进行扩展。考虑 Animal 类，有时需要将 moveMessage 在屏幕中显示出来，有时又需要将它写入文件，所以在 Animal 类中引入 MessagePrinter 接口类，由它负责将信息输出到控制台或文件中。本例中的调用者为 Animal，被调用者为 MessagePrinter。

为此，需要创建接口 MessagePrinter（信息输出接口类）以及实现这个接口的具体实现类 ScreenPrinter 和 FilePrinter。

（1）创建接口 MessagePrinter。

在该接口中定义一个 printMessage()方法，实现该接口的对象将提供具体的方法实现。

MessagePrinter.java 代码如下。

```
public interface MessagePrinter {
    void printMessage(String msg) ;
}
```

（2）创建 ScreenPrinter 类。

该类用于实现 MessagePrinter 接口中的 printMessage()方法，将信息在屏幕中显示出来。

ScreenPrinter.java 代码如下。

```
public class ScreenPrinter implements MessagePrinter{
    public void printMessage(String msg) {
        System.out.println(msg);
    }
}
```

（3）创建 FilePrinter 类。

该类也用于实现 MessagePrinter 接口中的 printMessage()方法，其功能是将信息输出并保存到文件 output.txt 中。

FilePrinter.java 代码如下。

```
public class FilePrinter implements MessagePrinter {

public void printMessage(String msg) {
File file = new File("output.txt");
try {
      PrintWriter fwriter = new PrintWriter(
          new BufferedWriter(new FileWriter(file)));
      fwriter.println(msg);
      fwriter.close();
    } catch (Exception ex) {
    ex.printStackTrace();
    }
  }
}
```

下面，我们来看这 3 种模式中，调用者类 Animal 是如何调用 MessagePrinter 接口类的。

方法 1：new——自己创建。

（1）修改 Animal 类，为了支持将 moveMessage 输出到显示屏或文件，给 Animal 类增加一个 MessagePrinter 类型的依赖对象 printer 作为属性，由它决定信息如何输出。

Animal.java 代码如下。

```
public class Animal implements Moveable {//保持 Moveable 接口不变
    private MessagePrinter printer;
    private String animalType;

    public void setAnimalType(String animalType) {//注入 animalType 值
        this.animalType = animalType;
    }

    private String moveMode;

    public void setMoveMode(String moveMode) {//注入 moveMode 值
        this.moveMode = moveMode;
    }
    @Override
    public void move() {
        String moveMessage=animalType + " can " + moveMode;
        printer.printMessage(moveMessage);
    }

    public void setPrinter(MessagePrinter printer) {//注入 printer
        this.printer = printer;
    }
}
```

（2）创建测试类 TestNew。

TestNew.java 代码如下。

```
public class TestNew {
    public static void main(String []args){
        MessagePrinter printer=new ScreenPrinter();//创建屏幕输出类
        Animal animal=new Animal();//创建 Animal 类
        animal.setAnimalType("Bird");
        animal.setMoveMode("fly");
        animal.setPrinter(printer);
        //调用 move()方法
        animal.move();
    }
}
```

运行测试类，在控制台输出：Bird can fly。

如果需要将这段信息输出到文件中，则必须将代码：

```
MessagePrinter printer=new ScreenPrinter();//创建屏幕输出类
```

修改为：

```
MessagePrinter printer=new FilePrinter();//创建文件输出类
```

可以看出，Animal 调用信息输出对象时，需要由自己来创建一个 MessagePrinter 对象。这种方法的缺点是无法更换被调用者，除非修改源代码。

方法 2：get——工厂模式。

方法 1 的缺点是，每一次调用都要自己来创建依赖对象，需要关注目标对象的细节，造成管理上的不便。为此，将对象的创建过程统一集中到一个工厂类中，由它来负责创建，需要什么对象可以从工厂中取得。

（1）Animal 类同方法 1。

（2）创建 PrinterFactory 工厂类。

PrinterFactory.java 代码如下。

```
public class PrinterFactory {
    public static MessagePrinter getScreenPrinter(){//产生 ScreenPrinter
        MessagePrinter printer=new ScreenPrinter();
        return printer;
    }

    public static MessagePrinter getFilePrinter(){//产生 FilePrinter
        MessagePrinter printer=new FilePrinter();
        return printer;
    }
}
```

（3）创建测试类 TestGet。

TestGet.java 代码如下。

```
public class TestGet {
    public static void main(String []args){
        MessagePrinter printer=PrinterFactory.getScreenPrinter();//屏幕输出类
        Animal animal=new Animal();
        animal.setAnimalType("Bird");
        animal.setMoveMode("fly");
        animal.setPrinter(printer);
        //调用 move()方法
        animal.move();
    }
}
```

运行测试类，在控制台输出：Bird can fly。

如果需要将这段信息输出到文件中，则必须将代码：

```
MessagePrinter printer=PrinterFactory.getScreenPrinter();//屏幕输出类
```

修改为：

```
MessagePrinter printer=PrinterFactory.getFilePrinter();//文件输出类
```

可以看出，该方法与方法 1 的区别是增加了一个工厂类，Animal 类依赖的 MessagePrinter 对象由工厂类统一创建，调用者无须关心对象的创建过程，从工厂中取得即可。这种方法实现了一定程度的优化，使得代码的逻辑趋于统一。但是，缺点是对象的创建和替换依然不够灵活，完全取决于工厂，并且多了一道中间工序。

方法 3：set——外部注入。

显然方法 1 和方法 2 都有其缺陷，不够灵活，下面使用 IoC。

（1）创建配置文件 bean.xml。

bean.xml 代码如下。

```
<bean id="movePrinter" class="ioc.ScreenPrinter"></bean>
<bean id="animal" class="ioc.Animal">
<property name="printer" ref="movePrinter" />
```

```
<property name="animalType">
<value>Bird</value>
</property>
<property name="moveMode">
<value>fly</value>
</property>
</bean>
```

该配置文件的作用如下。

① 产生一个 ioc.ScreenPrinter 类型的对象，它作为 ioc.Animal 类的一个依赖对象，由 printer 属性来引用这个对象。

② 产生 ioc.Animal 类对象，并且设置 3 个属性的值。ioc.Animal 类的对象共依赖 3 个对象，分别为 printer、animalType 和 moveMode，即为对象的 3 个属性，它们的值分别通过相应的设值方法 setPrinter()、setAnimalType()和 setMoveMode()注入对象。

（2）创建测试类 TestIoc。

TestIoc.java 代码如下。

```
class TestIoc{
    public static void main(String []args){
        //创建 Spring 容器
        ApplicationContext ctx = new ClassPathXmlApplicationContext("bean.xml");
        //从容器中获取 Animal 类的实例
        Moveable animal = (Moveable) ctx.getBean("animal");
        //调用 move()方法
        animal.move();
    }
}
```

其他 Java 文件内容同上。

运行 TestIoc，在控制台输出：Bird can fly。

修改配置文件 bean.xml，用 FilePrinter 替换 ScreenPrinter。

```
bean.xml
<bean id="movePrinter" class="ioc.FilePrinter"></bean>
<bean id="animal" class="ioc.Animal">
<property name="printer" ref="movePrinter" />
<property name="animalType">
<value>Bird</value>
</property>
<property name="moveMode">
<value>fly</value>
</property>
</bean>
```

再次运行后，在项目文件夹下创建一个文本 output.txt，其内容为：Bird can fly。

在第 3 种方式中，没有修改源程序，而只是修改了配置文件 bean.xml 的内容，就实现了信息输出从控制台到文件的切换。也就是说，采用 IoC 不需要重新修改并编译具体的 Java 代码就实现了对程序功能的动态修改，实现了热插拔，提高了灵活性。可见，这种方式可以完全抛开依赖的限制，由外部容器自由地注入，这就是 IoC，将对象的创建和获取提到外部，由外部容器提供需要的组件。

IoC 是一种新的设计模式，把支持这种模式的 Spring 容器称为 IoC 容器。IoC 模式可以看成工厂模式的升华，它只是把原来写在工厂方法里的对象生成代码，改由 XML 文件来定义和注册，目的就是提高灵活性和可维护性。在 Spring 中，IoC 使用 XML 配置来生成对象，采用了 Java 的反射技术。反射是一个较为晦涩的概念，通俗地说，反射就是根据类名（字符串）来创建对象，这种技术允许在程序运行时才决定生成哪种对象，而不是在编译时就确定。

8.3.2 依赖注入

依赖注入（Dependency Injection，DI）是 Martin Fowler 在他的经典文章 *Inversion of Control Containers and the Dependency Injection pattern* 中为 IoC 另取的一个更形象的名字[1]。相对 IoC 而言，“依赖注入”的确更加直观和准确地描述了这种设计理念。从名字上理解，所谓依赖注入，即组件之间的依赖关系由容器在运行期间决定，形象地说，即由容器动态地将某种依赖关系注入组件。

此外，本书作者还总结了 3 种依赖注入的方式，即接口注入（Interface Injection）、setter 方法注入（Setter Injection）和构造方法注入（Constructor Injection）。在此，本书仅介绍 setter 方法注入和构造方法注入，因为这两者是应用 Spring 时较为常用的注入方式。

8.4 依赖注入的形式

8.4.1 setter 方法注入

在各种类型的依赖注入方式中，setter 方法注入在实际开发中使用最为广泛，基于设值的依赖注入机制比较直观、自然。在【例 8.1】中，Animal 类中的 animalType 和 moveMode 属性的值，都是通过相应的设值方法 setAnimalType()和 setMoveMode()，将配置文件 bean.xml 中指定的值（value 部分）分别注入给这两个属性，即通过类的 setter 方法完成依赖关系的设置。

当采用 setter 方法注入时，属性的设值方法的命名必须符合 JavaBean 的命名规范，如属性 propertyName 对应的设置方法名称必须是 setPropertyName，否则将无法实现 setter 方法注入，所以在添加属性的 getter/setter 方法时应尽量借助 MyEclipse 工具来自动生成，以减少出错的机会。

8.4.2 构造方法注入

在创建对象时，可通过含有参数的构造函数来初始化新对象的属性。顾名思义，构造方法注入，依赖关系通过类构造函数建立，容器通过调用类的构造方法，将其所需的参数值注入其中。

【例 8.3】利用构造函数注入方式实现【例 8.1】的功能。

（1）创建 Animal 类。

Animal.java 代码如下。

```
public class Animal implements Moveable {//Moveable 接口不变
    private String animalType;
    private String moveMode;
    //构造函数,有两个参数
    public Animal(String animalType, String moveMode) {
```

1 本书更多的是将 IoC 和 DI 看作等同的概念，但是，在这一点上可能存在不同的观点，比如 *Expert One-on-One J2EE without EJB* 等书都将依赖注入看作是 IoC 的一种方式。

```
        this.animalType = animalType;
        this.moveMode = moveMode;
    }

    @Override
    public void move() {
        String moveMessage=animalType + " can " + moveMode;
        System.out.println(moveMessage);
    }
}
```

（2）修改 bean.xml 文件的内容。

其中，<bean>元素的内容如下。

```
<bean id="animal" class="constructor.Animal">
<constructor-arg index="0" type="java.lang.String" value="Bird" />
<constructor-arg index="1" type="java.lang.String" value="fly"/>
</bean>
```

每一个<constructor-arg>指定构造函数的一个参数，index 指定参数的顺序，即指定是构造方法的第几个参数，type 指定参数的数据类型，value 指明参数的值。其中，index 和 type 属性为可选项，value 为必选项。

（3）创建测试类 Test。

测试类的内容同【例 8.1】。

运行后，控制台输出：Bird can fly。

8.4.3 3 种依赖注入方式的对比

1. 接口注入

从注入方式的使用上来说，接口注入是不提倡的一种方式，极少被用户使用。因为它强制被注入对象实现容器的接口，带有"侵入性"，而构造方法注入和 setter 方法注入则不需要如此。

2. setter 注入

setter 注入方式与传统的 JavaBean 写法很相似，程序员更容易理解和接受，通过 setter 方式设定依赖关系显得更加直观、自然。

缺点是组件使用者或许会忘记组件注入需要的依赖关系，同时依赖可能会因为 setter 方法的调用而被修改。

3. 构造注入

构造注入的优点是可以在构造器中决定依赖关系的注入顺序。依赖关系只能在构造器中设定，则只有组件的创建者才能改变组件的依赖关系。对组件的调用者而言，组件内部的依赖关系完全透明，更符合高内聚的原则。

构造注入的缺点也很明显。对于复杂的依赖关系，如果采用构造注入，会导致构造器过于臃肿，难以阅读。Spring 在创建 Bean 实例时，需要同时实例化其依赖的全部实例，当某些属性可选时，此时多参数的构造器则显得更加笨拙，而使用 setter 注入，则避免了这个问题。

综上所述，构造方法注入和 setter 方法注入因为其侵入性较弱，并且易于被理解和使用，所以目前使用较多，而接口注入因为侵入性较强，几乎很少被使用。

8.5　IoC 的装载机制

8.5.1　IoC 容器

Spring 提供了强大的 IoC 容器来管理组成应用程序中的 Bean，要利用容器提供的服务，就必须配置 Bean，配置文件描述了 Bean 的定义和它们之间的依赖关系。Spring 通过大量引入 Java 的反射机制，动态生成 Bean 对象并注入程序避免了硬编码，实现该功能的核心组件是 BeanFactory，而 ApplicationContext 继承了 BeanFactory 接口，提供了更多的高级特性，建议优先使用后者，但无论使用哪一个组件，配置文件是相同的，并且必须对其实例化。

Spring 通过 ApplicationContext(或 BeanFactory)接口来实现对容器的加载。ApplicationContext 的实现类主要如下。

（1）ClassPathXmlApplicationContext：从 CLASSPATH 中加载配置文件。

（2）FileSystemXmlApplicationContext：从文件系统中加载配置文件。

首先，可以通过任意一个实现类来将配置文件中定义的 Bean 加载到容器中。例如：

```
//创建 Spring 容器,bean.xml 保存于类路径下
ApplicationContext ctx = new ClassPathXmlApplicationContext("bean.xml");
```

或者

```
ApplicationContext ctx=new FileSystemXmlApplicationContext("classpath:bean.xml");
```

然后，通过下列语句来获取 Bean 的实例。

```
//从容器中获取 Animal 类的实例：Bean 配置 id 为 animal 的对象
        Moveable animal = (Moveable) ctx.getBean("animal");
```

用户自己用 new 产生的对象，Spring 是无法通过依赖注入的方式注入其属性的。换句话说，只有 Spring 管理的对象，Spring 才能为其注入依赖对象。

注意

在本例中，当使用 ClassPathXmlApplicationContext 来调用配置文件时，必须将其置于类路径下，即项目 IoC 的 src 文件夹下；当使用 FileSystemXmlApplicationContext 来打开文件时，需要将 Bean 配置文件置于项目的工作路径下，即项目 IoC 目录下。由于本例中配置文件位于类路径下，所以采用 FileSystemXmlApplicationContext 打开时，在该文件的前面加上 CLASSPATH，以标识文件的位置。

对于 Web 项目，通常 ApplicationContext 还可以用声明的方式来创建，一般是在启动 Web 服务器的同时自动加载 Spring 的容器功能。方法是在 web.xml 中配置监听器 ContextLoaderListener，它的作用就是启动 Web 容器时，自动装配 ApplicationContext 的配置信息。

```
<context-param>
    <param-name>contextConfigLocation</param-name>
    <param-value>/WEB-INF/beans-config.xml</param-value>
</context-param>

<listener>
<listener-class>
      org.springframework.web.context.ContextLoaderListener
    </listener-class>
</listener>
```

在上面配置信息中，<context-param>配置项中参数名 contextConfigLocation 用以指定 Spring 配置文件存放的位置和名称。如果缺少这一项，Web 服务器在启动时，ContextLoaderListener 会加载/WEB-INF/applicationContext.xml，如果目标位置找不到需要的文件，则 Web 服务器将会报错。

对于 Servlet 2.2 及以前的版本，需要以 ContextLoaderServlet 代替 ContextLoaderListener，配置信息如下。

```
<servlet>
    <servlet-name>contextLoader</servlet-name>
    <servlet-class>
        org.springframework.web.context.ContextLoaderServlet
    </servlet-class>
    <load-on-startup>1</load-on-startup>
</servlet>
```

配置完成，在 Web 应用中，可通过下列方法，获取 ApplicationContext 的引用。

```
WebApplicationContext ctx = ContextLoader.getCurrentWebApplicationContext();
```

或者

```
WebApplicationContext ctx =
WebApplicationContextUtils.getWebApplicationContext(servletContext);
```

8.5.2 Spring 的配置文件

在 Spring 中，需要从配置文件中读取 JavaBean 的定义信息，再根据这些信息去创建 JavaBean 的实例对象并注入其依赖的属性。由此可见，Spring 配置文件中主要描述了 Bean 的基本信息和 Bean 之间的依赖关系。

Spring 配置文件中 beans 是其根元素，包含一个或多个<bean>标签。每个<bean>标签用于告诉 Spring 容器一个类是如何组成的，它有哪些属性，多个类之间的引用构成了类之间的关系。下面将介绍<bean>标签相关的配置项。

<bean>标签用于定义 JavaBean 的配置信息，最简单的<bean>标签也需要包含 id（或 name）和 class 两个属性来说明 Bean 的实例名称和类信息。实例化 JavaBean 对象时会以 class 属性指定的类来生成 JavaBean 的实例，可以通过 id（或 name）作为索引名称获取实例。<bean>标签的属性如表 8.1 所示，更加详细的说明可以参见 Spring 帮助文档。

表 8.1　<bean>标签的属性

属性或子标签	描述	举例
id	代表 JavaBean 的实例对象。在 Bean 实例化之后可以通过 id 来引用 Bean 的实例对象	<bean id="animal" class="ioc.Animal"/>
name	代表 JavaBean 的实例对象名。与 id 属性的意义基本相同	<bean name="animal" class="ioc.Animal"/>
class	JavaBean 的类名（全路径），它是<bean>标签必须指定的属性	同上
singleton	是否使用单例（Singleton）模式。如果设置成 false，在每次调用容器的 getBean()方法时，都会返回新的实例对象。如果采用默认设置 true，那么在 Spring 容器的上下文中只维护此 Java Bean 的一个实例	<bean name="animal" class="ioc.Animal" singleton="false"/>
autowire	Spring 的 JavaBean 自动装配功能，详细介绍请参见 8.5.3 小节	请参见 8.5.3 小节 Bean 的自动装配

续表

属性或子标签	描述	举例
depends-on	通过 depends-on 指定其依赖关系可保证在此 Bean 加载之前，首先对 depends-on 所指定的资源进行加载。一般情况下无须设定	<bean name="animal" class="ioc.Animal " depends-on="printer "/>
init-method	初始化方法，此方法将在 BeanFactory 创建 JavaBean 实例之后，向应用程序返回引用之前执行。一般用于一些资源的初始化工作	<bean id="school" class="School" init-method="init"/>
destroy-method	销毁方法。此方法将在 BeanFactory 销毁的时候执行。一般用于资源释放	<bean id="school" class="School" destroy-method=" destroy "/>
factory-method	指定 JavaBean 的工厂方法。指定的方法必须是类的静态方法，并且返回 JavaBean 的实例	<bean id="school" class="School" factory-method="getInstance"/>
factory-bean	通过实例工厂方法创建 Bean，class 属性必须为空，factory-bean 属性必须指定一个 Bean 的名字，这个 Bean 一定要在当前的 Bean 工厂或者父 Bean 工厂中，并包含工厂方法。而工厂方法本身通过 factory-method 属性设置	<bean name="factory" class="Factory" /> <bean name="school" factory-bean="factory" factory-method="createFactory" />
<property>	可通过<value/>标签指定属性值。BeanFactory 将自动根据 JavaBean 对应的属性类型加以匹配	<property name="moveMode"> <value>fly</value> </property> 可简写为： <property name="moveMode" value="fly" />
<constructor-arg>	构造方法注入时确定构造参数。index 指定参数顺序，type 指定参数类型	<constructor-arg index="0" type="java.lang.String" value="fly"/>
<ref>	指定了属性对 BeanFactory 中其他 Bean 的引用关系	<bean id="prt"class="ioc.FilePrinter"/> <bean id="animal" class="ioc.Animal"> <property name="printer" ref="prt"/> </bean>

按类型进行自动装配，意味着容器尝试着通过属性的类型来查找并引用前面已经定义的 bean。当执行按类型自动装配时，Spring 容器在为 animal 对象确定 printer 属性时，将从上下文描述符中搜索能实现 MessagePrinter 接口的组件，符合条件的只有 id 为 movePrinter 的组件，从而实现了 printer 属性和 movePrinter 的自动对接，然后调用 setter 方法为其注入。Spring 除了支持按类型自动装配以外，还支持按名称、构造器等自动装配。

在具有复杂依赖关系的系统中，自动连接可以大大节省工作量。然而，如果自动装配存在不确定时（如同一接口存在多个实现 bean 时），就应该执行显示的连接，否则系统会报错。

8.5.3 Bean 的自动装配

在应用中，常常使用<ref>标签为 JavaBean 注入它依赖的对象。但是，对于一个大型的系统，不得不花费大量的时间和精力用于创建和维护系统中的<ref>标签。实际上，这种方式也会在另一种形式上增加应用程序的复杂性，那么如何解决这个问题呢？Spring 为我们提供了一个自动装配的机制，在应用中结合<ref>标签可以大大减少工作量。前面提到过，在定义 Bean 时，<bean>标签有一个 autowire 属性，可以通过设定它的值来让容器为 Bean 自动注入依赖对象。<bean>标签的 autowire 属性说明如表 8.2 所示。

表 8.2　　<bean>标签的 autowire 属性说明

自动装配模式	说明
no	即不启用自动装配，是 autowire 默认值
byName	通过属性名称的方式查找并为其注入 JavaBean 依赖的对象
byType	通过属性的类型查找并为其注入 JavaBean 依赖的对象
constructor	同 byType 一样，也是通过类型查找依赖对象。与 byType 的区别在于它不是使用 setter 方法注入，而是使用构造器注入
autodetect	在 byType 和 constructor 之间自动选择注入方式

例如，在没有使用自动装配的情况下，animal 对象必须显示引用前面产生的 JavaBean：movePrinter。

```
<bean id="movePrinter" class="ioc.ScreenPrinter"/>
<bean id="animal" class="ioc.Animal">
<property name="printer" ref="movePrinter"/>
<property name="animalType" value="Bird"/>
<property name="moveMode" value="fly"/>
</bean>
```

Spring 的自动装配实际上就是查找匹配 Bean 的过程。不需要给出将这些 Bean 连接在一起的具体指令，容器能自动完成装配，有很多种方法可以完成自动装配，包括按名称、按类型、利用构造函数等。下面是按类型自动装配。

```
<bean id="movePrinter" class="ioc.ScreenPrinter"/>
<bean id="animal" class="ioc.Animal" autowire="byType">

<property name="animalType" value="Bird"/>
<property name="moveMode" value="fly"/>
</bean>
```

8.5.4　IoC 中使用注解

在 Spring 项目中，既可以使用 XML 来配置 Bean 的信息，也可以使用注解达到简化配置文件的目的。

1. @Autowired

Spring 2.5 引入了 @Autowired 注解，它可以对类成员变量、方法及构造函数进行标注，完成自动装配的工作。

（1）Animal.java 的部分代码如下。

```
@Autowired//对需要类成员变量的方法使用自动装配注解
public void setPrinter(MessagePrinter printer) {
      this.printer = printer;
}
```

（2）XML 配置文件的部分代码如下。

```
<context:annotation-config/>
<!--<bean class="org.springframework.beans.factory.annotation.
         AutowiredAnnotationBeanPostProcessor"/>-->
<bean id="movePrinter" class="annotation.ScreenPrinter"/>
<bean id="animal" class="annotation.Animal">
      <property name="animalType" value="Bird"/>
      <property name="moveMode" value="fly"/>
</bean>
```

使用注解@Autowired 时，需要在配置文件中注册 AutowiredAnnotationBeanPostProcessor 类。实际上，为了方便，采用注解时一般使用<context:annotation-config/>代替。这样，当 Spring 容器启动时，将扫描 Spring 容器中的所有 Bean，当发现 Bean 中拥有@Autowired 注解时就找到并注入和其匹配（默认按类型）的 bean。本例中通过 setPrinter()方法注入了 MessagePrinter 类型的成员变量，当然也可以在私有成员变量上直接加注解@Autowired。

```
@Autowired
private MessagePrinter printer;
```

这样，就可以将相应的 setter 的 setPrinter()方法从 Animal 类中删除。

2. @Qualifier

如果一个 Bean 的属性来自多个其他候选 Bean，将导致 Spring 无法确定使用哪一个 Bean，Spring 容器在启动时就会抛出 BeanCreationException 异常。Spring 允许通过@Qualifier 注解指定注入 Bean 的名称。

（1）配置 XML 文件的部分代码如下。

```
<context:annotation-config/>
<bean id="screen" class="annotation.ScreenPrinter"/>
<bean id="file" class="annotation.FilePrinter"/>
<bean id="animal" class="annotation.Animal">
  <property name="animalType" value="Bird"/>
  <property name="moveMode" value="fly"/>
</bean>
```

在本例中，接口 MessagePrinter 的实现实例有两个：screen 和 file，必须指定一个。

（2）Animal.java 的部分代码如下。

```
@Autowired//对类的私有成员变量使用自动装配注解
private @Qualifier(value="screen")MessagePrinter printer;
```

@Qualifier 通常与 @Autowired 结合使用，并且置于成员变量类型的前面。@Qualifier（value="screen"）中的 screen 是 Bean 的名称，可简写为 @Qualifier（"screen"）。所以，这里自动注入的策略就从 byType 转变成 byName 了。

3. @Resource

@Resource 的作用相当于 @Autowired，只不过 @Autowired 按 byType 自动注入，而 @Resource 默认按 byName 自动注入。@Resource 有两个属性是比较重要的，分别是 name 和 type，Spring 将 @Resource 注解的 name 属性解析为 bean 的名字，而 type 属性则解析为 bean 的类型。所以使用 name 属性时，则使用 byName 的自动注入策略，而使用 type 属性时，则使用 byType 自动注入策略。如果既不指定 name 也不指定 type 属性，这时将使用 byName 自动注入策略。

```
@Resource(name="screen")
private MessagePrinter printer;
```

Resource 注解类位于 Spring 发布包的 lib\Java EE\common-annotations.jar 类包中。因此，在使用之前必须将其加入项目的类库。

4. @Component

虽然可以通过@Autowired 或@Resource 在 Bean 类中使用自动注入功能，但是还是需要在 XML 文件中定义<bean>标签。那么能否也通过注解来定义 Bean，从 XML 配置文件中完全移除 Bean 定义的配置呢？答案是肯定的，通过 Spring 2.5 提供的 @Component 注解就可以达到这个目标。

（1）ScreenPrinter.java 的部分代码如下。

```
package annotation;
import org.springframework.stereotype.Component;
@Component("screen")
```

```
public class ScreenPrinter implements MessagePrinter{
   ......
}
```

@Component（"screen"）加在类名的前面，相当于 XML 文件中的<bean>。

```
<bean id="screen" class="annotation.ScreenPrinter"/>
```

screen 为指定的 id，如果不指定，默认值为小写字母开头的类名（screenPrinter）。

（2）FilePrinter.java 的部分代码如下。

```
@Component(value="file")
public class FilePrinter implements MessagePrinter {
......
}
```

（3）Animal.java 的部分代码如下。

```
@Component  //可以省略 XML 中关于该类的<bean>元素配置
public class Animal implements Moveable {
    @Autowired
    private @Qualifier("screen")MessagePrinter printer;
    //下面两行直接赋值是为了对其初始化,不必在 XML 文件中配置
    private String animalType="Bird";
    private String moveMode="fly";
    ......
}
```

（4）XML 配置文件的完整代码如下。

```
<?xml version="1.0" encoding="UTF-8" ?>
<beans xmlns="http://www.springframework.org/schema/beans"
       xmlns:xsi="http://www.w3.org/2001/XMLSchema-instance"
       xmlns:context="http://www.springframework.org/schema/context"
       xsi:schemaLocation="http://www.springframework.org/schema/beans
    http://www.springframework.org/schema/beans/spring-beans-2.5.xsd
    http://www.springframework.org/schema/context
    http://www.springframework.org/schema/context/spring-context-2.5.xsd">
   <context:annotation-config/>
   <context:component-scan base-package="annotation"/>
</beans>
```

当使用@Component 注解时，需要使用<context:component-scan/>元素，它的属性 base-package 指定了需要扫描的类包。当 Spring 容器加载时，会扫描 annotation 类包及其递归子包中所有的类，根据注解来产生并注入需要的 Bean。

其他文件保持不变，运行结果为：Bird can fly。

由于注解大大简化了 XML 配置，那么是否可以完全摒除 XML 配置方式呢？答案是否定的。有以下两点原因。

① 如果 Bean 的依赖关系是固定的（如访问数据库的 Service 使用了几个 DAO 类），这种配置信息不会在部署时发生调整，那么注解配置会更简洁；反之，如果这种依赖关系会在部署时发生调整，使用 XML 配置则更加灵活，因为只需修改 XML 文件的配置就能完成调整，而使用注解则需要改写源代码并重新编译才可以实施调整。

② 如果 Bean 不是自己编写的类（如 SessionFactory），注解配置将无法实施，此时 XML 配置是唯一可用的方式。

在实现应用中，往往需要根据情况选择使用注解配置和 XML 配置，有时也会同时使用两种配置。

8.6 AOP 概述

8.6.1 AOP 简介

面向切面编程（Aspect-Oriented Programming，AOP）由 Gregor Kiczales 在 Palo Alto 研究中心领导的一个研究小组于 1997 年提出。AOP 实际上是一种编程思想，目前实现 AOP 的有 Spring、AspectJ、JBoss 等。

我们知道，利用面向对象编程（Object-Oriented Programming，OOP）思想，可以很好地处理业务流程，但是不能把系统中某些特定的重复性行为封装在模块中。例如，在很多业务中都需要记录操作日志，结果我们不得不在业务流程中嵌入大量的日志记录代码。无论是对业务代码还是对日志记录代码来说，维护都是非常复杂的。由于系统中嵌入了这种大量的与业务无关的其他重复性代码，系统的复杂性、代码的重复性增加了，从而 bug 的发生率也大大地提高了。

AOP 可以很好地解决这些问题，AOP 可以关注系统的“截面”，在适当的时候“拦截”程序的执行流程，把程序的预处理和后处理交给某个拦截器来完成。比如，访问数据库时需要记录日志，如果使用 AOP 的编程思想，那么在处理业务流程时不必再考虑记录日志，而是把它交给一个专门的日志记录模块去完成。这样，程序员就可以集中精力去处理业务流程，而不是在实现业务代码时嵌入日志记录代码，从而实现业务代码与非业务代码的分别维护。在 AOP 术语中，这称为关注点分离。AOP 的常见应用有：日志拦截、授权认证、数据库的事务拦截和数据审计等。

可以看出，虽然 AOP 可以更好地解决 OOP 所面临的这些问题，但是 AOP 的提出并不是取代 OOP，而是对 OOP 的完善和补充。为了更好地理解 AOP 思想，下面先看一个例子。

【例 8.4】给 Animal 类的所有方法增加一个日志功能，在该方法调用之前先记录一段日志。

（1）创建日志类。

LoggingAspect.java 代码如下。

```
@Component
@Aspect
public class LoggingAspect {
    //拦截指定的目标类中方法的执行
    @Before("execution(public void ioc.Animal.move(..))")
    public void logMethod(JoinPoint jp) {
        System.out.println( "AOP Before 日志 :"
                + jp.toShortString() );
    }
}
```

@Component 表示将该 bean 自动注入 Spring IoC 容器，默认 id 为 loggingAspect；@Aspect 说明该类是个切面类，它定义了一些非业务的功能，最终需要将此代码混合到目标业务代码中去；@Before()注解指定在执行 ioc.Animal 类的 move()方法之前，先执行 logMethod()日志方法。JoinPoint 类型参数 jp 是一个连接点，它是一个上下文对象，用来标记切面插入到应用程序中的位置。

（2）修改 XML 配置文件。

```
<?xml version="1.0" encoding="UTF-8" ?>
<beans xmlns="http://www.springframework.org/schema/beans"
xmlns:xsi="http://www.w3.org/2001/XMLSchema-instance"
xmlns:context="http://www.springframework.org/schema/context"
```

```
xmlns:aop="http://www.springframework.org/schema/aop"
xsi:schemaLocation="http://www.springframework.org/schema/beans
http://www.springframework.org/schema/beans/spring-beans-2.5.xsd
http://www.springframework.org/schema/context
http://www.springframework.org/schema/context/spring-context-2.5.xsd
http://www.springframework.org/schema/aop
http://www.springframework.org/schema/aop/spring-aop-2.5.xsd">
<context:annotation-config />
<context:component-scan base-package="ioc" />
<aop:aspectj-autoproxy />
<bean id="movePrinter" class="ioc.ScreenPrinter" />
<bean id="animal" class="ioc.Animal">
<property name="printer" ref="movePrinter" />
<property name="animalType" value="Bird" />
<property name="moveMode" value="fly" />
</bean>
</beans>
```

用注解的方式实现 AOP 需要在配置文件中加入配置<aop:aspectj-autoproxy/>。

（3）保持应用的目标类 Animal.java、测试类 TestIoc.java 等文件不变，参见【例 8.2】。

此外，Spring AOP 需要用到 Spring 发布包中的 lib\aspectj\aspectjweaver.jar 和 aspectjrt.jar 文件。

运行测试类，结果如下。

```
AOP Before日志 :execution(move)
Bird can fly
```

可以看到，在调用目标类 Animal 的 move()方法之前，先调用了切面类 LoggingAspect 的 logMothed()方法，将切面代码切入到目标代码中，而目标类并不知道被切入了切面类，这两个类的代码单独维护，实现了解耦，是 AOP 的简单实现。

8.6.2 AOP 中的术语

8.6.1 小节列举了 AOP 的一个简单应用，使我们对 AOP 有了一个直观的认识，下面将介绍 AOP 应用中涉及的一些术语。

1. 关注点（Concern）

关注点指所关注的与业务无关的公共服务，如日志、授权认证或事务管理等就是一个关注点，也称横切关注点。关注点表示“要做什么”。

2. 连接点（Join Point）

连接点是在程序执行过程中某个特定的点，通常在这些点需要添加关注点的功能。比如，方法之前或之后或抛出异常时都可以是连接点，Animal 类的 move()方法之前是一个连接点。在 Spring AOP 中，一个连接点总是代表一个方法的执行，表示“在哪里做”。

3. 切面（Aspect）

将各个业务对象之中的关注点收集起来，设计成独立、可重用、职责清楚的对象，称为切面。如【例 8.4】中的日志切面类 LoggingAspect，它可能会横切多个对象。

4. 通知（Advice）

通知指切面在程序运行到某个连接点时所触发的动作，在这个动作中可以定义自己的处理逻辑。一个切面可以包含多个通知。切面的真正逻辑，就是通过编写通知来提供与业务无关的系统服务逻辑。通知有许多类型，其中包括 BeforeAdvice 和 AfterAdvice 等。许多 AOP 框架，包括 Spring，都是以拦截器作通知模型。通知表示“具体怎么做”。

5. 目标对象（Target Object）

目标对象是指一个通知被应用的对象或目标，也称被通知的对象（Advised Object），如【例 8.4】中的 Animal 对象。

6. 织入（Weaving）

织入是把切面连接到目标对象上的过程。这个过程可以在编译期完成，也可以在类加载和运行时完成。采用 AspectJ 编译器是在编译时织入，Spring AOP 是在运行期完成织入的。

7. 切入点（Pointcut）

切入点是匹配连接点的断言。当切面横切目标对象时，会产生许多“交叉点”，这些点都由切入点表达式来决定，如【例 8.4】中的 execution（public void ioc.Animal.move（..））。在 AOP 中，通知和一个切入点表达式相关联，切入点表达式如何和连接点匹配是 AOP 的核心，Spring 缺省使用 AspectJ 切入点语法。

8.7　AOP 实现原理

AOP 作为 OOP 的一种补充，专门用于将一些系统级服务（如日志、事务管理、安全检查等）织入到系统的业务逻辑中。AOP 的实现主要是使用了代理模式，AOP 框架可以自动创建 AOP 代理。代理主要分为静态代理和动态代理两大类，动态代理又有 JDK 动态代理和 CGLib 动态代理之分，Spring AOP 正是使用了其中的一种动态代理来实现 AOP 的。本节将主要介绍这 3 种代理模式以及它们是如何实现 AOP 的，从而理解 Spring AOP 框架的实现原理。

8.7.1　静态代理

代理模式是常用的设计模式，它的特征是代理类与委托类（也称被代理类）有同样的接口，代理类主要负责为委托类处理消息、过滤消息等。代理类与委托类之间通常会存在关联关系，代理类的对象本身并不真正实现服务，而是通过调用委托类对象的相关方法来提供服务。静态代理必须创建接口、被代理类、代理类和测试类。

【例 8.5】 为了跟踪数据库的访问过程，我们在操作数据库时需要同时记录访问日志，类结构关系如图 8-4 所示。

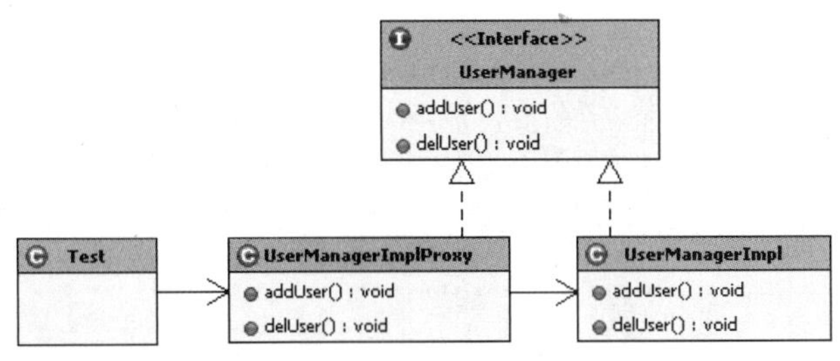

图 8-4　类结构关系

（1）创建数据库访问接口 UserManager。

UserManager.java 代码如下。

```
public interface UserManager {
    public void addUser(String username,String password); //添加用户
    public void delUser(String username);//删除用户
}
```

（2）创建被代理类 UserManagerImpl（数据库访问实现类）。

UserManagerImpl.java 代码如下。

```
public class UserManagerImpl implements UserManager {
    @Override  //添加用户的实现
    public void addUser(String username, String password) {
        System.out.println("user added!");
    }
    @Override  //删除用户的实现
    public void delUser(String username) {
        System.out.println("user deleted!");
    }
}
```

（3）创建代理类 UserManagerImplProxy。

UserManagerImplProxy.java 代码如下。

```
public class UserManagerImplProxy implements UserManager {
    private UserManager userManager;//被代理对象

    public UserManagerImplProxy(UserManager userManager) {
        this.userManager = userManager;
}

    @Override
    public void addUser(String username, String password) {
        System.out.println("addUser start!");//添加日志
        userManager.addUser(username, password);
    }

    @Override
    public void delUser(String username) {
        System.out.println("delUser start!");//添加日志
        userManager.delUser(username);

    }
}
```

（4）创建测试类。

TestStaticProxy.java 代码如下。

```
public class TestStaticProxy {
    public static void main(String[] args) {
        UserManager userMgr=new UserManagerImpl();
        UserManagerImplProxy proxy=new UserManagerImplProxy(userMgr);
        //通过代理类访问
        proxy.addUser("admin", "123");
        proxy.delUser("admin");
    }
}
```

运行结果如下。

```
addUser start!
user added!
delUser start!
user deleted!
```

从上例可以看到，我们没有直接访问数据库访问类 UserManagerImpl，而是通过其代理类

UserManagerImplProxy 来达到间接访问的目的。代理类在调用被代理类的方法之前还添加了自身的日志代码，从而实现了在访问数据库的同时添加日志，成功实现了 AOP。但是，这种设计的缺陷是日志代码写在代理类中，在编译期间已经确定，日志类没有从代理类中独立出来，不能实现单独维护，这种代理方式称为静态代理。

8.7.2 JDK 动态代理

静态代理虽然能够实现 AOP，但不能实现切面类和代理类的分离，代理类对于每一个方法都需要添加自己的逻辑，设计存在缺陷。采用动态代理则可以解决这个问题，Spring AOP 是采用动态代理来实现 AOP 框架的。Spring AOP 对 AOP 代理类的处理原则是：如果目标对象实现了接口，Spring AOP 将会采用 JDK 动态代理来生成 AOP 代理类；如果目标对象没有实现接口，Spring 无法使用 JDK 动态代理，将会采用 CGLIb 来生成 AOP 代理类，不过这个选择过程对开发者完全透明、开发者也无须关心。

与静态代理一样，JDK 动态代理也必须创建接口、被代理类、代理类和测试类，所不同的是：代理类由 JDK 提供，此外还要创建拦截器用以处理被代理类方法的调用及增加非业务功能。

【例 8.6】Spring AOP 的一个典型应用是事务管理，以事务为例，采用 JDK 动态代理实现 AOP，加深对 Spring 中事务管理机制的理解。

（1）创建数据库访问接口和相应的实现类，代码参见【例 8.5】。

（2）获取动态代理对象。

JDK 的 java.lang.reflect.Proxy 类提供了用于创建动态代理类实例的静态方法，代码如下。

```
public static Object newProxyInstance(ClassLoader loader,Class<?>[] interfaces,
InvocationHandler h)throws IllegalArgumentException
```

参数说明如下。

- ClassLoader loader：被代理类的类加载器。
- Class<?>[] interfaces：被代理类要实现的接口列表。
- InvocationHandler h：指派方法调用的调用处理程序。

例如：

```
//target 为目标对象,handler 为代理类的调用处理程序
Proxy.newProxyInstance(target.getClass().getClassLoader(),
target.getClass().getInterfaces(), handler);
```

该方法利用了 Java 的反射机制，可以生成任意类型的动态代理类。需要说明的是，这里的 Class<?>[] interfaces 不可为空，所以 JDK 的动态代理要求被代理类必须是某个接口的实现，否则无法为其构造动态代理类，这也就是 Spring 对实现接口的被代理类使用动态代理实现 AOP，而对于没有实现任何接口的类通过 CGLib 实现 AOP 机制的原因。

（3）创建代理对象的调用处理程序（拦截程序）。

代理类有一个关联的调用处理程序，它相当于 AOP 中的切面，这个调用处理程序需要实现接口 InvocationHandler，该接口的 invoke()回调方法负责处理代理类方法的调用。

```
Object invoke(Object proxy,Method method,Object[] args)throws Throwable
```

参数说明如下。

- Object proxy：调用方法的代理实例。
- Method method：代理实例中实现方法接口的 Method 实例。
- Object[] args：方法参数的对象数组。

返回值：调用代理实例的方法得到的返回值。

TransactionHandler.java 代码如下。

```
public class TransactionHandler implements InvocationHandler {
private Object target;// 目标对象,即被代理对象

// 绑定被代理对象并返回一个代理类实例
public Object bind(Object target) {
this.target = target;
// 取得代理对象
return Proxy.newProxyInstance(target.getClass().getClassLoader(),
target.getClass().getInterfaces(), this);
}

@Override
public Object invoke(Object proxy, Method method, Object[] args)
                                                    throws Throwable {
Object result = null;
System.out.println("事务开始");
result = method.invoke(target, args);// 执行代理类的方法
System.out.println("事务结束");
return result;
}
}
```

为了方便调用，将产生代理对象的 Proxy.newProxyInstrance()方法封装到该类的 bind()方法中，返回任意对象的代理。创建动态代理时，拦截程序的代码相对变化不大。

（4）创建测试程序。

TestJdkProxy.java 代码如下。

```
public class TestJdkProxy {
    public static void main(String[] args) {
        TransactionHandler handler = new TransactionHandler();//拦截程序
        //获取动态代理类
        UserManager proxy = (UserManager)handler.bind(new UserManagerImpl());
        proxy.addUser("admin","123");//通过代理，调用其方法
        proxy.delUser("admin");
    }
}
```

运行结果如下。

```
事务开始
user added!
事务结束
事务开始
user deleted!
事务结束
```

8.7.3 CGLib 代理

JDK 的动态代理有一个限制，就是使用动态代理的对象必须实现一个或多个接口。如果想代理的类没有实现接口，Spring AOP 使用 CGLib（Code Generation Library）来实现动态代理。CGLib 代理必须创建被代理类、拦截器类和测试类，代理对象可通过 CGLib 提供的 API 得到，与 JDK

动态代理不同的是 CGLib 代理不需要创建接口。

【例 8.7】题目内容同【例 8.6】。

（1）创建数据库访问类 UserManagerImpl。

UserManagerImpl.java 代码如下。

```
public class UserManagerImpl{//没有实现接口
    public void addUser(String username, String password) {
        System.out.println("添加用户到数据库...!");
    }

    public void delUser(String username) {
        System.out.println("从数据库删除用户...!");

    }
}
```

（2）获取动态代理对象。

CGLib 使用了继承的方式产生动态代理对象，为此需要一个派生类 Enhancer，它继承被代理类。

```
Enhancer enhancer = new Enhancer(); //创建一个派生类实例
enhancer.setSuperclass(target.getClass()); //target 为被代理类对象,设为超类
//这里的 MethodInterceptorImpl 为方法的拦截程序,相当于 AOP 的切面
enhancer.setCallback(new MethodInterceptorImpl());
Object proxy = enhancer.create();//产生动态代理对象
```

（3）创建代理对象的拦截程序。

代理对象的拦截程序的作用是，在调用被代理对象的方法时，将一些非业务的功能“织入”到目标对象中，这个拦截程序需要实现 MethodInterceptor 接口，该接口的回调方法 intercept()负责处理代理类方法的调用，它类似于 JDK 动态代理中的 invoke()方法。

TransactionInterceptor.java 代码如下。

```
public class TransactionInterceptor implements MethodInterceptor {
private Object target;

public Object bind(Object target) {
this.target = target;
// 创建增强类,用以继承目标类（被代理类）
Enhancer enhancer = new Enhancer();
// 设置被代理类为增强类的超类
enhancer.setSuperclass(this.target.getClass());
enhancer.setCallback(this); // 指定回调方法
// 创建代理类的实例,并返回
return enhancer.create();
}

@Override
// 回调方法
public Object intercept(Object obj, Method method, Object[] args,
MethodProxy proxy) throws Throwable {
Object result;
System.out.println("事务开始");
result = proxy.invokeSuper(obj, args);// 调用被代理类的方法
System.out.println("事务结束");
```

```
return result;
}
}
```

（4）创建测试程序。

TestCglibProxy.java 代码如下。

```
public class TestCglibProxy {

    public static void main(String[] args) {
        TransactionInterceptor interceptor = new TransactionInterceptor();
        UserManagerImpl proxy = (UserManagerImpl) interceptor.bind(new
                UserManagerImpl());
        proxy.addUser("admin","123");//调用代理对象的方法
        proxy.delUser("admin");
    }
}
```

此外，使用 CGLib 动态代理需要用到 Spring 发布包中的 lib\CGLib\CGLib-nodep-2.1_3.jar 文件。

测试结果如下。

```
事务开始
添加用户到数据库...!
事务结束
事务开始
从数据库删除用户...!
事务结束
```

8.8　AOP 框架

8.8.1　Advice

Advice 中包含了切面的真正逻辑，也就是说通过编写 Advice 可以提供与业务无关的系统服务逻辑。根据织入到目标对象时机的不同，Spring 提供以下 4 种 Advice。

① Before Advice：在目标对象方法执行之前织入。

② After Advice：在目标对象方法执行之后织入。

③ Around Advice：可在目标对象方法执行之前和之后织入。

④ Throw Advice：在目标对象方法执行抛出异常时织入。

下面以 Around Advice 为例，介绍如何使用这些通知来实现 AOP。实际上，使用它们来实现 AOP 与前面采用代理模式实现 AOP 差不多。

Spring 中最基本的通知类型是拦截环绕通知（Interception Around Advice）。Spring 使用的 Around 通知是和 AOP 联盟接口兼容的。实现 Around 通知的类需要实现接口 MethodInterceptor，需要用到 Spring 发布包中的 lib\aopalliance\aopalliance.jar 文件。

【例 8.8】题目内容同【例 8.6】。

我们仍然以【例 8.6】事务处理的例子进行讲解。

（1）创建接口和实现接口的目标类，参见【例 8.5】。

（2）创建环绕 Advice 类 AroundInterceptor。

AroundInterceptor.java 代码如下。

```
public class AroundInterceptor implements MethodInterceptor {
    @Override
    public Object invoke(MethodInvocation invocation) throws Throwable {
        System.out.println("Before:" + invocation.getMethod().getName());
        Object returnValue = invocation.proceed();//调用目标对象的方法
        System.out.println("After:" + invocation.getMethod().getName());
        return returnValue;
    }
}
```

（3）创建测试程序。

测试程序需要创建代理类，代理类的创建可以通过 Spring 框架提供的 ProxyFactory 类以编码的方式创建，或者通过配置文件利用 Spring 的 IoC 容器注入。

① 编码方式。

```
private void testNoIoc() {
        ProxyFactory proxyFactory = new ProxyFactory();// 创建一个代理工厂
        proxyFactory.addAdvice(new AroundInterceptor());// 指定拦截程序
        proxyFactory.setTarget(new UserManagerImpl());// 设定目标类
        //产生代理对象
        UserManager proxy = (UserManager) proxyFactory.getProxy();
        proxy.addUser("admin", "123");// 通过代理调用目标对象的方法
        proxy.delUser("admin");
    }
```

② IoC 容器注入方式。

XML 配置文件如下。

```
<bean id="aroundAdvice" class="advice.AroundInterceptor"/>
<bean id="userManagerImpl" class="advice.UserManagerImpl"/>
    <!-- 代理（将切面织入到目标对象）-->
<bean id="proxyfactory"
            class="org.springframework.aop.framework.ProxyFactoryBean">
      <property name="proxyInterfaces"> <!--目标对象实现的接口-->
          <value>advice.UserManager</value>
      </property>
      <property name="target" ref="userManagerImpl"/> <!--配置目标对象-->
      <property name="interceptorNames"> <!--配置切面-->
            <value>aroundAdvice</value>
      </property>
  </bean>
```

对于代理工厂类 ProxyFactoryBean，需要配置其 3 个属性：interceptorNames（拦截器名）、proxyInterfaces（接口名）和 target（目标对象），其中前 2 个属性都为字符串类型。

测试代码如下。

```
private void testByIoc() {
        ApplicationContext context = new
            FileSystemXmlApplicationContext("classpath:/advice/bean.xml");
        UserManager proxy = (UserManager) context.getBean("proxyfactory");
        proxy.addUser("admin", "123");
        proxy.delUser("admin");
    }
```

测试结果如下。

```
Before: addUser
user added!
After: addUser
Before: delUser
user deleted!
After: delUser
```

在 Spring 中，创建各通知需要实现的接口如表 8.3 所示，通知类的创建大同小异。

表 8.3　　各通知需要实现的接口

通知名称	需要实现的接口	说明
Before	BeforeAdvice	在目标方法执行前实施增强
After	AfterReturningAdvice	在目标方法执行后增强，例如删除临时文件
Around	MethodInterceptor	在目标方法执行前后实施增强例如日志功能
Throw	ThrowsAdvice	在方法抛出异常后实施增强

8.8.2　Pointcut、Advisor

前面所定义的 Advice 只能织入到目标对象的所有方法执行之前和之后或发生异常时，可以使用 Pointcut 定义更细的织入时机，如织入到目标对象的某些方法。

可以将 Pointcut 与 Advice 结合起来，称之为 PointcutAdvisor，充当 Advice 和 Pointcut 之间的适配器，即指定某个时机植入 Advice。常用的 PointcutAdvisor 主要有：NameMatchMethodPointcutAdvisor 和 RegexpMethodPointcutAdvisor，分别介绍如下。

【例 8.9】题目内容同【例 8.6】。

（1）创建接口和实现接口的目标类，参见【例 8.5】。

（2）创建 Advice，参见【例 8.8】。

（3）创建代理类。

```
<bean id="aroundAdvice" class="advice.AroundInterceptor"/>
<bean id="namematAdvisor"
class="org.springframework.aop.support.NameMatchMethodPointcutAdvisor">
      <property name="mappedName">
         <value>add*</value>
      </property>
      <property name="advice" ref="aroundAdvice"/>
</bean>
<bean id="userManagerImpl" class="pointcutadvisor.UserManagerImpl"/>
<bean id="proxyfactory"
 class="org.springframework.aop.framework.ProxyFactoryBean">
   <property name="proxyInterfaces">
     <value>pointcutadvisor.UserManager</value>
   </property>
   <property name="target" ref="userManagerImpl"/>
   <property name="interceptorNames">
      <value>namematAdvisor</value>
    </property>
</bean>
```

这里用配置文件创建代理对象，它的 interceptorNames 属性设置为前面创建的 Advisor 名称。而 Advisor 对象由 NameMatchMethodPointcutAdvisor 类创建，它有 2 个属性：advice 和 mappedName。

其中，advice 指定通知名；mappedName 用以确定 pointcut，即对哪些方法使用通知，其值为匹配的方法名，可以使用通配符，如 add*表示以 add 开头的所有方法。

```
private void testByIoc() {
   ApplicationContext context = new FileSystemXmlApplicationContext(
   "classpath:pointcutadvisor/bean.xml");
   UserManager proxy = (UserManager) context.getBean("proxyfactory");
   proxy.addUser("admin", "123");
   proxy.delUser("admin");
}
```

运行结果如下。

```
Before: addUser
user added!
After: addUser
user deleted!
```

可看到只有 addUser()方法被使用了 Around 通知，而 delUser()则没有。

RegexpMethodPointcutAdvisor 类的使用方法与之类似，不同的是：它有一个 patterns 属性，用正规表达式来描述匹配的方法集合，并且需要指定完整的类名和方法名称，如 pointcutadvisor\. UserManagerImpl\. add.+，它表示以“pointcutadvisor.UserManagerImpl.add”开头，后面跟一个或多个字符，符合这个条件的只有 addUser()方法；而按方法名称匹配的类 NameMatchMethodPointcut Advisor 只需要指定方法名即可，不需要指定完整类名。下面这段代码是 RegexpMethodPointcut Advisor 的应用。

```
<bean id="aroundAdvice" class="advice.AroundInterceptor"/>
<bean id="regexpAdvisor"
      class="org.springframework.aop.support.RegexpMethodPointcutAdvisor">
    <property name="patterns">
         <value>(pointcutadvisor.UserManagerImpl.)add.+</value>
    </property>
    <property name="advice" ref="aroundAdvice"/>
</bean>
   <bean id="userManagerImpl" class="pointcutadvisor.UserManagerImpl"/>
<bean id="proxyfactory"
          class="org.springframework.aop.framework.ProxyFactoryBean">
      <property name="proxyInterfaces">
          <value>pointcutadvisor.UserManager</value>
      </property>
      <property name="target" ref="userManagerImpl"/>
      <property name="interceptorNames">
           <value>regexpAdvisor</value>
      </property>
   </bean>
```

8.8.3　Introduction

引入通知（Introduction Advice）是一种特殊的 Advice，前面的 Advice 只在某些方法的前后附加特定的功能，而引入通知可以在不修改目标对象源代码的情况下，为目标对象动态地添加方法，Spring 把引入通知作为一种特殊的拦截通知进行处理。

【例 8.10】Data 类只有一个属性 data，及设值和取值 2 个方法，给它添加锁功能，可以对数据进行加锁和解锁。

（1）创建目标对象的接口和实现。

IData.java 代码如下。

```
public interface IData {
    public Object getData();
    public void setData(Object data);

}
```

实现接口的目标对象，代码如下。

Data.java 代码如下。

```
public class Data implements IData {
    private Object data;
    @Override
    public Object getData() {
        return data;
    }
    @Override
    public void setData(Object data) {
        this.data = data;
    }
}
```

（2）创建含有新方法的接口。

ILockable.java 代码如下。

```
public interface ILockable {
    public void lock();
    public void unlock();
    public boolean isLocked();
}
```

（3）创建引入类。

引入类需要实现新接口，同时需要实现拦截器 IntroductionInterception 接口或者直接继承实现了该接口的 DelegatingIntroductionInterceptor 类，这里采用了直接继承的方式。

LockIntroduction.java 代码如下。

```
public class LockIntroduction extends DelegatingIntroductionInterceptor
implements ILockable {
private boolean locked;

@Override
public Object invoke(MethodInvocation invocation) throws Throwable {
// locked 为 true 时不能执行 set 方法
if (isLocked() && invocation.getMethod().getName().startsWith("set")) {
throw new AopConfigException("数据被锁定,不能执行 setter 方法！");
}
return super.invoke(invocation);
}

@Override
public void lock() { // 加锁
locked = true;
}

@Override
public void unlock() { // 解锁
locked = false;
```

```
}

@Override
public boolean isLocked() { // 判断是否加锁
return locked;
}
}
```

（4）配置引入类。

```
<bean id="data" class="introduction.Data" /> <!--目标对象 -->
<!--通知 -->
<bean id="lockIntroduction" class="introduction.LockIntroduction" />
    <!—Advisor,只能以构造器方法注入-->
<bean id="lockAdvisor"
class="org.springframework.aop.support.DefaultIntroductionAdvisor">
<constructor-arg ref="lockIntroduction" />
<constructor-arg value="introduction.ILockable" />
</bean>
<!--代理（将我们的切面织入到目标对象）-->
<bean id="proxyFactoryBean"
 class="org.springframework.aop.framework.ProxyFactoryBean">
<!--目标对象实现的接口-->
<property name="proxyInterfaces" value="introduction.IData" />
<property name="target" ref="data" />  <!--目标对象-->
<property name="interceptorNames">   <!--配置切面-->
<list>
<value>lockAdvisor</value>
</list>
</property>
</bean>
```

（5）创建测试类。

LockIntroduction.java 代码如下。

```
public class Test {
    public static void main(String[] args) throws Exception {
        ApplicationContext context =  new FileSystemXmlApplicationContext(
                        "classpath:introduction/bean.xml");
        IData data = (IData) context.getBean("proxyFactoryBean");
        //对象没有被锁定,可以使用 set 方法
        data.setData("Spring AOP");
        System.out.println(data.getData());//输出 Sprint AOP
        try {
            ((ILockable)data).lock();//数据被锁定
            data.setData("新数据");//加锁后,调用 set 方法, 会抛出异常
            System.out.println(data.getData()); //由于抛出异常,无法执行这一行
        }
        catch(Throwable e) {
            System.out.println(e.getMessage());
            //e.printStackTrace();
        }
        ((ILockable) data).unlock(); //解锁
        data.setData("可调用 setter 方法! "); //又可以重新赋值
```

```
020         System.out.println(data.getData());//输出数据
021     }
022 }
```

测试结果如下。

```
Spring AOP
数据被锁定，不能执行 setter 方法!
可调用 setter 方法!
```

可以看到，在没有修改目标类 Data 源代码的情况下，实现了给对象加锁和解锁的功能。当加锁后再调用目标对象的 setter 方法时，拦截器 LockIntroduction 将方法拦截，如果已经加锁则抛出异常，否则允许调用 setter 方法。

8.9 Spring 中的 AOP

前面主要介绍了采用动态代理模式或者运用 Spring 底层 API 来实现 AOP 的方法，从 Spring 2.0 开始引入了一种更加简单并且更强大的方式来自定义切面，就是用户可以选择使用基于 XML 模式的方式或者使用@AspectJ 注解。这两种风格都支持通知类型和 AspectJ 的切入点语言。实际上仍然使用 Spring AOP 的 API 进行切面的织入，由于简单高效，这是 Spring 推荐的做法。这两种使用方式需要用到 Spring 发布包中的 lib\aspectj\aspectjweaver.jar 和 aspectjrt.jar 文件。

8.9.1 基于 XML Schema 的设置

当我们选择使用完全基于 Schema 的风格来配置 Spring AOP 时，需要在 <beans> 根元素中导入 AOP Schema，在 Bean 配置文件中，所有的 Spring AOP 配置都必须定义在 <aop:config> 元素内部，<aop:config> 可以包含 pointcut、advisor 和 aspect 等元素。

1. 声明切面（Aspect）

对于每个切面类，与一般的 Java 对象一样，首先要定义为配置文件的一个 Bean，然后需要为它创建一个 <aop:aspect> 元素来引用该 Bean 的实例。

```
<bean id="userManager" class="xmlschema.UserManagerImpl" />
<bean id="logger" class="xmlschema.LoggerAspect" />
<aop:config>
    <aop:aspect id="loggerAspect" ref="logger">
    </aop:aspect>
</aop:config>
```

2. 声明切入点（Pointcut）

切入点使用 <aop:pointcut> 元素进行声明，必须定义在 <aop:aspect> 元素下，或者直接定义在 <aop:config> 元素下。

- 定义在 <aop:aspect> 元素下：只对当前切面有效。
- 定义在 <aop:config> 元素下：对所有切面都有效，此时切点必须放在<aop:aspect>之前。

```
<bean id="logger" class="xmlschema.LoggerAspect" />
<aop:config>
    <aop:aspect id="loggerAspect" ref="logger">
        <aop:pointcut expression="execution(* xmlschema.UserManagerImpl.add*(…))"
            id="logPointcut" />
    </aop:aspect>
</aop:config>
```

这里将切点定义在切面中，意味着只有 loggerAspect 切面可以使用这个切点，其不能被其他切面共享。切面表达式 execution（* xmlschema.UserManagerImpl.add*（…））表示将切面织入符合条件的方法。前面的*表示方法可以返回任意值，后面的*表示以 add 开头的方法，（…）中的两点表示方法的参数可以是任意参数。

此外，切入点表达式可以通过 and（与）、or（或）、not（非）进行合并，例如：

```
<aop:pointcut expression="execution(* *.add*(…)) or
                    execution(* *.del*(…))" id="logPointcut"/>
```

3. 声明通知（Advice）

在 AOP Schema 中，每种通知类型都对应一个特定的 XML 元素，通知元素需要使用 pointcut-ref 属性来引用切入点，method 属性指定切面类中通知方法的名称，也可以用 pointcut 属性直接嵌入切入点表达式。

```
<bean id="logger" class="xmlschema.LoggerAspect"/>
   <aop:config>
   <aop:aspect id="loggerAspect" ref="logger">
       <aop:pointcut expression=
       "execution(* xmlschema.UserManagerImpl.add*(…))" id="logPointcut"/>
    <aop:before method="before" pointcut-ref="logPointcut"/>
    <aop:after method="after" pointcut-ref="logPointcut"/>
        </aop:aspect>
    <aop:aspect id="afterThrowingAdviceAspect" ref="afterThrowingAdviceBean">
          //直接指定切入点表达式
         <aop:after-throwing pointcut="execution(* xmlschema.UserManagerImpl.
                   add*(..))" method="doRecoverActions" throwing="ex"/>
         </aop:aspect>
   </aop:config>
```

此处的 after-throwing 通知中直接嵌入了切入点表达式，throwing 属性指定了参数 ex，则意味着切面类中有类似的 public void doRecoverActions（Throwable ex）{……}方法。

【例 8.11】题目内容参见【例 8.5】。

（1）创建数据库访问接口和相应的实现类。接口代码参见【例 8.5】。

UserManagerImpl.java 代码如下。

```
public class UserManagerImpl implements UserManager {
@Override
// 添加用户的实现
public void addUser(String username, String password) {
System.out.println(username + "user added!");
// 产生异常 NumberFormatException,用于测试 after-throwing 通知
int age = Integer.parseInt("29old");
}

@Override
// 删除用户的实现
public void delUser(String username) {
System.out.println("user deleted!");
}
}
```

（2）创建切面类 LoggingAspect 和 AfterThrowingAspect。

LoggerAspect.java 代码如下。

```
public class LoggerAspect {
```

```
public void before(JoinPoint jp) {// jp 为连接点
// jp.toShortString()为返回横切的方法名称
System.out.println("Before: " + jp.toShortString());
}

public void after(JoinPoint jp) {
System.out.println("After: " + jp.toShortString());
}
}
```

如果需要访问目标方法，最简单的做法是定义 Advice 处理方法时将第一个参数定义为 JoinPoint 类型，当该处理方法被调用时，JoinPoint 参数就代表了织入的连接点。JoinPoint 类包含了以下 5 个常用方法。

- Object[] getArgs()：返回执行目标方法时的参数。
- Signature getSignature()：返回被通知的方法的相关信息。
- Object getTarget()：返回被织入通知的目标对象。
- Object getThis()：返回 AOP 框架为目标对象生成的代理对象。
- String toShortString()：以短格式返回匹配连接点的说明。

当使用 Around 处理时，需要将第一个参数定义为 ProceedingJoinPoint 类型，该类型是 JoinPoint 类型的子类。

```
AfterThrowingAspect.java
public class AfterThrowingAspect {
    public void doRecoverActions(Throwable ex) {
        System.out.println("目标方法中抛出的异常：\n" + ex);
    }
}
```

（3）创建配置文件 bean.xml。

```
<bean id="userManager" class="xmlschema.UserManagerImpl"/>
<bean id="logger" class="xmlschema.LoggerAspect"/>
<bean id="afterThrowingAdviceBean" class="xmlschema.AfterThrowingAspect"/>
<aop:config>
 <aop:aspect id="loggerAspect" ref="logger">
     <aop:pointcut expression="execution
             (* xmlschema.UserManagerImpl.add*(…))" id="logPointcut"/>
 <aop:before method="before" pointcut-ref="logPointcut"/>
 <aop:after method="after" pointcut-ref="logPointcut"/>
 </aop:aspect>
 <aop:aspect id="afterThrowingAspect" ref="afterThrowingAdviceBean">
  <aop:after-throwing pointcut="execution(* xmlschema.
   UserManagerImpl.add*(…))" method="doRecoverActions" throwing="ex"/>
   </aop:aspect>
</aop:config>
```

（4）创建测试类。

Test.java 代码如下。

```
public class Test {
    public static void main(String[] args) throws Exception {
        ApplicationContext context = new FileSystemXmlApplicationContext(
                "classpath:xmlschema/bean.xml");
        UserManager userMgr=(UserManager)context.getBean("userManager");
```

```
        try{
            userMgr.addUser("admin", "123");
        }catch(Exception e){
            //e.printStackTrace();
        }
        userMgr.delUser("admin");
    }
}
```

运行结果如下。

```
Before: execution(addUser)
adminuser added!
```

目标方法中抛出的异常如下。

```
java.lang.NumberFormatException: For input string: "29old"
    After: execution(addUser)
    user deleted!
```

8.9.2　基于 Annotation 的支持

除了基于 XML 模式的支持外，Spring 2 还提供了对 AspectJ 注解的支持，AspectJ 可以看作是一种 Java 语言的扩展，是一个面向切面的框架。

在 Spring 中启用 AspectJ 注解支持，除了需要将 AOP Schema 添加到 <beans> 根元素中，还需要在 Bean 配置文件中定义一个空的 XML 元素 <aop:aspectj-autoproxy>，当 Spring IoC 容器侦测到 Bean 配置文件中有这个元素时，会自动为 AspectJ 切面匹配的 Bean 创建代理。

1. 声明切面（AspectJ）

在 AspectJ 注解中，切面只是一个带有 @Aspect 注解的 Java 类。当 Spring IoC 容器初始化 AspectJ 切面之后，容器就会为那些与 AspectJ 切面相匹配的 Bean 创建代理。

```
@Component("logger")
@Aspect
public class LoggerAspect{
......
}
```

这里的@Component（"logger"）相当于 XML 文件中的<bean>（详细参见 8.5.4 小节）：

```
<bean id="logger" class="annotation.LoggerAspect"/>
```

@Aspect 相当于<aop:config>下：

```
<aop:aspect id="loggerAspect" ref="logger">
</aop:aspect>
```

2. 声明切点（Pointcut）

我们知道，可以直接在通知中书写切入点表达式，此时的表达式不可以被共享，当然就不需要定义切点。如果需要让多个通知共享同一个切入点表达式，必须声明一个切点。在使用 Pointcut 注解时，一个切点由两部分组成：切点签名和切点表达式。其中，切点签名由一个无参方法表示，并且方法体为空。

```
@Component("logger")
@Aspect
public class LoggerAspect{
@Pointcut("execution(* annotation.UserManagerImpl.add*(…))")//切点表达式
public void startWithAdd(){}//切点方法签名,可以被多个通知所共享
......
}
```

此外，在 AspectJ 中，切入点表达式可以通过操作符&&、||、! 进行合并，例如：

```
@Pointcut("execution(* *.add*(..)) || execution(* *.del*(..))")
private void startWithAddDel(){}
```

3. 声明通知（Advice）

通知注解标注在 Java 的方法之前，通知中可以使用切点的签名来引用切点或者直接在通知中书写表达式，AspectJ 支持 5 种类型的通知注解。

① @Before：前置通知，在方法执行之前执行。

② @After：后置通知，在方法执行之后执行。

③ @AfterReturning：返回通知，在方法返回结果之后执行。

④ @AfterThrowing：异常通知，在方法抛出异常之后。

⑤ @Around：环绕通知，环绕着方法执行。

```
@Component("logger")
@Aspect
public class LoggerAspect{
    @Pointcut("execution(* annotation.UserManagerImpl.add*(…))")//切点表达式
    public void startWithAdd(){}//切点方法签名
@Before("execution(* annotation.UserManagerImpl.del*(…))")
    public void before(JoinPoint jp){
        System.out.println("Before: "+jp.toShortString());
    }
@After("startWithAdd()")
    public void after(JoinPoint jp){
        System.out.println("After: "+jp.toShortString());
    }
}
```

【例 8.12】用基于注解的方式来改写【例 8.11】。

（1）创建数据库访问接口和相应的实现类。

接口代码参见【例 8.5】，实现接口的类代码如下。

UserManagerImpl.java 代码如下。

```
@Component("userManager")
public class UserManagerImpl implements UserManager {
……
}
```

（2）创建切面类 LoggingAspect 和 AfterThrowingAspect。

LoggerAspect.java 代码如下。

```
@Component("logger")
@Aspect
public class LoggerAspect{
@Pointcut("execution(* annotation.UserManagerImpl.add*(…))")//切点表达式
public void startWithAdd(){}//切点方法签名
@Before("execution(* annotation.UserManagerImpl.add*(…))")
public void before(JoinPoint jp){
System.out.println("Before: "+jp.toShortString());
}
@After("startWithAdd()")
public void after(JoinPoint jp){
 System.out.println("After: "+jp.toShortString());
 }
```

```
}
```

AfterThrowingAspect.java

```
@Component
@Aspect
public class AfterThrowingAspect {
    @AfterThrowing(pointcut="LoggerAspect.startWithAdd()",throwing="ex")
    public void doRecoverActions(Throwable ex) {
        System.out.println("目标方法中抛出的异常：\n" + ex);
    }
}
```

需要说明的是，在 AfterThrowingAspect 切面中通过方法签名引用了另一个切面 LoggerAspect 中定义的切点 startWithAdd()，所以，切点 startWithAdd()的签名方法一定要定义为 public。

（3）创建配置文件 bean.xml。

由于使用了注解的方式配置 Bean，大大简化了配置内容，配置信息如下。

```
<context:component-scan base-package="annotation"/>
<aop:aspectj-autoproxy/>
```

（4）创建测试类。

测试类同【例 8.11】。

程序运行结果如下。

```
Before: execution(addUser)
user added!
After: execution(addUser)
```

目标方法中抛出的异常如下。

```
java.lang.NumberFormatException: For input string: "29old"
user deleted!
```

8.10　小　　结

IoC 和 AOP 是 Spring 的两大核心技术。IoC（控制反转）也称 DI（依赖注入），就是指组件间的依赖关系由外部的 Spring 容器在程序运行时根据需要注入程序，这种动态注入方式降低了对象之间的耦合性，提高了灵活性。

AOP（面向切面编程）是对 OOP（面向对象编程）的补充。OOP 主要针对业务处理过程中的实体及其属性和行为进行抽象封装，以获得更加清晰高效的逻辑单元划分。而 AOP 主要是研究如何将与业务无关的服务代码和业务代码分离，实现两者在代码上互相分离、功能上彼此组合。

8.11　习　　题

【思考题】

1. 简述 Spring 框架的优点。
2. 比较几种依赖注入方式的优缺点。
3. 简述 Spring 中的 BeanFactory 与 ApplicationContext 的作用和区别。
4. 简述 Spring 配置文件中的<bean>标签。

5. AOP 有哪些关键词？解释其含义。
6. 简述动态代理模式，比较 JDK 动态代理和 CGLib 动态代理的区别。
7. 比较基于 XML Schema 和基于注解方式实现 AOP 的优缺点。
8. 如何实现国际化？（面试题）
9. Spring 的 BeanFactory 与 ApplicationContext 区别?（面试题）
10. 说说你对用 SSH 框架进行开发的理解。（面试题）

【实践题】

运用 Spring AOP 实现这样一个工具，它能记录程序中所有方法的执行时间。

第 9 章 Spring MVC 框架

本章内容

- Spring MVC 入门知识
- Spring MVC 控制器
- 数据绑定与数据转换方法
- 拦截器设计
- 文件上传与下载方法

Spring MVC 是 Web 应用程序设计过程中实现 MVC 范式的优秀轻型框架。它与 Spring 结合使用，与 MyBatis 整合进行开发的系统易于维护，并且开发周期短。

9.1 Spring MVC 概述

Spring MVC 是基于 Java 的基于请求-响应模型的轻型框架，它实现了 Web MVC 设计模式。它的同类产品包括 Struts、JSF、Grails、Tapestry 等。因为 Spring MVC 是在 Spring 基础上以插件方式建构的，因此，可以方便地利用 Spring 的功能。此外，Spring MVC 还具有其他诸多特点，使其受到开发人员的青睐。

9.1.1 Spring MVC 简介

Spring MVC 简介

Spring MVC 主要特点如下。

- 灵活，易于和其他框架整合。
- 提供内置的前端控制器 DispatcherServlet。
- 内置了常用的校验器。
- 可自动绑定输入，进行数据类型转换。
- 支持国际化。
- 支持多种视图技术，如 JSP、Velocity、FreeMarker 等。

9.1.2 Spring MVC 工作原理

1. Spring MVC 的组成

图 9-1 所示为 Spring MVC 工作原理，包含了基本组件，它们分别实现 Model、View、Controller 的功能。

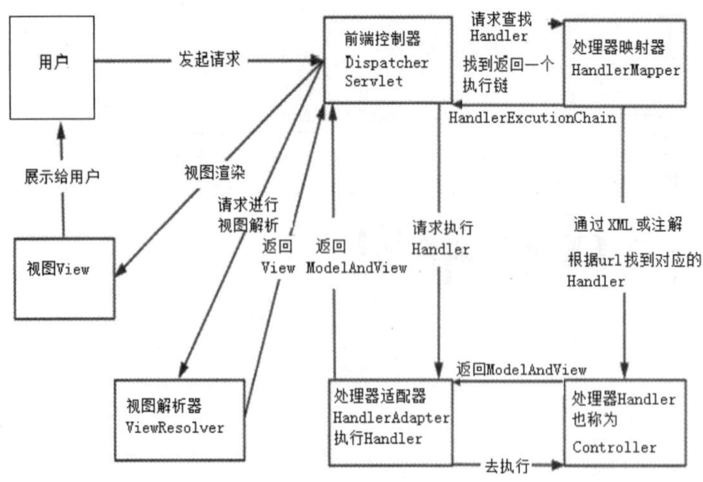

图 9-1　Spring MVC 工作原理图

（1）前端控制器 DispatcherServlet，是框架内置的控制器，不需要程序员开发。

作用：接收请求，响应结果，相当于转发器，有了 DispatcherServlet，就能减少其他组件之间的耦合度。用户请求到达前端控制器，它就相当于 MVC 模式中的控制器，DispatcherServlet 是整个流程控制的中心，由它调用其他组件处理用户的请求。

（2）处理器映射器 HandlerMapping，由框架提供。

作用：根据请求的 url 查找 Handler。HandlerMapping 负责根据用户请求找到 Handler，即处理器，Spring MVC 提供了不同的映射器实现不同的映射方式，例如：配置文件方式，实现接口方式、注解方式等。

（3）处理器适配器 HandlerAdapter。

作用：按照特定规则（HandlerAdapter 要求的规则）执行 Handler，通过 HandlerAdapter 对处理器进行执行，这是适配器模式的应用，通过扩展适配器可以对更多类型的处理器进行执行。

（4）处理器 Handler，由程序员开发。

编写 Handler 时按照 HandlerAdapter 的要求执行，这样适配器才可以正确执行 Handler。Handler 是继 DispatcherServlet 前端控制器的后端控制器，在 DispatcherServlet 的控制下，Handler 对具体的用户请求进行处理。由于 Handler 涉及具体的用户业务请求，所以一般情况需要根据业务需求开发 Handler。

（5）视图解析器 ViewResolver，由框架提供，不需要程序员开发。

作用：进行视图解析，根据逻辑视图名解析成真正的视图（View）。View Resolver 负责将处理结果生成 View 视图，View Resolver 首先根据逻辑视图名解析成物理视图名，即具体的页面地址，然后生成 View 视图对象，最后对 View 进行渲染将处理结果通过页面展示给用户。Spring MVC 框架提供了很多的 View 视图类型，包括：jstlView、freemarkerView、pdfView 等。视图解析器需要在 springName-servlet.xml 中进行配置，从而选择不同的视图格式。

一般情况下需要通过页面标签或页面模板技术将模型数据通过页面展示给用户，需要由程序员根据业务需求开发具体的页面。

（6）视图 View，是程序员开发的 jsp 等视图文件。

作用：View 是接口，实现类支持不同的 View 类型（JSP、FreeMarker、PDF 等）。

2. Spring MVC 工作原理

（1）客户端发出一个 Http 请求给 Web 服务器，Web 服务器对 Http 请求进行解析，如果匹配 DispatcherServlet 的请求映射路径（在 web.xml 中指定），Web 容器将请求转交给 DispatcherServlet。

（2）DipatcherServlet 接收到这个请求之后将根据请求的信息（包括 URL、Http 方法、请求报文头和请求参数 Cookie 等）以及 HandlerMapping 的配置找到处理请求的处理器（Handler）。

（3）DispatcherServlet 根据 HandlerMapping 找到对应的 Handler，将处理权交给 Handler（Handler 将具体的处理进行封装），再由具体的 HandlerAdapter 对 Handler 进行调用。

（4）Handler 对数据处理完成以后将返回一个 ModelAndView()对象给 DispatcherServlet。

（5）Handler 返回的 ModelAndView()只是一个逻辑视图，并不是一个正式的视图，Dispatcher Sevlet 通过 ViewResolver 将逻辑视图转化为真正的视图 View。

（6）Dispatcher 通过 model 解析出 ModelAndView()中的参数，最终展现出完整的 view 并返回给客户端。

3. Spring MVC jar 包

Spring MVC 的应用需要 Spring 的 4 个核心 jar 包、commmon-logging 的 jar 包，以及两个 Web 相关的 jar 包：spring-web-5.0.2.RELEASE.jar 和 spring-webmvc-5.0.2.RELEASE.jar。如果在应用中使用注解，则需要另一个 jar 包：spring-aop-5.0.2.RELEASE.jar。当然，这里所列的 jar 包版本是曾经的最新版本（Latest Version）。

9.1.3　第一个 Spring MVC 应用

Spring MVC 应用

第一个 Spring MVC 应用的操作步骤如下。

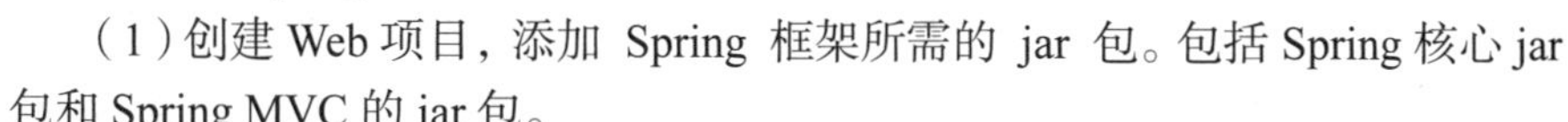

（1）创建 Web 项目，添加 Spring 框架所需的 jar 包。包括 Spring 核心 jar 包和 Spring MVC 的 jar 包。

（2）在 web.xml 中配置前端控制器 DispatcherServlet。

```
<?xml version="1.0" encoding="UTF-8"?>
<web-app xmlns:xsi="http://www.w3.org/2001/XMLSchema-instance"
xmlns="http://xmlns.jcp.org/xml/ns/javaee"
xsi:schemaLocation="http://xmlns.jcp.org/xml/ns/javaee
http://xmlns.jcp.org/xml/ns/javaee/web-app_3_1.xsd"
id="WebApp_ID" version="3.1">
<!-- 定义 Spring MVC 的前端控制器 -->
  <servlet>
    <servlet-name>springmvc</servlet-name>
    <servlet-class>
      org.springframework.web.servlet.DispatcherServlet
    </servlet-class>
    <init-param>
      <param-name>contextConfigLocation</param-name>
      <param-value>/WEB-INF/springmvc-config.xml</param-value>
    </init-param>
    <load-on-startup>1</load-on-startup>
  </servlet>
  <!-- 让 Spring MVC 的前端控制器拦截所有请求 -->
  <servlet-mapping>
    <servlet-name>springmvc</servlet-name>
    <url-pattern>/</url-pattern>
  </servlet-mapping>
```

```
</web-app>
```

web.xml 文件的内容告诉 Web 容器，将使用 Spring MVC 的 DispatcherServlet，并且通过配置 url-pattern 元素的值为 “/”，将所有的 URL 映射到该 Servlet。

（3）配置 Spring MVC 的 Controller 的配置文件，路径为：SpringMVCDemo/WebContent/WEB-INF。

springmvc-config.xml 代码如下。

```
<?xml version="1.0" encoding="UTF-8"?>
<beans xmlns="http://www.springframework.org/schema/beans"
    xmlns:xsi="http://www.w3.org/2001/XMLSchema-instance"
    xmlns:mvc="http://www.springframework.org/schema/mvc"
    xmlns:context="http://www.springframework.org/schema/context"
    xsi:schemaLocation="
        http://www.springframework.org/schema/beans
        http://www.springframework.org/schema/beans/spring-beans-4.2.xsd
        http://www.springframework.org/schema/mvc
        http://www.springframework.org/schema/mvc/spring-mvc-4.2.xsd
        http://www.springframework.org/schema/context
        http://www.springframework.org/schema/context/spring-context-4.2.xsd">
    <!-- 配置处理器映射器 -->
<bean class="org.springframework.web.servlet.mvc.method.annotation.RequestMapping
                                                    HandlerMapping"/>
     <!-- 配置处理器适配器-->
<bean class="org.springframework.web.servlet.mvc.method.annotation.RequestMapping
                                                    HandlerAdapter"/>
<!-- 视图解析器 -->
<bean class="org.springframework.web.servlet.view.InternalResourceViewResolver"/>
<!-- 配置控制器类 -->
<bean name="/hello" class=" org.springmvc.controller . HelloController "/>

</beans>
```

如果使用注解类型就不需要再在配置文件中使用 XML 描述 Bean。Spring 使用扫描机制查找应用程序中所有基于注解的控制器类。

（4）基于配置文件的控制器。

```
package org.springmvc.controller;
import javax.servlet.http.HttpServletRequest;
import javax.servlet.http.HttpServletResponse;
import org.apache.commons.logging.Log;
import org.apache.commons.logging.LogFactory;
import org.springframework.web.servlet.mvc.Controller;
import org.springframework.web.bind.annotation.RequestMapping;
import org.springframework.web.servlet.ModelAndView;

public class HelloController implements Controller{

  private static final Log logger = LogFactory
              .getLog(HelloController.class);
  public ModelAndView hello(){
      logger.info("hello 方法 被调用");
      // 创建准备返回的 ModelAndView 对象,该对象通常包含了返回视图的路径、模型的名称以及模型对象
      ModelAndView mv = new ModelAndView();
      //添加模型数据,可以是任意的 POJO 对象
```

```
        mv.addObject("message", "Hello World!");
        // 设置逻辑视图名,视图解析器会根据该名字解析到具体的视图页面
        mv.setViewName("/WEB-INF/content/welcome.jsp");
        // 返回 ModelAndView 对象
        return mv;
    }
}
```

（5）View 页面。

```
<%@ page language="java" contentType="text/html; charset=UTF-8"
    pageEncoding="UTF-8"%>
<!DOCTYPE html PUBLIC "-//W3C//DTD HTML 4.01 Transitional//EN" "http://www.w3.org/TR/html4/loose.dtd">
<html>
<head>
<meta http-equiv="Content-Type" content="text/html; charset=UTF-8">
<title>welcome</title>
</head>
<body>
//页面可以访问 Controller 传递出来的 message -->
${requestScope.message}
</body>
</html>
```

（6）请求。

在地址栏输入 http://localhost:8080/SpringMVCDemo/hello，请求成功后页面会显示“Hello World!”。

9.2　Spring MVC 控制器

控制器（Controller）是 Spring MVC 框架的核心，也是 Web 应用的核心。它们是用户请求与业务逻辑之间联系的桥梁纽带。我们从图 9-1 中知道，Spring MVC 有两种控制器，即前端控制器 DispatcherServlet 和自定义控制器 Handler，Handler 也称为处理器。本节介绍的是自定义控制器 Handler 的应用。

控制器设计有两种方式：基于 XML 配置文件方式和基于注解方式。在 9.1.3 小节中我们已经给出了基于 XML 配置文件的一个控制器实例，本节介绍基于注解控制器的内容。从实际应用看，这种方式的应用更为普遍。基于注解的控制器与基于 XML 配置文件的控制器相比，优点是在类中可以定义多个方法，处理多种请求，基于配置文件的控制器只能定义一个方法。

9.2.1　控制器中常用的注解

Spring MVC 的自定义控制器 Handler 可以是 JavaBean，也可以是一个方法。这点从 HandlerAdapter 的方法可以看出。supports 方法和 handle 方法的参数可以说明它对 Handler 的限制是很小的。下面通过代码实例说明 Spring MVC 基于注解的控制器中常用的注解。

1. @Controller

用在一个类体前面，把该类定义为控制器。

```
@Controller
public class HelloController{......}
```

那么，Spring MVC 是如何查找到控制器 HelloController 的呢？需要在配置文件 springName-servelet.xml 中加入下面的配置项。

```
<context:component-scan base-package="org.springmvc.controller"/>
```

使用扫描方式自动扫描 base-pack 下的包或者子包下面的 Java 文件，如果扫描到有 Spring 相关注解的类，则把这些类注册为 Spring 的 Bean。

2. @RequestMapping

@RequestMapping 用于定义接受请求的方法。可以通过方法的形参或者 HttpServletRequest 接收请求参数，进行对应的处理。

```
@RequestMapping(value="/hello")
public ModelAndView hello(){……}
```

注解参数即请求的 URL。

此注解可加在处理方法前面，用法如前所述。也可以加在类前面，用于对接受请求的方法按请求路径分类。使同类处理若干方法在一个相同的路径下，形成请求之中又有“子请求”的局面。

```
@RequestMapping("/index")
public class IndexController{
   @RequestMapping("/login")
      public String login(){
          return "login";
      }
   @RequestMapping("/register")
      public String register(){
          return "register";
      }
}
```

对类注解，把相关处理放在同一个控制器类中，所有处理方法都映射为类级别请求，这样程序更方便维护。

3. @PathVariable

通过@PathVariable 接收 URL 中的请求参数。

```
@RequestMapping(value="/user")
public class UserController{
  @RequestMapping(value="/user")
```

4. @RequestParam

请求参数注解可用于接受请求参数，包括 get 提交和 post 提交两种请求方式。

```
public String register(@RequestParam String username,@RequestParam String userPassword){……}
```

和用形参接受请求不同的是，用@RequestParam 接受请求参数在名与值不匹配时报告 404 错误。

有时前端请求中参数名和控制器处理方法形参名不一致，导致控制器处理方法无法接收请求数据。@RequestParam 可用于解决这个问题。此注解的属性含义如表 9.1 所示。

表 9.1　@RequestParam 的属性及含义

属性	含义
value	name 属性的别名，指请求参数的名字
name	指定请求头绑定的名称
required	指定参数是否必须，默认值为 true，表示请求中一定要有相应的参数
defaultValue	默认值，表示如果请求中没有同名参数时的默认值

假设浏览器中请求 URL 为 http://localhost:8080/ch9/selectUser?user_id=3，在控制器 selectUser() 方法中使用注解，保证请求参数和方法形参相匹配。

```
    public String selectUser(@RequestParam(value="user_id") Integer id){
        System.out.println("Id= "+ id);  //id与user_id名不一致时有必要使用注解
        return "success";
    }
```

5. @ModelAttribute

@ModelAttribute 用在处理方法或其形参上，将多个请求参数封装在一个实体对象中，表明为模型数据，在视图中使用。例如，下面的语句将请求参数的输入封装在对象 user 中，并且创建 UserForm 实例，以 user 为键值保存在 Model 对象中，便于在视图中使用。其功能等价于语句：model.addAttribute("user",user)。

```
    public String register(@ModelAttribute("user")  UserForm user){......}
```

在对应的视图中，我们可以用 EL 表达式$(user.userName)访问存入 model 中封装的请求参数值。

@ModelAttribute 也可以用于注解非请求处理方法。被注解的方法总是在本控制器的请求处理方法之前被调用。这个功能可用来控制登录权限，类似拦截器和过滤器的对应功能。

9.2.2　参数类型和返回类型

在控制器类中，请求处理方法中参数和返回值可以有许多类型，研究这个问题的目的是可以搞清楚控制器与请求之间、控制器与视图之间支持的交互数据类型。

1. 参数类型

- javax.servlet.ServletRequest/javax.servlet.http.HttpServletRequest。
- javax.servlet.ServleResponse/javax.servlet.http.HttpServletResponse。
- javax.servlet.http.HttpSession。
- org.springframework.web.context.request.WebRequest/ org.springframework.web.context.request.NativeWebRequest。
- java.util.Locale。
- java.util.TimeZone(Java 6+)/java.time.Zoneld(Java 8)。
- java.io.InputStream/java.io.reader。
- java.io.OutputStream/java.io.writer。
- org.springframework.http.HttpMethod。
- java.security.Principal。
- @PathVariable、@MatrixVariable、@RequestParam、@RequestHeader、@RequestBody、@RequestPart、@SessionAttribute、@RequestAttribute。
- HttpEntity<?>。
- java.util.Map/org.springframework.ui.Model/org.springframework.ui.ModelMap。
- org.springframework.web.servlet.mvc.support..RedirectAttributes。
- org.springframework.validation.Errors/org.springframework.validation.BindingResult。
- org.springframework.web.bind.support.SessionStatus。
- org.springframework.web.util.UriComponentsBuilder。

2. 返回类型

- ModelAndView。
- Model。
- Map。
- View。

- String。
- void。
- HttpEntity<?>/ResponseEntity<?>。
- Callable<?>。
- DeferredResult<?>。

常用的返回类型为 String、void、ModelAndView 等。

使用 ModelAndView 的示例代码如下。

```
@Override
public ModelAndView handleRequest(HttpServletRequest args0,HttpServletResponse args1)
throws Exceptions{
return new ModelAndView("/WEB-INF/jsp/register.jsp");
}
```

9.2.3 重定向与转发

返回类型 String 还可以用来控制页面重定向和请求转发。这在 Web 应用中是很常见的。

1. 重定向

重定向是客户端行为，即从当前处理的用户请求中重新定向到另一个处理请求或视图。原来的请求存储的信息将全部失去。

```
@RequestMapping("/login")
    public String login(){
return "forward/index/isLogin";
```

2. 转发

转发是服务器端行为，即将当前处理的用户请求转发给另一个视图或处理请求。

```
@RequestMapping("/isLogin")
    public String isLogin(){
return "redirect/index/isRegister";
```

重定向和转发的目标页面或处理应是已配置的信息，要用 DispatcherServlet 进行视图解析。如果目标资源不需要解析，则应使用 mvc:resources 进行配置。例如，对于下面的转发语句：

```
return "forward:/html/ab.html";
```

需要配置为：

```
<mvc:resources location="/html/" mapping="/html/**"></mvc:resources>
```

9.3 数据绑定与数据转换

绑定（Binding）即将一个事物与另一个事物联系起来。我们熟悉的术语静态绑定（Static Binding）和动态绑定（Dynamic Binding）是指函数调用名和函数体之间的联系，如在编译时完成则为静态绑定，如在运行时完成则为动态绑定。数据转换指不同类型的数据在格式上的变换，以适应在不同数据操作和数据处理环境的需求。

一般的应用程序中存在的数据绑定和数据交互在 Web 应用中也存在。在 Web 应用中，数据绑定指的是将前端的请求消息中的信息与后台的控制器处理方法的参数之间联系起来。绑定数据还发生于模型数据和视图之间以及模型数据到表单元素之间。方法相同，不一一赘述。

9.3.1　数据绑定

在数据绑定过程中，Spring MVC 借助数据绑定组件完成请求的数据类型转换，然后将数据绑定到控制器方法参数。这是因为，请求页面的所有信息包括提交到后台的数据都是字符串类型的，而控制器的处理方法参数则有许多不同的类型（参见 9.2.2 小节）。

Spring MVC 数据绑定的过程如图 9-2 所示。

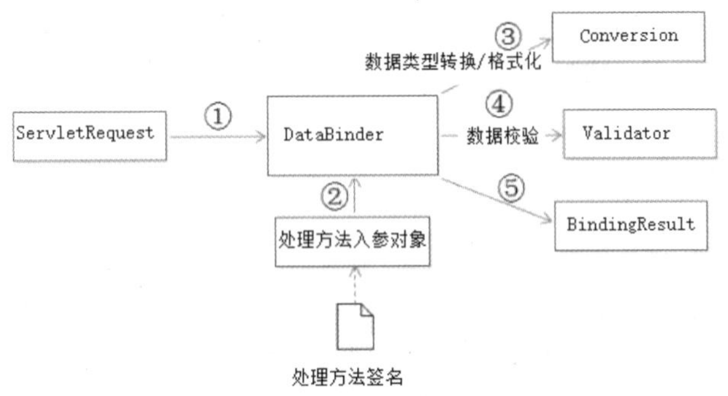

图 9-2　Spring MVC 数据绑定的过程

在数据绑定过程中，需要根据绑定的数据类型区别对待。

1. 数据绑定流程

（1）Spring MVC 主框架将 ServletRequest 对象以及目标方法的入参实例传递给 WebDataBinder Factory 实例，以创建 DataBinder（数据绑定器）实例对象。

（2）DataBinder 调用装配在 Srping MVC 上下文中的 ConversionService 组件进行数据类型转换，数据格式化工作，将 Servlet 中的请求信息填充到入参对象中。

（3）调用 validator 对已经绑定了请求消息的入参对象进行数据合法性校验，并且最终生成数据绑定结果 BindingData 对象。

（4）SpringMVC 抽取 BindingResult 中的入参对象和校验错误对象。将它们赋给处理方法的响应入参。

2. 简单的数据绑定

（1）默认类型绑定。

DataBinder 对部分数据类型的绑定，已经做了默认的处理。理解这个机制不难，比如 C 语言中，字符类型与整形数据的赋值相容性，表达式运算的自动类型转换与对齐。请求数据与控制器处理方法默认绑定的参数类型，包括 HttpServletRequest、HttpServletResponse、HttpSession、Model/ModelMap。

例如，默认参数类型绑定的代码如下。

```
@Controller
public class UserController{
   @RequestMapping("/selectUser")
   public String selectUser(HttpServletRequest request){
      String id = request.getParameter("id");
      System.out.println("id= "+id);
      return "success";
   }
}
```

（2）简单数据类型绑定。

DataBinder 对几个简单数据类型也做了自动的绑定处理，如 int、String、Double 等。简单类型参数的绑定示例代码如下。

```
@RequestMapping("/selectUser")
    public String selectUser(Integer id){
        String id = request.getParameter("id");
        System.out.println("id= "+id);
        return "success";
    }
```

（3）POJO 类型绑定。

在使用 POJO 类型数据绑定时，请求的参数名必须与要绑定的 POJO 类中的属性名相同，以保证自动将请求数据绑定到 POJO 对象中。如果不一致，则后台接收的参数值为 null，会带来想不到的错误。

① POJO 类 User 定义。

```
public class User{
    private Integer id;
    private String username;
    private String password;
    public Integer getId(){
        return id;
    }
    public void setId(Integer id){
        this.id = id;
    }
public String getUsername(){
    return username;
}
public void setUsername(String username){
    this.username = username;
}
public String getPassword(){
    return password;
}
public void setPassword(String password){
    this.password = password;
}
```

② 控制器类中请求处理方法代码如下。

```
@RequestMapping("/registerUser")
public String registerUser(User user){
    String username = user.getUsername();
    String password = user.getPassword();
    return "success";
}
```

③ 请求的参数名要与 User 的属性名相同。在 register.jsp 中可见如下代码。

```
<form action="${pageContext.request.contextPath}/registerUser" method="post">
    用户名: <input type="text" name="username" />
    口令 :  <input type="text" name="password"/>
</form>
```

9.3.2 数据转换

前文介绍了数据绑定的基本概念，给出了默认类型、简单数据类型和 POJO 类型绑定实例。但是，有一些特殊类型的参数，需要用户自定义其转换过程和格式化过程。我们分别称进行数据转换与格式化功能的程序为转换器（Converter）和格式化器（Formatter）。

举例来说，要将字符串格式的日期转换成真正的日期类型 Date 数据，需要进行专门的转换器设计才能完成。也可以认为，相对于前面介绍的数据绑定，这部分内容是相对复杂些的数据绑定。

1. 自定义转换器

Spring MVC 框架提供的接口 Converter<S,T>可将一种数据类型转换为另一种数据类型。S 为源类型，T 是目标类型。

开发时使用该接口，需要进行的几个设计任务可用下面的代码示例进行说明。

这是一个字符串格式产品信息转换到 Product 类型数据的主要内容。

（1）页面设计。

```
<form action="http://localhost:8080/springMVCapp07a/testConversionServiceConverter" method="post">
<!--   private String name;
private String description;
private Float price;
private Date productionDate;  -->
<!--格式:java-javabase-12.0-2011.12.12  -->
product:<input type="text" name="product">
<input type="submit" value="submit">
</form>
```

（2）转换器类设计。

```
@Component
public class ProcuctConverter implements  Converter<String, Product>
{

    @Override
    public Product convert(String source)
    {
        if(source != null)
        {
            Product product = new Product();
            String[] values = source.split("-");
            if(values != null && values.length==4)
            {
                product.setName(values[0]);
                product.setDescription(values[1]);
                product.setPrice(Float.parseFloat(values[2]));
                SimpleDateFormat sdf = new SimpleDateFormat("yyyy-MM-dd");
                product.setProductionDate(new Date());
                System.out.println(source + "--converter"+product);
             return product;
            }
        }
        return null;
    }
```

（3）Spring MVC 配置文件。

```
    <!--配置 ConversionService  -->
    <bean id="conversionService" class="org.springframework.context.support.ConversionServiceFactoryBean">
        <property name="converters">
            <set>
            <ref bean="procuctConverter"/>
```

```
        </set>
    </property>
</bean>
```

（4）控制器设计。

```
@Controller
public class testConversionService
{
    @RequestMapping(value="/testConversionServiceConverter")
    public String test(@RequestParam("product") Product product )
    {
        System.out.println("/testConversionServiceConverter"+product);
        return "ProductForm";
    }
}
```

2. 自定义格式化器

格式化器 Formatter<T>目标与 Converter<S,T>一致，都是进行数据转换，不过，格式化器的源类型 S 固定为 String，故此不在参数表中出现。由于来自浏览器的请求都是字符串类型的，因此在 Web 应用中用格式化器更简洁。

自定义格式化器的应用方法可通过下面的代码示例进行说明。

这是一个字符串类型的雇员信息转换到 Employee 类型应用的主要设计内容。

（1）domain 类。

```
    package app06b.domain;
import java.io.Serializable;
import java.util.Date;
public class Employee  implements Serializable {
    private static final long serialVersionUID = -908L;
private long id;
private String firstName;
private String lastName;
private Date birthDate;
private int salaryLevel;
public long getId() {
    return id;
}
public void setId(long id) {
    this.id = id;
}
public String getFirstName() {
    return firstName;
}
public void setFirstName(String firstName) {
    this.firstName = firstName;
}
public String getLastName() {
    return lastName;
}
public void setLastName(String lastName) {
    this.lastName = lastName;
}
public Date getBirthDate() {
    return birthDate;
}
public void setBirthDate(Date birthDate) {
```

```
    this.birthDate = birthDate;
}
public int getSalaryLevel() {
    return salaryLevel;
}
public void setSalaryLevel(int salaryLevel) {
    this.salaryLevel = salaryLevel;
}
}
```

（2）格式化类。

```
package app06b.formatter;
import java.text.ParseException;
import java.text.SimpleDateFormat;
import java.util.Date;
import java.util.Locale;
import org.springframework.format.Formatter;
public class DateFormatter implements Formatter<Date> {
    private String datePattern;
    private SimpleDateFormat dateFormat;
    public DateFormatter(String datePattern) {
        System.out.println("DateFormatter()5b========");
        this.datePattern = datePattern;
        dateFormat = new SimpleDateFormat(datePattern);
        dateFormat.setLenient(false);
    }
    @Override
    public String print(Date date, Locale locale) {
        return dateFormat.format(date);
    }
    @Override
    public Date parse(String s, Locale locale) throws ParseException {
        try {
            return dateFormat.parse(s);
        } catch (ParseException e) {
            // the error message will be displayed when using <form:errors>
            throw new IllegalArgumentException(
                    "invalid date format. Please use this pattern\""+datePattern + "\"");
        }
    }
}
```

（3）控制器类。

```
package app06b.controller;
import org.apache.commons.logging.Log;
import org.apache.commons.logging.LogFactory;
import org.springframework.beans.factory.annotation.Autowired;
import org.springframework.core.convert.ConversionService;
import org.springframework.format.support.DefaultFormattingConversionService;
import org.springframework.ui.Model;
import org.springframework.validation.BindingResult;
import org.springframework.validation.FieldError;
import org.springframework.web.bind.WebDataBinder;
import org.springframework.web.bind.annotation.InitBinder;
import org.springframework.web.bind.annotation.ModelAttribute;
import org.springframework.web.bind.annotation.RequestMapping;
import app06b.domain.Employee;
```

```
@org.springframework.stereotype.Controller
public class EmployeeController {
private static final Log logger = LogFactory.getLog(EmployeeController.class);
@Autowired
ConversionService conversionService;
@RequestMapping(value="employee_input")
public String inputEmployee(Model model) {
    model.addAttribute(new Employee());
    logger.info("inputEmployee called 2. map:" + model.asMap());
    return "EmployeeForm";
}
@RequestMapping(value="employee_save")
 public String saveEmployee(@ModelAttribute Employee employee, BindingResult bindingResult,
        Model model) {
    logger.info("saveEmployee called 2");
    System.out.println("type of conversion service:" + conversionService.getClass());
    DefaultFormattingConversionService cs = (DefaultFormattingConversionService) conversionService;
    logger.info("as map:" + model.asMap());
    // we don't need ProductForm anymore,1
    // Spring MVC can bind HTML forms to Java objects

    if (bindingResult.hasErrors()) {
        System.out.println("has errors");
        FieldError fieldError = bindingResult.getFieldError();
        System.out.println("Code:" + fieldError.getCode()
                + ", field:" + fieldError.getField());
        return "EmployeeForm";
    }
    // save product here

    model.addAttribute("employee", employee);
    return "EmployeeDetails";
}
@InitBinder
    public void initBinder(WebDataBinder binder) {
        binder.initDirectFieldAccess();
        binder.setDisallowedFields("id");
//          binder.setRequiredFields("username", "password", "emailAddress");
        logger.info("initBinderin EmployeeController");
    }
}
```

（4）配置文件。

```
    <?xml version="1.0" encoding="UTF-8"?>
<beans xmlns="http://www.springframework.org/schema/beans"
xmlns:xsi="http://www.w3.org/2001/XMLSchema-instance"
xmlns:p="http://www.springframework.org/schema/p"
xmlns:mvc="http://www.springframework.org/schema/mvc"
xmlns:context="http://www.springframework.org/schema/context"
xsi:schemaLocation="
        http://www.springframework.org/schema/beans
        http://www.springframework.org/schema/beans/spring-beans.xsd
        http://www.springframework.org/schema/mvc
        http://www.springframework.org/schema/mvc/spring-mvc.xsd
        http://www.springframework.org/schema/context
```

```
        http://www.springframework.org/schema/context/spring-context.xsd">
<context:component-scan base-package="app06b.controller" />
<context:component-scan base-package="app06b.formatter" />
<mvc:annotation-driven conversion-service="conversionService" />
<mvc:resources mapping="/css/**" location="/css/" />
<mvc:resources mapping="/*.html" location="/" />
<bean id="viewResolver"
    class="org.springframework.web.servlet.view.InternalResourceViewResolver">
    <property name="prefix" value="/WEB-INF/jsp/" />
    <property name="suffix" value=".jsp" />
</bean>
<bean id="conversionService"
    class="org.springframework.format.support.FormattingConversionServiceFactoryBean">
    <property name="formatters">
        <set>
            <bean class="app06b.formatter.DateFormatter">
                <constructor-arg type="java.lang.String" value="MM-dd-yyyy" />
            </bean>
        </set>
    </property>
</bean>
</beans>
```

（5）视图。

① EmployeeForm.jsp 代码如下。

```
<%@ taglib prefix="form" uri="http://www.springframework.org/tags/form" %>
<%@ taglib uri="http://java.sun.com/jsp/jstl/core" prefix="c" %>
<!DOCTYPE HTML>
<html>
<head>
<title>Add Product Form</title>
<style type="text/css">@import url("<c:url value="/css/main.css"/>");</style>
</head>
<body>
<div id="global">
<form:form commandName="employee" action="employee_save" method="post">
    <fieldset>
        <legend>Add an employee</legend>
        <p>
            <label for="firstName">First Name: </label>
            <input type="text" id="firstName" name="firstName"  tabindex="1">
        </p>
        <p>
            <label for="lastName">First Name: </label>
            <input type="text" id="lastName" name="lastName"   tabindex="2">
        </p>
        <p>
            <form:errors path="birthDate" cssClass="error"/>
        </p>
        <p>
            <label for="birthDate">Date Of Birth: </label>
            <form:input path="birthDate" id="birthDate" />
        </p>
        <p id="buttons">
            <input id="reset" type="reset" tabindex="4">
            <input id="submit" type="submit" tabindex="5"   value="Add Employee">
```

```
            </p>
        </fieldset>
    </form:form>
    </div>
    </body>
    </html>
```

② EmployeeDetails.jsp 代码如下。

```
<%@ taglib uri="http://java.sun.com/jsp/jstl/core" prefix="c" %>
<!DOCTYPE HTML>
<html>
<head>
<title>Save Employee</title>
<style type="text/css">@import url("<c:url value="/css/main.css"/>");</style>
</head>
<body>
<div id="global">
    <h4>The employee details have been saved.</h4>
    <p>
        <h5>Details:</h5>
        First Name: ${employee.firstName}<br/>
        Last Name: ${employee.lastName}<br/>
        Date of Birth: ${employee.birthDate}
    </p>
</div>
</body>
</html>
```

③ main.css 代码如下。

```
#global {
    text-align: left;
    border: 1px solid #dedede;
    background: #efefef;
    width: 560px;
    padding: 20px;
    margin: 100px auto;
}

form {
  font:100% verdana;
  min-width: 500px;
  max-width: 600px;
  width: 560px;
}

form fieldset {
  border-color: #bdbebf;
  border-width: 3px;
  margin: 0;
}

legend {
    font-size: 1.3em;
}

form label {
    width: 250px;
    display: block;
```

```
    float: left;
    text-align: right;
    padding: 2px;
}

#buttons {
    text-align: right;
}
#errors, li {
    color: red;
}
.error {
    color: red;
    font-size: 9pt;
}
```

3. 内置的类型转换器与格式化器

（1）Spring MVC 内置的转换器。

Spring MVC 提供的内置转换器及其功能简要说明如表 9.2 和表 9.3 所示。内置转换器和格式化器在程序中有需要时自动被调用，从而减轻开发人员的编程负担。

表 9.2 标量转换器

名称	功能
StringToBooleanConverter	String 到 Boolean 类型转换
ObjectToStringConverter	Object 到 String 类型转换
StringToNumberConverterFactory	String 到数字类型转换（Wrapper）
NumberToNumberConverterFactory	数字子类型（基本类型）到数字类型转换（Wrapper）
StringToCharacterConverter	String 到 Character 类型转换，取字符串第一个字符
NumberToCharacterConverter	数字子类型到 Character 类型转换
CharacterToNumberFactory	Character 到数字子类型的转换
StringToEnumConverterFactory	String 到枚举类型转换
EnumToStringConverter	枚举到 String 类型转换
StringToLocaleConverter	String 到 java.util.Locale 转换
PropertiesToStringConverter	java.util.Properties 到 String 的转换，Properties 以 key-value 格式组织数据，用 propertiesName.setProperty("key", "value")添加数据
StringToPropertiesConverter	String 到 java.util.Properties 的转换

表 9.3 集合与数组相关转换器

名称	功能
ArrayToCollectionConverter	数组到任意集合（List、Set）的转换
CollectionToArrayConverter	任意集合到任意数组的转换
ArrayToArrayConverter	任意数组到任意数组的转换
CollectionToCollectionConverter	集合之间的转换
MapToMapConverter	Map 之间的转换
ArrayToStringConverter	任意数组到 String 的转换
StringToArrayConverter	String 到数组的转换

续表

名称	功能
ArrayToObjectConverter	任意数组到 Object 的转换
ObjectToArrayConverter	Object 到单元素数组的转换
CollectionToStringConverter	任意集合到 String 的转换
StringToCollectionConverter	String 到集合的转换
CollectionToObjectConverter	任意集合到 Object 的转换
ObjectToCollectionConverter	Object 到单元素集合的转换

（2）Spring MVC 内置的格式化器。

Spring MVC 提供的内置格式化器及其功能简要说明如表 9.4 所示。

表 9.4 内置格式化器

名称	功能
NumberFormatter	String 到 Number 类型的解析和格式化
CurrencyFormatter	String 到 Number 类型的解析和格式化（带货币符号）
PercentFormatter	String 到 Number 类型的解析和格式化（带百分号）
DateFormatter	String 到 Date 类型的解析和格式化

9.3.3 JSON 数据交互

Spring MVC 为请求和控制器的数据交互，可以采用 JSON 技术。JS 对象标记（JavaScript Object Notation，JSON）是一种轻量级数据交换格式，和 XML 一样属于纯文本的数据格式。它包括两种结构：对象结构和数组结构。实际应用中可能会用到两种结构的组合结构。

1. JSON 结构

（1）对象结构。

对象结构以“{”开始，以“}”结束，中间包含若干个键-值对。其语法格式如下。

```
{
    key1:value1,
    key2:value2,
    ……
}
```

（2）数组结构。

数组结构以“[”开始，以“]”结束，中间包含的是值列表。其语法格式如下。

```
[
    value1,
    value2,
    ……
]
```

一个包含了这两种基本结构及组合结构的 student 对象的 JSON 表示如下。

```
{
    "sno":"1704010517",
    "sname":"灏洋",
    "course":["Java","Operating System","Networking"],
    "college":{
```

```
            "cname":"Hrbust",
            "city":"Harbin"
           }
}
```

2. JSON 数据交换

借助 Spring MVC 提供的 MappingJackson2HttpMessageConverter，可在浏览器和控制器之间进行 JSON 数据交换。该类的作用是利用 Jackson 开源包读取 JSON 数据，将 Java 对象转换为 JSON 对象和 XML 文档，或将 JSON 对象和 XML 文档转换为 Java 对象。Java 对象为程序处理之用途，而 JSON 和 XML 则为传输之用途。

Jackson 开源包主要包括如下内容。

- jackson-annotations-2.9.4.jar：JSON 转换注解包。
- jackson-core-2.9.4.jar：JSON 转换核心包。
- jackson-databind-2.9.4.jar：JSON 转换数据绑定包。

在基于注解开发中，有两个常用的注解用于 JSON 格式转换。

- @RequstBody：用在方法的形参前，将请求体中数据绑定到方法的形参。
- @ResponseBody：用在方法上，使方法的 return 语句返回 JSON 格式结果。

实现 JSON 数据交换功能的代码片段如下。

（1）JavaScript 函数。

```
<script type="text/javaScript">
    function testJson() {
        //获取输入的值 pname 为 id
        alert($("#pname").val());
        var pname = $("#pname").val();
        var password = $("#password").val();
        var page = $("#page").val();
        $.ajax({
            //请求路径
            url : "${pageContext.request.contextPath }/testJson",
            //请求类型
            type : "post",
            //data 表示发送的数据
            data : JSON.stringify({
                pname : pname,
                password : password,
                page : page
            }), //定义发送请求的数据格式为 JSON 字符串
            contentType : "application/json;charset=utf-8",
            //定义回调响应的数据格式为 JSON 字符串,该属性可以省略
            dataType : "json",
            //成功响应的结果
            success : function(data) {
                if (data != null) {
                    alert("输入的用户名：" + data.pname + ",密码：" + data.password
                            + ", 年龄：" + data.page);
                }
            }
        });
    }
</script>
```

在JSP页面中编写了一个测试JSON交互的表单，当单击“测试”按钮时执行页面中的testJson()函数。在该函数中使用了 jQuery 的 AJAX 方式将 JSON 格式的数据传递给以“/testJson”结尾的请求中。

因为在 index.jsp 中是 jQuery 的 AJAX 进行的 JSON 数据提交和响应，所以还需要引入jquery.js 文件。

（2）控制器类。

在 src 目录下创建 controller 包，并且在该包中创建一个用于用户操作的控制器类 TestController，代码如下。

```
@Controller
public class TestController {
    /**
     * 接收页面请求的 JSON 参数，并返回 JSON 格式的结果
     */
    @RequestMapping("testJson")
    @ResponseBody
    public Person testJson(@RequestBody Person user) {
        // 打印接收的 JSON 格式数据
        System.out.println("pname=" + user.getPname() + ",password="
                + user.getPassword() + ",page" + user.getPage());
        ;
        // 返回 JSON 格式的响应
        return user;
    }
}
```

在上述控制器类中编写了接收和响应 JSON 格式数据的 testJson()方法，方法中的@RequestBody 注解用于将前端请求体中的 JSON 格式数据绑定到形参 user 上，@ResponseBody 注解用于直接返回 Person 对象（当返回 POJO 对象时默认转换为 JSON 格式数据进行响应）。

9.4 拦 截 器

Spring MVC 的拦截器（Interceptor）类似于 Servlet 过滤器，其功能是处理请求前后进行一些相关的操作。例如初始化资源、权限验证、日志管理、菜单获取、资源清理等。

9.4.1 概述

1. 拦截器定义方法

Spring MVC 中有两种定义拦截器的方法：一是实现 HandlerInterceptor 接口或继承自该接口的实现类；二是实现 WebRequestInterceptor 接口或从该接口的实现类继承。

下面的框架示例代码利用 HandlerInterceptor 的实现类 HandlerInterceptorAdapter 作为父类，实现一个自定义的拦截器。

```
public class MyInterceptor extends HandlerInterceptorAdapter {
    @Override
    public boolean preHandle(HttpServletRequest request, HttpServletResponse response,
Object handler) throws Exception {
        //code segment 1
    }
```

```
        @Override
        public void postHandle(HttpServletRequest request, HttpServletResponse response,
Object handler, ModelAndView modelAndView) throws Exception {
            //code segment 2
        }
       @Override
        public  void  afterCompletion(HttpServletRequest  request,  HttpServletResponse
response, Object handler, Exception ex) {
            //code segment 3
        }
    }
```

下面对拦截器的设计做简要说明。

（1）Code segment 1，即 preHandle()方法的方法体。preHandle()方法用于处理器拦截，该方法将在 Controller 处理之前进行调用，所以 code segment 1 的内容即为 Controller 调用之前需要做的处理。

在 Spring MVC 中的 Interceptor 拦截器是链式的，可以同时存在多个 Interceptor，根据声明的前后顺序一个接一个地执行，而且所有的 Interceptor 中的 preHandle()方法都会在 Controller()方法调用之前调用。

Spring MVC 的 Interceptor 链式结构也是可以进行中断的，这种中断方式令 preHandle()方法的返回值为 false，当 preHandle()方法的返回值为 false 时，整个请求就结束了。如果返回 false，一般情况需要重定向或者转发到其他页面，采用 request 的转发或者 response 的重定向即可。

（2）Code segment 2，即 postHandle()方法的方法体。postHandle()方法只有在当前对应的 Interceptor 的 preHandle()方法返回值为 true 时才会执行。postHandle()方法用于处理器拦截用，它在处理器进行处理之后执行，也就是在 Controller()方法调用之后执行，但是它会在 DispatcherServlet 进行视图的渲染之前执行，也就是说在这个方法中可以对 ModelAndView 进行操作。这个方法的链式结构跟正常访问的方向是相反的，也就是说该方法会后调用先声明的 Interceptor 拦截器。

（3）Code segment 3，即 afterCompletion()方法的方法体。该方法也是需要当前对应的 Interceptor 的 preHandle()方法的返回值为 true 时才会执行。该方法将在整个请求完成，或者在 DispatcherServlet 渲染了视图执行之后执行，用于清理所用的资源。

2. 拦截器配置项

```
    <mvc:interceptors>
    <!-- 写在外面,表示拦截所有链接 -->
    <bean id="" class=""/>
    <mvc:interceptor>
     <mvc:mapping path="/**" />
     <!-- 排除拦截的链接 -->
     <mvc:exclude-mapping path="/static/**" />
     <bean class="拦截器 java 代码路径" />
    </mvc:interceptor>
  </mvc:interceptors>
```

9.4.2　拦截器执行过程

在一个应用中可能只有一个拦截器，也可能有多个拦截器，依系统对拦截器的功能需求而定。对应的拦截器执行过程也分为两种情形。

1. 单一拦截器的执行过程

程序首先执行拦截器类中的 preHandle()方法，如果此方法返回 true，并且在控制器的处理请求方法执行之后，返回视图之前将执行 postHandle()方法，返回视图之后执行 afterCompletion()方法。

2. 多个拦截器的执行过程

在多个拦截器构成拦截器链的情况下，各个拦截器在配置文件中的配置顺序决定了它们的 preHandle()方法执行的顺序。它们的 postHandle()方法和 afterCompletion()方法的执行顺序则与配置顺序相反。

9.5 文件上传与下载

文件上传与下载是 Web 应用中十分常见的两个任务。图片和邮件的上传与下载就是其中的典型例子。文件上传与下载可用不同的技术实现，如用 Servlet 和 JSP 都可以实现，用本节介绍的方法也可以实现。希望读者可以对技术实现的不同方法进行比较，发现各自特点，以利于在开发中做出有见地的选择。

9.5.1 文件上传

1. 文件上传简介

文件从前端上传到服务器端，这个过程中包括文件选择、数据传输、文件存储三个环节。从设计角度包括前端页面、文件描述、编码设置等任务。具体说明如下。

（1）页面：一个实现文件上传的表单，表单中要做一些属性设置。

method 属性设置为 post，enctype 属性设置为 multipart/form-data，input 元素的 multiple 属性如果设置为 multiple 则可进行多文件上传，否则为单个文件上传。下面为示例代码。

```
<form action="uploadurl" method="post" enctype="multipart/form-data">
    <input type="file" name="filename" multiple="multiple">
    <input type="submit" value="文件上传">
</form>
```

（2）Spring MVC 支持 jar 包。

在 Apache 官网可以下载以下相关的 jar 包。

- commons-fileupload-1.3.2.jar。
- commons-io-2.5.jar。

Spring MVC 对文件上传功能的支持，具体由 MultipartResolver（多部件解析器）接口以及它的实现类 CommonsMultipartResolver 实现。使用 Spring MVC 需要在配置文件中进行配置。

```
<bean id="MultipartResolver" class=
    "org.springframework.web.multipart.commons.CommonsMultipartResolver">
    <property name="uploadTempDir" value="WEB-INF/tmp"/
    <!--设置编码格式与 JSP 的 pageEncoding 属性一致-->
    <property name="defaultEncoding" value="UTF-8" />
    <!--设置解析和传输控制数据,单位是字节-->
    <property name="maxUploadSize" value="2097152" />
    <property name="maxInMemorySize" value="4096" />
    <!--延迟解析,在 Controller 中抛出异常-->
    <property name="resolveLazily" value="true"/>
</bean>
```

2. 文件上传案例

（1）创建项目，添加 jar 包到 lib 目录。

（2）前端页面。

```
<!DOCTYPE html>
<html>
    <head>
        <meta charset="UTF-8">
        <title>Insert title here</title>
    </head>
    <body>
        <h1>文件上传</h1>
        <form action="/zq/upload" method="post" enctype="multipart/form-data" >
          用户名：<input type="text" name="username" ><br/>
          文件上传：<input type="file" name="image" ><br/>
          <input type="submit" ><br/>
        </form>

        <h1>文件下载</h1>
        <a href="/zq/download?filename=1.jpg">下载</a>
        <a href="/zq/download2?filename=1.jpg">下载 2</a>
    </body>
</html>
```

（3）控制器类。

```
@Controller
public class UploadController {
@RequestMapping(value="/upload",method=RequestMethod.POST)
@ResponseBody //不写会默认返回当前路径
public void upload(String username,MultipartFile image,HttpServletRequest req)
throws Exception, IOException{
    System.out.println("username 数据："+username);
    //接收文件数据
    System.out.println(image.getContentType());//image/jpeg 为获取上传文件的类型
    System.out.println(image.getName());//image 为获取 file 标签的 name 属性
    <input type="file" name="image" >
    System.out.println(image.getOriginalFilename());//1.jpg 为获取上传文件的名称

    //获取到上传的文件数据
    String contentType = image.getContentType();
    //判断上传文件是否为图片
    if (contentType==null||!contentType.startsWith("image/")) {
        System.out.println("===不属于图片类型...===");
        return;
    }
    //动态获取上传文件夹的路径
    ServletContext context = req.getServletContext();
    String realPath = context.getRealPath("/upload");//获取本地存储位置的绝对路径

    String filename = image.getOriginalFilename();//获取上传时的文件名称
    filename = UUID.randomUUID().toString()+"."+FilenameUtils.getExtension(filename);
```

```
    //创建一个新的文件名称。
    getExtension(name):获取文件后缀名
    File f= new File(realPath, filename);
    image.transferTo(f);//将上传的文件存储到指定位置
}
 }
```

（4）配置文件。

```
<bean id="multipartResolver" class=
    "org.springframework.web.multipart.commons.CommonsMultipartResolver">
     <property name="maxUploadSize">
         <value>10000000000</value> <!-- 以字节 byte 为单位 -->
     </property>
     <property name="defaultEncoding" value="UTF-8"/>
 </bean>
```

（5）测试执行，操作界面如图 9-3 所示。

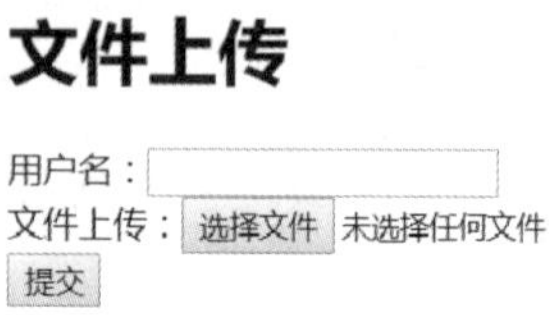

文件上传

用户名：

文件上传：选择文件 未选择任何文件

提交

图 9-3　文件上传界面

9.5.2　文件下载

在 Spring MVC 中，可按照以下两个步骤实现文件下载。

（1）在客户端页面使用一个文件下载的超链接，其 href 属性指定后台文件下载的方法以及文件名。示例代码如下。

```
<a href="${pageContext.request.contextPath}/download?filename=1.jpg">
</a>
```

（2）在后台的控制器类中，使用 Spring MVC 提供的文件下载方法进行文件下载。有一个 ResponseEntity 类的对象，可用于定义返回的 HttpHeaders 对象和 HttpStatus 对象。用 HttpHeaders 对象和 HttpStatus 对象可以完成下载文件所需要的配置信息。文件下载的示例代码如下。

```
@RequestMapping( "/download")
public ResponseEntity<byte[]> download(HttpServletRequest request,String filename)
throws IOException {
    //获取下载文件的路径
String realPath = request.getServletContext().getRealPath("/upload");
//把下载文件构成一个文件处理。filename:前台传过来的文件名称
File file = new File(realPath, filename);
 HttpHeaders headers = new HttpHeaders();//设置头信息
     //设置响应的文件名
 String downloadFileName = new String(filename.getBytes("UTF-8"), "iso-8859-1");
 headers.setContentDispositionFormData("attachment", downloadFileName);
 headers.setContentType(MediaType.APPLICATION_OCTET_STREAM);
   // MediaType:互联网媒介类型。contentType: 具体请求中的媒体类型信息
  return new ResponseEntity<byte[]>(FileUtils.readFileToByteArray(file), headers,
HttpStatus.CREATED);
}
 }
```

在 download()方法中，首先根据文件路径和需要下载的文件名创建文件对象，然后在响应头中对文件下载时的打开方式和文件下载方式进行设置，最后返回 ResponseEntity 封装的下载结果对象。

9.6　小　　结

本章对 Spring MVC 的基本组成和工作原理进行了图解说明。通过实例介绍了 Spring MVC 控制器的结构和设计方法，对其处理方法的参数和返回类型做了概要说明，并且对请求与控制器间的数据绑定和数据交互进行了深入研究。拦截器是 Spring MVC 的重要功能组成部分，本章对拦截器的设计和执行过程进行了示例说明。还对文件上传和下载方法进行了简要讲解。Spring MVC 内容宽泛，读者应查阅技术手册，结合项目实战过程进行内容拓展和深入学习。

9.7　习　　题

【思考题】

1. 什么是 Spring MVC，谈谈你的理解。
2. 说明 Spring MVC 的工作流程。
3. Spring MVC 有哪些主要的组件?
4. Spring MVC 有哪些优点?
5. 查资料回答 Spring MVC 和 Struts2 的区别有哪些?
6. Spring MVC 是怎样控制重定向和转发的?
7. Spring MVC 是怎样和 AJAX 相互调用的?
8. Spring MVC 常用注解有哪些?
9. Spring MVC 拦截器怎样设计?

【实践题】

设计一个文件上传和下载的软件工具。

第 10 章 SSM 框架整合

本章内容

- SSM 整合的基本方法
- MyBatis 与 Spring 整合
- MyBatis 与 Spring MVC 整合

Spring、Spring MVC、MyBatis 这三个框架各有其功能，在一个项目的开发过程中，需要将它们整合起来，互相配合使用。本章将对 SSM 整合的环境搭建、基本方法、具体步骤进行讲解。Spring MVC 是 Spring 的插件，或者说是其模块之一，所以它们二者不用整合，只需添加 Spring MVC 的 jar 包到 Spring 中。所谓 SSM 整合，主要是指 MyBatis 与 Spring、MyBatis 与 Spring MVC 的整合。本章将分别讨论这两种情况。

10.1 SSM 整合环境搭建

整合首先需要进行环境搭建，然后按照一定的方法和步骤进行相关设置和设计。本节介绍环境搭建的内容，下一节介绍整合的方法和步骤。

整合所需要的 jar 包包括 MyBatis、Spring 和其他 jar 包。

（1）MyBatis 框架 jar 包。

MyBatis 的 jar 包包括其核心包 mybatis-3.5.3.jar 和在 lib 目录中的依赖包。

（2）Spring 框架 jar 包。

Spring 框架的 jar 包内容具体如下。

- aopalliance-1.0.jar。
- aspectjweaver-1.8.13.jar。
- spring-aop-5.0.2.RELEASE.jar。
- spring-aspects-5.0.2.RELEASE.jar。
- spring-beans-5.0.2.RELEASE.jar。
- spring-context-5.0.2.RELEASE.jar。
- spring-core-5.0.2.RELEASE.jar。
- spring-expression-5.0.2.RELEASE.jar。
- spring-jdbc-5.0.2.RELEASE.jar。
- spring-tx-5.0.2.RELEASE.jar。

（3）整合所需中间 jar 包。

从官网下载中间 jar 包：mybatis-spring-1.3.1.jar。

（4）数据库驱动 jar 包。

在 Oracle 官网下载 MySQL 数据库驱动包：mysql-connector-java-5.1.7-bin.jar。

（5）数据源 jar 包。

数据源和连接池 jar 有很大的可选余地。例如 DBCP、C3P0、druid 等数据源。这里选用 DBCP，下载 DBCP 的 jar 包：commons-dbcp2-2.2.0.jar。

从官网下载连接池的 jar 包：commons-pool2-2.2.0.jar。

10.2　MyBatis 与 Spring 整合

MyBatis 的重点在于 SQL 映射文件，使用 SqlSession 访问数据库的语法并不简洁，程序中要调用许多冗长的参数方法。如果与 Spring 框架整合，利用其工厂配置，在这方面将得到改善。

10.2.1　MyBatis 与 Spring 整合的 4 种方法

MyBatis 与 Spring 整合

MyBatis 与 Spring 整合的一个核心问题是 Spring 用什么方式管理用于 MyBatis 的 Bean。据此，可以分为 4 种方法。

（1）采用接口 org.apache.ibatis.session.SqlSession 的方法。

采用接口的实现类 org.mybatis.spring.SqlSessionTemplate，在 MyBatis 中，sessionFactory 可由 SqlSessionFactoryBuilder 来创建。MyBatis-Spring 中，使用了 SqlSession FactoryBean 来替代。SqlSessionFactoryBean 有一个 required 属性 dataSource，另外使用一个通用属性 configLocation 指定 MyBatis 的 XML 配置文件路径。

（2）采用 org.mybatis.spring.mapper.MapperScannerConfigurer 的方法。

MapperScannerConfigurer 将查找类路径下的映射器并自动将它们创建成 MapperFactoryBean。

（3）采用抽象类 org.mybatis.spring.support.SqlSessionDaoSupport 提供 SqlSession 的方法。

（4）采用数据映射器（MapperFactoryBean）的方式，不用写 MyBatis 映射文件，采用注解方式提供相应的 SQL 语句和输入参数。

10.2.2　在 Spring 中配置 MyBatis 工厂

MyBatis 与 Spring 整合的结果是，其 SessionFactory 交由 Spring 构建，不再需要手工管理。为此，需要在 Spring 配置文件中添加相关配置项。

```
<?xml version="1.0" encoding="UTF-8"?>
<beans xmlns="http://www.springframework.org/schema/beans"
    xmlns:xsi="http://www.w3.org/2001/XMLSchema-instance"
    xsi:schemaLocation="http://www.springframework.org/schema/beans http:// www.springframework.org/schema/beans/spring-beans-3.0.xsd">
    <!--配置数据源-->
    <bean id="dataSource" class="org.apache.commons.dbcp.BasicDataSource">
        <property name="driverClassName" value="com.mysql.jdbc.Driver"></property>
        <property name="url" value="jdbc:mysql://localhost:3306/hlp?use Unicode=true&amp;characterEncoding=UTF-8&amp;zeroDateTimeBehavior=convertToNull"></property>
        <property name="username" value="root"></property>
```

```
            <property name="password" value="1234"></property>
            <property name="maxTotal" value="30"></property>
            <property name="maxActive" value="100"></property>
            <property name="maxIdle" value="30"></property>
            <property name="maxWait" value="500"></property>
            <property name="defaultAutoCommit" value="true"></property>
        </bean>
        <!--配置 MyBatis 工厂,同时指定数据源,与 MyBatis 整合-->
        <bean id="sqlSessionFactory" class="org.mybatis.spring.SqlSessionFactoryBean">
            <property name="configLocation" value="classpath:MyBatis-Configuration.xml"></property>
            <property name="dataSource" ref="dataSource" />
        </bean>
        <bean id="userDao" class="org.mybatis.spring.mapper.MapperFactoryBean">
            <property name="mapperInterface" value="com.mybatis.UserDao"></property>
            <property name="sqlSessionFactory" ref="sqlSessionFactory"></property>
        </bean>
        <bean id="userService" class="com.mybatis.UserServiceImpl">
            <property name="userDao" ref="userDao"></property>
        </bean>
    </beans>
```

10.2.3 整合代码示例

本例使用第 1 种整合方法，即采用接口 org.apache ibatis.session.SqlSession 的方法，下面介绍了 MyBatis 和 Spring 整合的主要步骤。

（1）编写数据访问接口（UserDao.java）。

```
package com.mybatis;
public interface UserDao {
    public int countAll();
}
```

（2）编写数据访问接口映射文件（UserDaoMapper.xml）。

```
<?xml version="1.0" encoding="UTF-8" ?>
<!DOCTYPE mapper PUBLIC "-//mybatis.org//DTD Mapper 3.0//EN" "http://mybatis.org/dtd/mybatis-3-mapper.dtd">
<mapper namespace="com.mybatis.UserDao">
    <select id="countAll" resultType="int">
        select count(*) c from user;
    </select>
</mapper>
```

（3）编写 MyBatis 配置文件（MyBatis-Configuration.xml）。

```
<?xml version="1.0" encoding="UTF-8" ?>
<!DOCTYPE configuration PUBLIC "-//mybatis.org//DTD Config 3.0//EN"
"http://mybatis.org/dtd/mybatis-3-config.dtd">
<configuration>
    <mappers>
        <mapper resource="com/mybatis/UserDaoMapper.xml"/>
    </mappers>
</configuration>
```

（4）编写服务层接口（UserService.java）。

```
package com.mybatis;
public interface UserService {
    public int countAll();
}
```

（5）编写服务层实现代码（UserServiceImpl.java）。

```
package com.mybatis;
public class UserServiceImpl implements UserService {
    private UserDao userDao;
    public UserDao getUserDao() {
        return userDao;
    }
    public void setUserDao(UserDao userDao) {
        this.userDao = userDao;
    }
    public int countAll() {
        return this.userDao.countAll();
    }
}
```

（6）编写 Spring 配置文件（applicationContext.xml）。

```
<?xml version="1.0" encoding="UTF-8"?>
<beans xmlns="http://www.springframework.org/schema/beans"
    xmlns:xsi="http://www.w3.org/2001/XMLSchema-instance"
  xsi:schemaLocation="http://www.springframework.org/schema/beans  http://www.springframework.org/schema/beans/spring-beans-3.0.xsd">
    <bean id="dataSource" class="org.apache.commons.dbcp.BasicDataSource">
        <property name="driverClassName" value="com.mysql.jdbc.Driver"></property>
        <property name="url" value="jdbc:mysql://localhost:3306/hlp?useUnicode=true&amp;
             characterEncoding=UTF-8&amp;zeroDateTimeBehavior=convertToNull">
    </property>
        <property name="username" value="root"></property>
        <property name="password" value="1234"></property>
        <property name="maxActive" value="100"></property>
        <property name="maxIdle" value="30"></property>
        <property name="maxWait" value="500"></property>
        <property name="defaultAutoCommit" value="true"></property>
    </bean>
    <bean id="sqlSessionFactory" class="org.mybatis.spring.SqlSessionFactoryBean">
        <property name="configLocation" value="classpath:MyBatis-Configuration.xml">
    </property>
        <property name="dataSource" ref="dataSource" />
    </bean>
    <bean id="userDao" class="org.mybatis.spring.mapper.MapperFactoryBean">
        <property name="mapperInterface" value="com.mybatis.UserDao"></property>
        <property name="sqlSessionFactory" ref="sqlSessionFactory"></property>
    </bean>
    <bean id="userService" class="com.mybatis.UserServiceImpl">
        <property name="userDao" ref="userDao"></property>
    </bean>
</beans>
```

（7）测试代码（UserServiceTest.java）。

```
package com.mybatis;
import org.junit.Test;
import org.springframework.context.ApplicationContext;
import org.springframework.context.support.ClassPathXmlApplicationContext;
public class UserServiceTest {
    @Test
    public void userServiceTest(){
        ApplicationContext context = new ClassPathXmlApplicationContext(
```

```
                                                                 "applicationContext.xml");
        UserService userService = (UserService)context.getBean("userService");
        System.out.println(userService.countAll());
    }
}
```

10.3 MyBatis 与 Spring MVC 整合

Spring MVC 是一个优秀的 Web 框架，将它与 ORM 框架 MyBatis 整合，即借助 Spring 容器，管理它们的对象，对它们进行解耦。达到提高系统灵活性和可扩展性的目的。整合的工作主要就是把 Spring MVC 和 MyBatis 的对象配置到 Spring 容器中，交给 Spring 管理。

（1）创建项目，导入相关包，项目所用的包结构如图 10-1 所示。

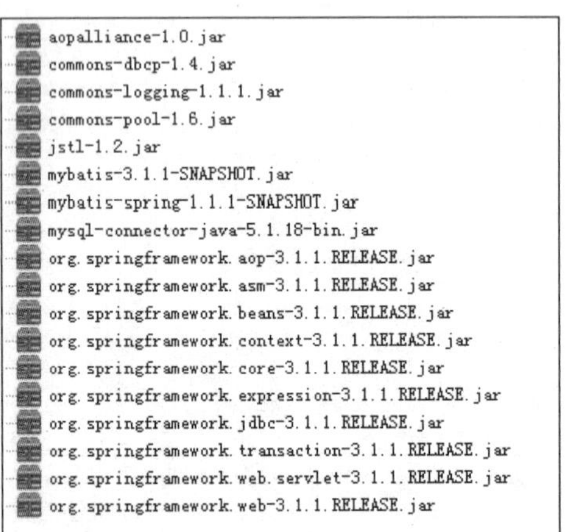

图 10-1　项目所用的包结构

MyBatis 与 Spring MVC 整合

（2）编辑 src/applicationContext.xml 文件，内容如下。

```
<?xml version="1.0" encoding="UTF-8"?>
<beans xmlns="http://www.springframework.org/schema/beans"
xmlns:xsi="http//www.w3.org/2001/XMLSchema-instance"
xmlns:p="http://www.springframework.org/schema/p"
xmlns:context="http://www.springframework.org/schema/context"
xmlns:tx="http://www.springframework.org/schema/tx"
xsi:schemaLocation="http://www.springframework.org/schema/beans
http://www.springframework.org/schema/beans/spring-beans-3.0.xsd
http://www.springframework.org/schema/tx
http://www.springframework.org/schema/tx/spring-tx-3.0.xsd
http://www.springframework.org/schema/context
http://www.springframework.org/schema/context/spring-context-3.0.xsd">
<!-- 引入 jdbc 配置文件 -->
<context:property-placeholder location="classpath:jdbc.properties" />
<!--创建 jdbc 数据源 -->
<bean id="dataSource" class="org.apache.commons.dbcp.BasicDataSource"
    destroy-method="close">
    <property name="driverClassName" value="${driver}" />
    <property name="url" value="${url}" />
    <property name="username" value="${username}" />
    <property name="password" value="${password}" />
```

```
</bean>

<!--（事务管理）transaction manager, use JtaTransactionManager for global tx -->
<bean id="transactionManager"
    class="org.springframework.jdbc.datasource.DataSourceTransactionManager">
    <property name="dataSource" ref="dataSource" />
</bean>

<!-- 创建 SqlSessionFactory，同时指定数据源 -->
<bean id="sqlSessionFactory" class="org.mybatis.spring.SqlSessionFactoryBean">
    <property name="dataSource" ref="dataSource" />
</bean>
<!-- 可通过注解控制事务 -->
<tx:annotation-driven />
<!—Mapper 为接口所在包名，Spring 会自动查找其下的 Mapper -->
<bean class="org.mybatis.spring.mapper.MapperScannerConfigurer">
    <property name="basePackage" value="com.geloin.spring.mapper" />
</bean>
</beans>
```

（3）在 src 下添加 jdbc.properties。

```
    driver=com.mysql.jdbc.Driver
url=jdbc:mysql://localhost:3306/ruisystem
username=root
password=root
```

（4）添加实体类，实体类对应于数据表，其属性与数据表相同或多于数据表。

```
package com.my.spring.entity;
public class Menu {
private Integer id;
private Integer parentId;
private String name;
private String url;
private Integer isShowLeft;
public Integer getId() {
    return id;
}
public void setId(Integer id) {
    this.id = id;
}
public Integer getParentId() {
    return parentId;
}
   public void setParentId(Integer parentId) {
    this.parentId = parentId;
}
public String getName() {
    return name;
}
public void setName(String name) {
    this.name = name;
}
public String getUrl() {
    return url;
}
public void setUrl(String url) {
```

```
    this.url = url;
}
public Integer getIsShowLeft() {
    return isShowLeft;
}
public void setIsShowLeft(Integer isShowLeft) {
    this.isShowLeft = isShowLeft;
}
 }
```

（5）在 com.my.spring.mapper 下添加实体类与数据表的映射关系（com.my.spring.mapper 与 applicationContext.xml 中的配置一致）。

```
package com.my.spring.mapper;
import java.util.List;
import org.apache.ibatis.annotations.Param;
import org.apache.ibatis.annotations.Result;
import org.apache.ibatis.annotations.Results;
import org.apache.ibatis.annotations.Select;
import org.springframework.stereotype.Repository;
import com.my.spring.entity.Menu;
@Repository(value = "menuMapper")
public interface MenuMapper {
@Select(value = "${sql}")
@Results(value = { @Result(id = true, property = "id", column = "id"),
        @Result(property = "parentId", column = "c_parent_id"),
        @Result(property = "url", column = "c_url"),
        @Result(property = "isShowLeft", column = "c_is_show_left"),
        @Result(property = "name", column = "c_name") })
List<Menu> operateReturnBeans(@Param(value = "sql") String sql);
}
```

其中，@Repository 表示这是一个被 Spring 管理的资源，资源名称为 menuMapper；@Select 表示 operateReturnBeans()方法为一个 select()方法；@Results 表示返回结果，@Result 将返回结果中的字段名与实体类关联；@Param 表示 String sql 这个变量是用于 MyBatis 的一个变量，其名称为 sql（value 值），该变量在@Select 中调用（通过${sql}调用）。

（6）在 com.my.spring.service 中添加 MenuService 接口。

```
package com.my.spring.service;
import java.util.List;
import com.geloin.spring.entity.Menu;
public interface MenuService {
List<Menu> find();
}
```

（7）在 com.my.spring.service.impl 中添加 MenuServiceImpl 作为 MenuService 接口的实现。

```
 package com.my.spring.service.impl;
import java.util.List;
import javax.annotation.Resource;
import org.springframework.stereotype.Repository;
import org.springframework.transaction.annotation.Transactional;
import com.my.spring.entity.Menu;
import com.my.spring.mapper.MenuMapper;
import com.my.spring.service.MenuService;
@Repository(value = "menuService")
@Transactional
public class MenuServiceImpl implements MenuService {
@Resource(name = "menuMapper")
```

```
private MenuMapper menuMapper;
@Override
public List<Menu> find() {
    String sql = "select * from tb_system_menu";
    return this.menuMapper.operateReturnBeans(sql);
}
 }
```

其中，@Transactional 表示该类被 Spring 作为管理事务的类，@Resource 引入一个 Spring 定义的资源，资源名为 menuMapper（name 值），即为第 5 步定义的映射类。

（8）修改控制器 LoginController。

```
package com.my.spring.controller;
import java.util.HashMap;
import java.util.List;
import java.util.Map;
import javax.annotation.Resource;
import javax.servlet.http.HttpServletResponse;
import org.springframework.stereotype.Controller;
import org.springframework.web.bind.annotation.RequestMapping;
import org.springframework.web.servlet.ModelAndView;
import com.my.spring.entity.Menu;
import com.my.spring.service.MenuService;
@Controller
@RequestMapping(value = "background")
public class LoginController {
@Resource(name = "menuService")
private MenuService menuService;
@RequestMapping(value = "to_login")
public ModelAndView toLogin(HttpServletResponse response) throws Exception {
    Map<String, Object> map = new HashMap<String, Object>();
    List<Menu> result = this.menuService.find();
    map.put("result", result);
    return new ModelAndView("background/menu", map);
}
}
```

通过 map 将从数据库中获取的值传递到 JSP 页面，“background/menu”值经 context-dispatcher.xml 转化后，变为/WEB-INF/pages/background/menu.jsp，即 toLogin()方法的含义为：从数据库中获取菜单信息，然后将之存储到 map 中，通过 map 把菜单列表传递到/WEB-INF/pages/background/menu.jsp 页面用于显示。

（9）编写/WEB-INF/pages/background/menu.jsp 页面。

```
 <%@ page language="java" contentType="text/html; charset=UTF-8"
pageEncoding="UTF-8"%>
<%@ taglib prefix="c" uri="http://java.sun.com/jsp/jstl/core"%>
<!DOCTYPE html PUBLIC "-//W3C//DTD HTML 4.01 Transitional//EN" "http://www.w3.org/TR/html4/loose.dtd">
<html>
<head>
<meta http-equiv="Content-Type" content="text/html; charset=UTF-8" />
<title>Insert title here</title>
</head>
<body>
 <c:forEach items="${result }" var="item">
    ${item.id }--${item.name }--${item.parentId }--${item.url }--${item.isShowLeft }<br />
```

```
</c:forEach>
</body>
</html>
```

运行结果如图 10-2 所示。

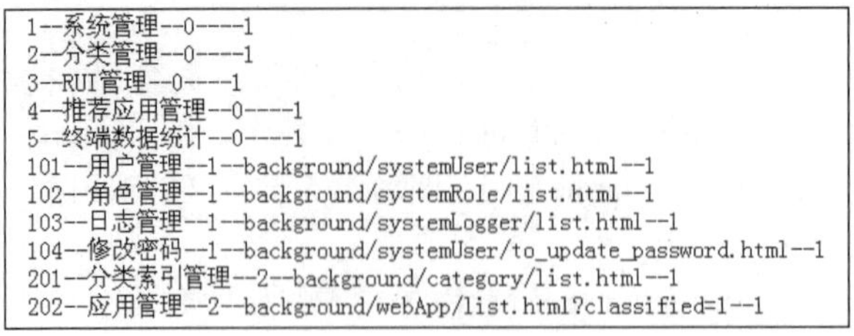

```
1--系统管理--0----1
2--分类管理--0----1
3--RUI管理--0----1
4--推荐应用管理--0----1
5--终端数据统计--0----1
101--用户管理--1--background/systemUser/list.html--1
102--角色管理--1--background/systemRole/list.html--1
103--日志管理--1--background/systemLogger/list.html--1
104--修改密码--1--background/systemUser/to_update_password.html--1
201--分类索引管理--2--background/category/list.html--1
202--应用管理--2--background/webApp/list.html?classified=1--1
```

图 10-2　结果界面

10.4　小　　结

本章介绍了 MyBatis 与 Spring，MyBatis 与 Spring MVC 框架整合的一般方法和主要步骤，并且用代码示例进行了具体说明，同时给出了整合所需的 jar 包的详细列表。

10.5　习　　题

【思考题】

1. 简述 SSM 框架整合的总体思路。
2. 简述 SSM 整合所需的 jar 包内容。
3. 总结 SSM 整合所需进行配置的主要内容和涉及哪些配置文件。

【实践题】

请用一个项目实例完成框架整合的训练。

参考文献

[1] Grady Booch, James Rumbaugh, Ivar Jacobson. UML 用户指南（第 2 版）.邵维忠，麻志毅，等译.北京：人民邮电出版社，2006.

[2] Grady Booch, Ivar Jacobson, James Rumbaugh. UML 参考手册（第 2 版）.UMLChina 译.北京：机械工业出版社，2005.

[3] 刘彦君，金飞虎. Java EE 开发技术与案例教程. 北京：人民邮电出版社，2014.

[4] Andrew Hunt, David Thomas. 程序员修炼之道：从小工到专家. 马维达译. 北京：电子工业出版社，2004.

[5] 邹欣.构建之法. 北京：人民邮电出版社，2014.

[6] Steven John Metsker. 设计模式 Java 手册. 龚波，冯军，等译. 北京：机械工业出版社，2006.

[7] 满志强，张仁伟，刘彦君. Java 程序设计教程. 北京：人民邮电出版社，2016.

[8] 沈泽刚，秦玉平.Java Web 编程技术（第 2 版）.北京：清华大学出版社，2014.

[9] 刘彦君，张仁伟，满志强. Java 面向对象思想与程序设计. 北京：人民邮电出版社，2018.

[10] 谢希仁.计算机网络（第 6 版）.北京：电子工业出版社，2013.

[11] 孔祥盛.MySQL 数据库基础与实例教程.北京：人民邮电出版社，2014.

[12] 陈亚辉，缪勇.Struts2+Spring+Hibernate 框架技术与项目实战.北京：清华大学出版社，2012.

[13] 唐琳，刘彩虹.XML 基础及实践开发教程. 北京：清华大学出版社，2013.

[14] Erich Gamma, Richard Helm, Ralph Johnson, John Vlissides. 设计模式.李英军，马晓星，等译.北京：机械工业出版社，2015.

[15] 李华飚.Java 中间件技术及其应用开发.北京：中国水利水电出版社，2007.

[16] 陈恒，楼偶俊，张立杰. Java EE 框架整合开发入门到实践. 北京：清华大学出版社，2018.

[17] 黑马程序员. Java EE 企业级应用开发教程. 北京：中国工信出版集团，2017.